Automated Machine Learning

Methods, Systems, Challenges

自动机器学习
（AutoML）
方法、系统与挑战

[德] 弗兰克·亨特（Frank Hutter）
[德] 拉斯·特霍夫（Lars Kotthoff） ——著
[比利时] 华昆·万赫仁（Joaquin Vanschoren）
何 明 刘 淇 ——译

清华大学出版社
北京

First published in English under the title
Automated Machine Learning: Methods, Systems, Challenges
edited by Frank Hutter, Lars Kotthoff, Joaquin Vanschoren
Copyright © 2019 Frank Hutter, Lars Kotthoff, Joaquin Vanschoren
The original English edition is an open access publication published by Springer Nature Switzerland AG.

It is licensed under the terms of the Creative Commons Attribution 4.0 International License (http://creativecommons.org/licenses/by/4.0/), which permits use, sharing, adaptation, distribution and reproduction in any medium or format, as long as you give appropriate credit to the original author(s) and the source, provide a link to the Creative Commons licence and indicate if changes were made.

此版本仅限在中华人民共和国境内（不包括中国香港、澳门特别行政区和台湾地区）销售。未经出版者预先书面许可，不得以任何方式复制或抄袭本书的任何部分。

本书封面贴有清华大学出版社防伪标签，无标签者不得销售。

版权所有，侵权必究。举报：010-62782989，beiqinquan@tup.tsinghua.edu.cn。

图书在版编目(CIP)数据

自动机器学习（AutoML）：方法、系统与挑战 /（德）弗兰克·亨特 (Frank Hutter)，（德）拉斯·特霍夫 (Lars Kotthoff)，（比）华昆·万赫仁 (Joaquin Vanschoren) 著；何明，刘淇译 .—北京：清华大学出版社，2020.9 (2024.3 重印)

（新时代·技术新未来）

书名原文：Automated Machine Learning: Methods, Systems, Challenges

ISBN 978-7-302-55255-0

Ⅰ. ①自… Ⅱ. ①弗… ②拉… ③华… ④何… ⑤刘… Ⅲ. ①人工智能－基础知识②机器学习－基础知识 Ⅳ. ① TP18

中国版本图书馆 CIP 数据核字（2020）第 051996 号

责任编辑：刘　洋
封面设计：徐　超
版式设计：方加青
责任校对：王荣静
责任印制：丛怀宇

出版发行：清华大学出版社
　　　　　网　　址：https://www.tup.com.cn, https://www.wqxuetang.com
　　　　　地　　址：北京清华大学学研大厦 A 座　　邮　编：100084
　　　　　社 总 机：010-83470000　　　　　　　　邮　购：010-62786544
　　　　　投稿与读者服务：010-62776969，c-service@tup.tsinghua.edu.cn
　　　　　质 量 反 馈：010-62772015，zhiliang@tup.tsinghua.edu.cn
印 装 者：三河市龙大印装有限公司
经　　销：全国新华书店
开　　本：187mm×235mm　　　印　张：16　　　字　数：288 千字
版　　次：2020 年 11 月第 1 版　　印　次：2024 年 3 月第 4 次印刷
定　　价：89.00 元

产品编号：085532-01

内容简介

本书全面介绍自动机器学习,主要包含自动机器学习的方法、实际可用的自动机器学习系统及目前所面临的挑战。在自动机器学习方法中,本书涵盖超参优化、元学习、神经网络架构搜索三个部分,每一部分都包括详细的内容介绍、原理解读、具体运用方法和存在的问题等。此外,本书还具体介绍了现有的各种可用的 AutoML 系统,如 Auto-sklearn、Auto-WEKA 及 Auto-Net 等,并且本书最后一章详细介绍了具有代表性的 AutoML 挑战赛及挑战赛结果背后所蕴含的理念,有助于从业者设计出自己的 AutoML 系统。

本书英文版是国际上第一本介绍自动机器学习的英文书,内容全面且翔实,尤为重要的是涵盖了最新的 AutoML 领域进展和难点。本书作者和译者学术背景扎实,保证了本书的内容质量。

对于初步研究者,本书可以作为其研究自动机器学习方法的背景知识和起点;对于工业界从业人员,本书全面介绍了 AutoML 系统及其实际应用要点;对于已经从事自动机器学习的研究者,本书可以提供一个 AutoML 最新研究成果和进展的概览。总体来说,本书受众较为广泛,既可以作为入门书,也可以作为专业人士的参考书。

献　词

特此致谢索菲亚和塔希亚——弗兰克·亨特

特此致谢科比、埃利亚斯、阿达和维尔——华昆·万赫仁

特此致谢 AutoML 社群——弗兰克·亨特，拉斯·特霍夫，华昆·万赫仁

作者简介

弗兰克·亨特，德国弗莱堡大学教授，机器学习实验室负责人。主要研究统计机器学习、知识表示、自动机器学习及其应用，获得第一届（2015/2016）、第二届（2018/2019）自动机器学习比赛的世界冠军。

拉斯·特霍夫，美国怀俄明大学助理教授。主要研究深度学习、自动机器学习，致力于构建领先且健壮的机器学习系统，领导 Auto-WEKA 项目的开发和维护。

华昆·万赫仁，荷兰埃因霍温理工大学助理教授。主要研究机器学习的逐步自动化，创建了共享数据开源平台 OpenML.org，并获得微软 Azure 研究奖和亚马逊研究奖。

译者简介

何明,中国科学技术大学博士,曾于美国北卡罗来纳大学夏洛特分校访学交流,目前为上海交通大学电子科学与技术方向博士后研究人员、好未来教育集团数据中台人工智能算法研究员。主要研究方向为深度强化学习、自动机器学习、数据挖掘与知识发现,侧重于智慧教育领域中自适应学习方法的研究与应用。在 TIP、TWEB、DASFAA 等国际学术会议和期刊发表论文 10 余篇,曾获数据挖掘领域国际会议 KSEM 2018 的最佳论文奖,著有《深度强化学习原理与实践》一书。

刘淇,中国科学技术大学计算机学院特任教授,博士生导师,中国科学院青年创新促进会优秀会员,中国计算机学会大数据专家委员会委员,中国人工智能学会机器学习专业委员会委员。主要研究数据挖掘与知识发现、机器学习方法及其应用,相关成果获得 IEEE ICDM 2011 最佳研究论文奖、ACM KDD 2018 (Research Track) 最佳学生论文奖。曾获中国科学院院长特别奖和优秀博士论文奖、教育部自然科学一等奖(排名第 2)、阿里巴巴达摩院青橙奖,入选了国家自然科学基金委员会优秀青年科学基金项目、中国科学技术协会"青年人才托举工程"、微软亚洲研究院青年学者"铸星计划"、CCF-Intel 青年学者提升计划。

推荐序

自动机器学习（AutoML）在工业和学术界中变得越来越重要，越来越多实际问题的解决需要专业的数据分析和机器学习的应用，且需要我们根据经验来优化这些技术。目前，数据分析专业教育的发展赶不上技术需求的增长速度，于是很多板块出现了能力欠缺。虽然在很多例子中我们可以很容易地运用机器学习，但将其运用到位却很难。

本书介绍了可以帮助数据科学家的工作实现自动化的方法，从而弥补了能力欠缺。通过在优化机器学习时，用机器智能代替人类智能，本书将最先进的机器学习用入门级的语言进行解释。除了第一篇从理论的角度解释了自动机器学习，在本书的第二篇内容中也给出了十分具体的例子，详细阐述了运用技术来实现自动优化机器学习途径的非常成功的系统。如果读者感兴趣，可以下载这些系统进行尝试。本书的第三篇给出了一系列实验评估的概述，对实现自动机器学习的不同途径进行了比较。

自动机器学习领域发展十分迅速，相信随着本书的出版，也会发生很大的改变。很多企业，如谷歌和微软，开始提供它们的自动机器学习服务产品。目前的研究领域主要在更加复杂的自动机器学习问题上，包括机器学习管道和更深入的神经网络架构。另一个研究重点在于如何将这些方法更加简便地运用到实际工作中，尤其需要考虑它们的资源需求。

中国在人工智能（Artificial Intelligence，AI）领域快速崛起，其中包括机器学习和本书中提到的技术。我衷心地向本书的译者何明博士和刘淇教授表示感谢，他们为了能让中国的人工智能学者更好地了解和学习自动机器学习技术，付出了很大的努力。希望本书的出版不仅能够给诸位读者带来较大的启示，而且可以助其打造出自己的前沿机器学习系统。

——本书作者，美国怀俄明大学助理教授 拉斯·特霍夫（Lars Kotthoff）

译者序

近年来，人工智能的发展，可谓一日千里。然而较为讽刺的是，人工智能这一致力于让机器变得更为智能、让生活变得更为美好的技术，却让越来越多的专家花费大量的时间投入调参这类很不"智能"的工作。尤其是随着人工智能的发展，对专业知识的要求越来越高，大多数有志于投身于或想要使用人工智能技术的人对其望而生畏，无法充分且有效地利用已有的人工智能技术，使得人工智能技术越来越成为少数群体的"专属"，这与人工智能的初衷可谓是背道而驰。作为一个人工智能的爱好者和从业者，我一直有感于"人工智能技术平权"的重要性和紧迫性。如何让人工智能技术切切实实地"飞入寻常百姓家"，我想，每一位人工智能从业人员都应当仔细思考。

自动机器学习（AutoML），这一人工智能新技术的出现和大范围普及，将显著降低人工智能技术的门槛，极大地扩大人工智能的应用领域和普及范围，并从根本上促使人工智能这一"少数派"的"专属"技术变成人人可用的一键式服务，能够切切实实地让人工智能"飞入寻常百姓家"。不可否认的是，任何新技术的发展总是会伴随着不解和阵痛，自动机器学习也不例外。虽然该技术目前还存在着各种各样的问题，如搜索空间规模巨大、算力要求高等，但瑕不掩瑜，只要前进的方向正确，终究会"柳暗花明"。如同人工智能自身的发展，亦是跌宕起伏，但今天来看，恰是人工智能之前的谷底，促使了人工智能今天的繁荣。尤为重要的是，不管是低谷还是高峰，总会有一群人默默耕耘、砥砺前行，推动着人工智能一步一步走到今天。希望未来能够有更多的人加入自动机器学习的队伍，一起推动自动机器学习的发展，共同构建平权的人工智能技术。路漫漫其修远兮，吾将上下而求索！

近来我一直关注自动机器学习的发展，当弗兰克·亨特等几位作者的著作《自动机器学习》（英文版）出版时，我便第一时间拿来翻阅。该书对自动机器学习的方法、系统和挑战做了非常翔实且全面的介绍，尤其是三位作者一直投身于自动机器学习，并组织开发了相关的竞赛、平台和系统，推动了自动机器学习的发展和落地，吸引了越来越多的人关注并投身于自动机器学习。该书不仅有助于研究者更好地开展自动机器学习相关研究，也有助于工业界从业人员开发出自己的自动机器学习系统。也正是看到这本书的作用和价值，我与刘淇教授便第一时间联系清华大学出版社着手进行这本书的翻译工作，希望能够让中文读者尽快地阅读和学习此书，为自动机器学习的普及和推广尽微薄之力。

在这里，感谢清华大学出版社刘洋编辑与宋亚敏编辑所给予的专业指导和帮助，感谢徐世菡同学在英语翻译方面所给予的专业协助，感谢两位译者的家人与朋友所提供的支持和帮助，特别感谢黎若在翻译过程中的支持和帮助。

由于我们水平有限，本书在翻译过程中难免存在不足，恳请各位老师和同学批评指正！

何明

北京

2020 年 4 月

序 言

"我愿意使用机器学习,但是我投入不了太多时间。"在工业界或者其他领域的研究者口中,我们会经常听到这句话。近来,对于机器学习免手动式解决方案的迫切需求促使了自动机器学习领域的快速发展。而这本书是目前自动机器学习领域的第一本综合性指导书,非常高兴看到此书出版。

从 2014 年我们的自动统计项目启动以来,我个人便一直对自动机器学习领域充满着激情和热情。而且,我也希望我们能够对该领域充满雄心与野心,让机器学习和数据分析的各个流程都能够自动化,例如:数据自动收集、实验自动设计,数据自动清理、缺失数据自动填充,特征自动选择和转换,模型自动探索、评价和解释,计算资源自动分配,超参自动调优,自动推断,模型自动监控和异常自动检测等。还有很多很多,这是一个巨大的列表,我们应该尽可能地让这一切都变得自动化。

需要注意的是,虽然全自动化能够促进科学研究,并提供一个长远的工程目标,但实际上,更加理想的方案是:在开始阶段实现半自动化,之后按需逐渐取代人工操作。想要实现全自动化,我们需要开发出更为强大的工具,让机器学习更加系统化(目前机器学习的专属性和定制性较强),并且更加高效。

虽然我们还没有实现自动化的终极目标,但是这些目标本身是非常有价值的。而且正如书中所阐述的,在若干任务上,当前的自动机器学习方法已经能够超过人类机器学习专家。随着我们在自动机器学习领域的持续研究及算力变得越来越为便宜,这种趋势会变得更加普遍。正因如此,自动机器学习显然是众多研究方向中值得被关注和投入研究的方向之一。当下,正是投入时间和精力研究自动机器学习的好时机,而本书便是一个非常好的研究自动机器学习的起点。

本书涵盖了我们所需要的自动机器学习领域的最新实用技术,如超参调优、元学习和神经网络架构搜索等。与此同时，本书也对现有自动机器学习系统进行了深度探讨，并对自 2015 年以来主要自动机器学习系统在一系列竞赛上的表现进行了全面且综合性的评估。基于此，我强烈推荐任何有志于投入 AutoML 领域的机器学习研究者阅读本书，同时推荐那些想要了解自动机器学习工具背后的方法和原理的实践者学习本书。

卓宾·加拉马尼
剑桥大学教授，谷歌 AI 大脑团队负责人，Uber 前首席科学家
美国旧金山
2018 年 10 月

前言

近十年来，不管是机器学习相关的应用还是研究，都迎来了爆发式增长。尤其是深度学习，使得很多应用领域都取得了关键性突破，如计算机视觉、语音处理和游戏。然而，多数机器学习方法的性能在很大程度上依赖于过量的模型设计策略，这导致新手难以较快地掌握和应用机器学习。在深度学习上更是如此，如果人类工程师想要让神经网络在特定的任务上取得理想的表现性能，就需要很好地选择和设计网络结构、学习过程、正则化方法及超参等。另外，随着任务的不同，工程师需要重复上述过程。需要说明的是，即使是专家，在一个特定的数据集上，也需要经过多次的迭代和试错才能找到一组良好的网络配置参数，新手更是如此。

自动机器学习（AutoML）旨在以一种数据驱动、目标导向及自动化的方法实现上述过程。换言之，用户只需要提供数据，AtuoML 系统就能够自动学习出使得该应用取得最佳性能的机器学习模型。因此，自动机器学习能够让那些想要使用机器学习方法但是缺乏机器学习资源或背景知识的领域科学家使用到最新的机器学习模型。这可以被视为一种机器学习的民主化，即通过 AutoML，每个人都能获得定制化的且达到行业最新水准的机器学习模型。

正如本书所展现的，自动机器学习方法已经成熟到可以与人类机器学习专家相竞争的水平，甚至在有些时候，自动机器学习的表现可以超越人类机器学习专家。简单来说，机器学习专家一方面比较稀缺，另一方面人力成本较高，而自动机器学习却可以在节省大量时间和金钱的前提下提升算法性能。自动机器学习的这种优势使得自动机器学习的商业关注度在近几年得到极大提升，而且几家有影响力的科技公司目前正在开发自己的 AutoML 系统。需要强调的是，让机器学习民主化的最好方式是通过开源的自动机器学习系统，而非专营付费的黑盒服务。

本书对正在快速发展的自动机器学习领域进行了整体介绍。值得说明的是，目前大家都非常关注深度学习，导致很多研究者错误地将自动机器学习和神经网络架构搜索（NAS）画上了等号。如果你阅读这本书，你就会了解到，NAS只是自动机器学习的一个极佳案例，而自动机器学习实际所涵盖的内容远不止NAS。本书一方面可以为那些想要研究出自己的自动机器学习方法的研究者提供背景知识和起点；另一方面可以为那些想要将自动机器学习应用到实际问题的实践者提供可用的AutoML系统。而对于那些已经从事自动机器学习的研究者而言，本书可以提供一个AutoML最新研究成果和进展的概览。根据自动机器学习所涵盖的内容，本书主要分为三个篇章。

第一篇主要对自动机器学习方法进行介绍，一可以为新手提供全面的自动机器学习概述，二可以为有自动机器学习经验的研究者提供参考。具体如下：

- 第1章主要讨论超参调优、自动机器学习中最为关键和普遍的问题，同时介绍各种各样的自动机器学习方法，并对那些目前较为有效的方法进行重点介绍和说明。
- 第2章主要介绍如何学会学习，举例而言，如何利用评价机器学习模型中的经验为新的数据设计新的学习方法。这样的技术可以最小化为一个机器学习新手向一个机器学习专家的转换过程，同时能够极大地降低在一个新的机器学习任务上获得期望性能的所需时间。
- 第3章主要介绍NAS方法。NAS是自动机器学习领域中最具挑战性的任务，因为神经网络的设计空间极其巨大且神经网络的单次评估极其耗时。虽然NAS相关的研究极具挑战性，但这个领域的研究非常活跃，定期都会有一些令人振奋的解决NAS问题的新方法。

第二篇主要介绍了新手也可以使用的自动机器学习系统。如果你更多地是想要将自动机器学习系统应用到自己的实际问题上，可以重点学习该篇。这一篇中的章节评估所介绍的自动机器学习系统，目的是让读者对这些系统在实际任务中的表现性能有一个直观的认识和了解。具体如下：

- 第4章介绍第一个自动机器学习系统——Auto-WEKA。该系统主要基于WEKA机器学习工具包，支持各种分类方法、回归方法自动搜索，同时支持方法所对应的超参自动设置和数据自动预处理。所有这些功能可以直接通过WEKA图形化用户界面一键点击使用，不需要一行代码。
- 第 5 章主要介绍基于 scikit-learn 框架的自动机器学习系统——Hyperopt-sklearn，同时给出了若干个如何使用该系统的代码案例。
- 第 6 章介绍同样基于 scikit-learn 工具包的自动机器学习系统——Auto-sklearn。该系统使用了与 Auto-WEKA 类似的优化方法，同时增加了一些改进，如针对优化热启动的元学习和自动集成方法。此外，第 6 章比较了 Auto-sklearn 和自动机器学习系统 Atuo-WEKA 及 Hyperopt-sklearn 的性能。在两个不同的版本上，Auto-sklearn 在本书第三篇所介绍的自动机器学习挑战赛上都取得了最好成绩。
- 第 7 章介绍能够选择深度神经网络结构和超参的自动深度学习系统——Auto-Net。在自动机器学习挑战赛上，一个早期版本的 Auto-Net 所生成的第一个自动学习神经网络的表现性能超过了人类专家所设计的模型。
- 第 8 章介绍可以自动组建和优化基于树的机器学习管道的自动机器学习系统——TPOT。显而易见，这些经过自动学习出的管道的灵活性明显优于那些以预先定义好的连接方式所形成的固定机器学习管道。
- 第 9 章介绍自动统计系统，该系统能够自动生成一份含有数据分析、预测模型分析及模型性能比较的完整数据报告。尤为重要的是，该系统能够以自然语言的方式对分析结果进行表述，较好地契合了非机器学习专家的需求。

最后，第三篇（即第 10 章）对自 2015 年以来自动机器学习系统相关的挑战赛进行概述。介绍这些挑战赛的目的是促进从业者能够设计出在实际任务中表现得更好并能够从众多备选中挑出最佳模型的方案和方法。第 10 章详细介绍这些挑战赛，以及相应设计和过往挑战赛结果背后所蕴含的理念和概念。

据我们所知，这是第一本全面介绍自动机器学习系统的书[1]，主要包含自动机器学习的方法、实际可用的自动机器学习系统及目前所面临的挑战。本书能够为实践者提供开发自己的 AutoML 系统所需的背景知识和方法，同时提供能够快速应用到广泛的机器学习任务中的自动机器学习系统的详细内容。自动机器学习领域的发展可谓一日千里，我们希望通过这本书能够对近期的众多进展进行组织和梳理。同时，我们希望诸位读者能够喜欢这本书，加入日益壮大的自动机器学习队伍中。

---

[1] 译者注：本书英文版是第一本全面介绍自动机器学习系统的书，在译者翻译过程中，又有一些本领域的新书出版，特此说明。

致谢

感谢所有章节的作者,没有他们的贡献和付出,该书无法成型和出版。同时,感谢"欧盟地平线 2020 研究 & 创新项目"为本书所提供的费用支持(弗兰克 ERC 启动基金,基金编号:716721)。

德国弗莱堡大学教授,弗兰克·亨特
美国怀俄明大学助理教授,拉斯·特霍夫
荷兰埃因霍温理工大学助理教授,华昆·万赫仁
2018 年 10 月

目　　录

第一篇　自动机器学习方法

第 1 章　超参优化 ·········· 2

- 1.1　引言 ·········· 2
- 1.2　问题定义 ·········· 4
  - 1.2.1　优化替代方案：集成与边缘化 ·········· 5
  - 1.2.2　多目标优化 ·········· 5
- 1.3　黑盒超参优化 ·········· 6
  - 1.3.1　免模型的黑盒优化方法 ·········· 6
  - 1.3.2　贝叶斯优化 ·········· 8
- 1.4　多保真度优化 ·········· 13
  - 1.4.1　基于学习曲线预测的早停法 ·········· 14
  - 1.4.2　基于 Bandit 的选择方法 ·········· 15
  - 1.4.3　保真度的适应性选择 ·········· 17
- 1.5　AutoML 的相关应用 ·········· 18
- 1.6　探讨与展望 ·········· 20
  - 1.6.1　基准测试和基线模型 ·········· 21
  - 1.6.2　基于梯度的优化 ·········· 22
  - 1.6.3　可扩展性 ·········· 22
  - 1.6.4　过拟合和泛化性 ·········· 23
  - 1.6.5　任意尺度的管道构建 ·········· 24
- 参考文献 ·········· 25

第 2 章　元学习 ·········· 36

- 2.1　引言 ·········· 36
- 2.2　模型评估中学习 ·········· 37
  - 2.2.1　独立于任务的推荐 ·········· 38
  - 2.2.2　配置空间的设计 ·········· 39
  - 2.2.3　配置迁移 ·········· 39
  - 2.2.4　学习曲线 ·········· 42
- 2.3　任务特性中学习 ·········· 43
  - 2.3.1　元特征 ·········· 43
  - 2.3.2　元特征的学习 ·········· 44
  - 2.3.3　基于相似任务热启动优化过程 ·········· 46
  - 2.3.4　元模型 ·········· 48
  - 2.3.5　管道合成 ·········· 49
  - 2.3.6　调优与否 ·········· 50
- 2.4　先前模型中学习 ·········· 50

2.4.1 迁移学习 ······ 51
2.4.2 针对神经网络的元学习 ······ 51
2.4.3 小样本学习 ······ 52
2.4.4 不止于监督学习 ······ 54
2.5 总结 ······ 55
参考文献 ······ 56

第 3 章 神经网络架构搜索 ······ 68
3.1 引言 ······ 68
3.2 搜索空间 ······ 69
3.3 搜索策略 ······ 73
3.4 性能评估策略 ······ 76
3.5 未来方向 ······ 78
参考文献 ······ 80

第二篇 自动机器学习系统

第 4 章 Auto-WEKA ······ 86
4.1 引言 ······ 86
4.2 准备工作 ······ 88
4.2.1 模型选择 ······ 88
4.2.2 超参优化 ······ 88
4.3 算法选择与超参优化结合（CASH） ······ 89
4.4 Auto-WEKA ······ 91
4.5 实验评估 ······ 93
4.5.1 对比方法 ······ 94
4.5.2 交叉验证性能 ······ 96
4.5.3 测试性能 ······ 96
4.6 总结 ······ 98
参考文献 ······ 98

第 5 章 Hyperopt-sklearn ······ 101
5.1 引言 ······ 101
5.2 Hyperopt 背景 ······ 102

5.3 Scikit-Learn 模型选择 ······ 103
5.4 使用示例 ······ 105
5.5 实验 ······ 109
5.6 讨论与展望 ······ 111
5.7 总结 ······ 114
参考文献 ······ 114

第 6 章 Auto-sklearn ······ 116
6.1 引言 ······ 116
6.2 CASH 问题 ······ 118
6.3 改进 ······ 119
6.3.1 元学习步骤 ······ 119
6.3.2 集成的自动构建 ······ 121
6.4 Auto-sklearn 系统 ······ 121
6.5 Auto-sklearn 的对比试验 ······ 125
6.6 Auto-sklearn 改进项的评估 ······ 127
6.7 Auto-sklearn 组件的详细分析 ······ 129
6.8 讨论与总结 ······ 134
6.8.1 讨论 ······ 134

6.8.2	使用示例	134
6.8.3	Auto-sklearn 的扩展	135
6.8.4	总结与展望	136
参考文献		136

第 7 章　Auto-Net … 140

7.1	引言	140
7.2	Auto-Net 1.0	142
7.3	Auto-Net 2.0	144
7.4	实验	151
7.4.1	基线评估	151
7.4.2	AutoML 竞赛上的表现	152
7.4.3	Auto-Net 1.0 与 Auto-Net 2.0 的对比	154
7.5	总结	155
参考文献		156

第 8 章　TPOT … 160

8.1	引言	160
8.2	方法	161
8.2.1	机器学习管道算子	161
8.2.2	构建基于树的管道	162
8.2.3	优化基于树的管道	163
8.2.4	基准测试数据	163
8.3	实验结果	164
8.4	总结与展望	167
参考文献		168

第 9 章　自动统计 … 170

9.1	引言	170
9.2	自动统计项目的基本结构	172
9.3	应用于时序数据的自动统计	173
9.3.1	核函数上的语法	173
9.3.2	搜索和评估过程	175
9.3.3	生成自然语言性的描述	175
9.3.4	与人类比较	177
9.4	其他自动统计系统	178
9.4.1	核心组件	178
9.4.2	设计挑战	179
9.5	总结	180
参考文献		180

第三篇　自动机器学习挑战赛

第 10 章　自动机器学习挑战赛分析 … 186

10.1	引言	187
10.2	问题形式化和概述	190
10.2.1	问题的范围	190
10.2.2	全模型选择	191
10.2.3	超参优化	192
10.2.4	模型搜索策略	193
10.3	数据	197
10.4	挑战赛协议	201
10.4.1	时间预算和计算资源	201
10.4.2	评分标准	202
10.4.3	挑战赛 2015/2016 中的轮次和阶段	205

10.4.4	挑战赛 2018 中的阶段	206	10.5.5 元学习	217
10.5	**结果**	**207**	10.5.6 挑战赛中使用的方法	219
10.5.1	挑战赛 2015/2016 上的得分	207	**10.6 讨论**	**224**
10.5.2	挑战赛 2018 上的得分	209	**10.7 总结**	**226**
10.5.3	数据集/任务的难度	210	**参考文献**	**229**
10.5.4	超参优化	217		

第一篇

自动机器学习方法

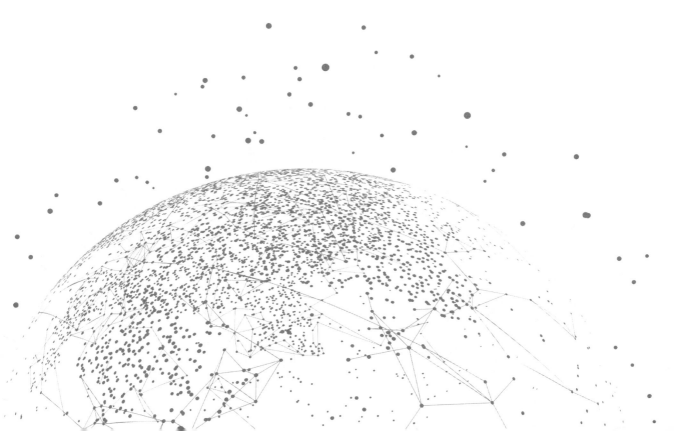

第1章 超参优化

马蒂亚斯·费勒[①]，弗兰克·亨特[①]

概述：近年来，很多复杂且计算资源要求高的机器学习模型吸引了业界和学术界的大量关注，如自动机器学习框架和深度神经网络。而这些模型所含有的大量超参，促使了超参优化（HPO）这一研究领域的再次兴起。本章将对目前主流的超参优化相关算法进行介绍。具体而言，本章首先讨论基于免模型方法和贝叶斯优化的黑箱函数优化方法。然而，很多现有的机器学习应用需要大量的计算资源，导致纯粹的黑箱优化方法运算代价极其巨大。为了解决此不足，本章接下来重点介绍能够采用更少黑箱函数变量的多保真度优化方法，该方法能够近似评估出超参设定的质量和效果。最后，本章探讨超参优化相关的开放性研究问题和未来的研究方向。

1.1 引　　言

事实上，每一个机器学习系统都会有超参，这在很大程度上导致自动设置超参以优化算法性能成为自动机器学习领域最为基础和重要的任务。尤其是近期被广泛使用的深度神经网络，其性能极其依赖于超参的选择，如网络结构、正则化参数及优化的方法等。自动超参优化（hyperparameter optimization，HPO）在实际任务中有一些非常重要的应用和价值，例如：

- HPO能够降低运用机器学习所必需的人为工作量，这在自动机器学习中尤为重要。
- HPO能够通过将机器学习算法调整成适配于手中问题的方法以提高算法的性能。目前，部分研究（如参考文献[105，140]）表明，在一些重要的机器学习基准上，通过这种方式已经取得了新的性能纪录。

[①] 马蒂亚斯·费勒（✉），弗兰克·亨特
德国弗莱堡大学计算机科学系
电子邮箱：feurerm@informatik.uni-freiburg.de。

- HPO 能够提高科学研究的复现性和公平性。显而易见，HPO 比人为搜索的复现可能性要高。与此同时，HPO 能够提高科学研究的公平性。因为想要公平地比较在同一个问题上不同方法的优劣，公平的比较方式应该是这些参与比较的方法获得同等程度的调优[14, 133]。

HPO 问题的研究最早可以追溯到 20 世纪 90 年代（如参考文献 [77，82，107，126]），早期关于 HPO 的研究更多的是为不同的数据集设置比较好的超参配置。而通过 HPO 将通用的流程适配到特定的应用领域上反而是一个比较新的视角[30]。现如今，大众也普遍认为经过调优的超参性能能够超越普通机器学习库所提供的默认设置的性能[100, 116, 130, 149]。

机器学习在工业界的应用范围越来越广，使得 HPO 所蕴含的商业价值也越来越大，在工业界中所起到的作用也越来越重要。举例而言，HPO 不仅可以作为公司自己内部的使用工具[45]，而且可以作为机器学习云服务的一部分[6, 89]，再者 HPO 自身就是一种服务[137]。

不可否认的是，HPO 自身所面临的一些挑战导致 HPO 的落地过程变得非常困难。

- 在较大的模型（如深度学习）、复杂的机器学习管道或者大数据集上，函数求解的运算代价极其巨大。
- 超参的配置空间通常而言较为复杂且维度较高，因为超参种类繁多，如连续型超参、类别型超参和条件型超参。再者，在实际应用中，很难提前明确需要优化的超参和不需要优化的超参，以及超参的范围，这些因素都不同程度地加剧了超参配置空间的复杂度和难度。
- 一般而言，无法直接获得超参损失函数的梯度值。另外，在经典优化领域中，目标函数的一些特性难以直接应用到超参优化，如函数的凸性和平滑性。
- 此外，受限于训练数据集的规模，在实际应用中，无法直接优化超参的泛化性能。

对此主题感兴趣的读者可以进一步阅读其他的 HPO 参考文献，如参考文献 [64, 94]。

本章结构如下：首先，1.2 节将 HPO 研究形式化，并对其相关的变体进行了讨论；接下来，1.3 节主要介绍求解 HPO 问题的黑箱优化算法；随后，1.4 节重点介绍多保真度求解算法，该算法通过采用近似性能评价方法而非全模型评价方法显著提升了 HPO 的适用范围，能够将 HPO 直接运用到运算代价巨大的模型上。为了让读者对 HPO 有一个更为全面地认识，1.5 节给出了一些重要的超参优化系统和在 AutoML 上典型应用的概述。最后，1.6 节对一些开放性问题进行了讨论。

1.2 问题定义

以 $\mathcal{A}$ 表示一个具有 N 个超参的机器学习算法，第 n 个超参的定义域表示为 Λ_n，所有的超参配置空间为 $\Lambda = \Lambda_1 \times \Lambda_2 \times \cdots \times \Lambda_N$。超参的某一组配置表示为向量 $\lambda \in \Lambda$，被参数 λ 实例化的机器学习算法用 $\mathcal{A}_\lambda$ 来表示。

超参的定义域类型较为广泛，主要有：实数变量，如学习率；整型变量，如网络的层数；二值变量，如是否使用提前停止策略；类型变量，如优化器的选择。在实际任务中，整数型超参和实数型超参在大多数情况下是有界的，只有少数例外[12, 113, 136]。

除此之外，超参的配置空间也可以包含条件，即当某个超参或若干超参的组合取特定值时，另一个超参才有意义。一般而言，条件空间采用有向无环图来表示。在实际应用中，条件空间经常存在，如在自动调整机器学习管道时，不同预处理过程和机器学习算法的选择被建模成类别型超参，这类问题也称为全模型选择（FMS）或组合算法选择与超参优化问题（CASH）[30, 34, 83, 149]。又如，在优化神经网络结构时也存在条件空间。举例而言，可将网络的层级设置为整型超参，而只有当网络的深度大于等于 i 时，第 i 层相关的超参才会被激活[12, 14, 33]。

给定数据集 $\mathcal{D}$，自动超参优化的目标形如：

$$\lambda^* = \underset{\lambda \in \Lambda}{\operatorname{argmin}} \mathbb{E}_{(D_{\text{train}}, D_{\text{valid}}) \sim \mathcal{D}} V(\mathcal{L}, \mathcal{A}_\lambda, D_{\text{train}}, D_{\text{valid}}) \qquad (1.1)$$

其中，$V(\mathcal{L}, \mathcal{A}_\lambda, D_{\text{train}}, D_{\text{valid}})$ 主要用来衡量具有超参 λ 的算法 $\mathcal{A}$ 在训练数据 D_{train} 和验证数据 D_{valid} 上的损失。在实际工作中，只需利用有限的数据 $D \sim \mathcal{D}$ 去近似估计式（1.1）的期望即可。

关于验证方案 $V(\cdot,\cdot,\cdot,\cdot)$，比较普遍的选择是采用留出法或者交叉验证法对用户给定的损失函数进行误差计算（如误分类比例）。在参考文献[16]中，Bischl 等对验证方案的相关研究进行了梳理和概述。有一些专门用来降低评估时间的策略，如只在交叉数据的子集上对机器学习算法进行测试[149]，或者直接采用数据的子集对算法进行验证[78, 102, 147]，又或者采用较少的迭代轮数，都能很好地降低算法的评估时间，1.4 节会详细介绍这些节省评估时间的实际策略。近期一些关于多任务优化[147]和多源优化[121]的研究，能够通过引入成本较低的辅助任务来替代式（1.1）。这些辅助任务所提供的廉价信息将有助于 HPO 的优化学习，而不再需要针对目标数据集训练一个单独的机器学习模型，当然也就不会再生成一个作为副产品的可用模型。

1.2.1 优化替代方案：集成与边缘化

采用本章剩余部分所介绍的技术来求解式（1.1）时，一般需要采用多组超参向量 λ 来拟合机器学习算法 $\mathcal{A}$。为了取代式（1.1）中的 argmin 算子，可以直接构建一个能够最小化给定验证方案损失值的集成函数或者对超参进行积分（当待考虑的模型是概率模型时）。本书将 Guyon 等的工作 [50] 及其中的参考工作作为频域模型筛选方案和贝叶斯模型筛选方案的参照算法。

在实际学习过程中，每次只选择一个超参配置进行学习非常浪费资源和时间，尤其是在 HPO 已经找到很多较好配置时。而将它们集合成一个整体，能够显著提升学习性能 [109]。特别是在 AutoML 系统的配置空间（如 FMS 或 CASH）异常巨大时，这种集成的方法尤为有用。因为好的配置可能是非常多样的，而多样化的配置能一定程度上增加集成的潜在收益 [4, 19, 31, 34]。为进一步提升性能，Automatic Frankensteining[155] 首先利用 HPO 为基于 HPO 生成的模型的输出训练一个叠加模型 [156]，随后采用传统的集成策略将第二阶段所生成的模型进行组合。

到目前为止，所讨论的都是在 HPO 程序之后的应用集成方法。虽然在实际任务中，这些方法能够提升模型的性能，但是基模型没有针对集成进行优化。事实上，也可以直接针对基模型进而优化，能够最大幅度地改进现有集成方法 [97]。

最后，在应对贝叶斯模型时，可以直接对机器学习算法的超参进行积分，如采用证据最大化 [98]、贝叶斯模型平均 [56]、切片采样 [111] 或经验贝叶斯 [103] 等方法。

1.2.2 多目标优化

在实际应用中，经常会出现一种情形，需要对多个目标进行权衡，如算法的性能和资源消耗 [65]（第 3 章也会进行介绍），或面临多个损失函数 [57]。解决方案一般有两种。

- **方案一**。假设次要性能指标的极限（如内存消耗的最大值）已知，多目标的权衡可以直接转化成约束优化问题。1.3.2 节（贝叶斯优化）会具体讨论如何进行约束处理。
- **方案二**。更一般地，可以采用多目标优化直接寻找可行解的帕累托前沿，即一系列能够很好平衡多目标的配置解集合。对于帕累托前沿中的任何一个配置，不存在另一个配置能够在各个优化目标上都优于该配置的情况。获得可行解的帕累托前沿之后，可以直接从帕累托前沿中选取一个解作为多目标优化的配置。对此主题感兴趣的读者，可以深入阅读参考文献 [53，57，65，134]。

1.3 黑盒超参优化

一般而言，任何一个黑盒优化方法都可以应用到 HPO 问题上。考虑到问题的非凸性，更倾向于选择全局优化算法。不过，优化过程中的部分局部极值点有助于实现用更少的函数评估取得算法优化。接下来，本节首先介绍免模型的黑盒 HPO 方法，随后详细介绍黑盒贝叶斯优化方法。

1.3.1 免模型的黑盒优化方法

网格搜索是最为基础的 HPO 方法，也称为全因子设计 [110]。具体而言，首先用户为每个超参设定取值的有限集合，随后网格搜索评估这些集合的笛卡儿积。毫无疑问，网格搜索会面临"维数灾难"困境，因为需要评估的函数次数会随着配置空间维度的增加而呈指数级增长。网格搜索还面临着另外一个问题，即随着超参离散化程度的提升，所需的函数评估次数会极大增加。

随机搜索 [13]① 可以作为网格搜索的一个简单替代。顾名思义，随机搜索以随机的方式从配置中进行采样直到某个特定的搜索预算耗尽为止。当一些超参的重要性比另外一些超参高时（很多参数空间都存在这种特性 [13, 61]），随机搜索的性能会优于网格搜索。举例而言，给定函数评估次数为 B，超参个数为 N，采用网格搜索时，分配到每个超参能够尝试到的不同取值个数只有 $\sqrt[N]{B}$。如果采用随机搜索，每个超参能够尝试到的不同取值个数为 B，远多于网格搜索。为了让读者更好理解网络搜索和随机搜索的差异，图 1.1 给出了一个直观例子。

相较于网格搜索，随机搜索更进一步的优势还包括易实现的并行化和灵活的资源配置。具体而言，由于生产者（workers）在运行过程中无须与其他生产者进行信息沟通且表现差的生产者也不会对设计留下隐患，使得随机搜索可以进行并行化运算；另外，在随机搜索中，用户可以为一个随机搜索设计添加任意数量的随机点，仍会产生一个随机

---

① 在某些学科中，这也被称为纯粹随机搜索 [158]。

搜索设计，使得随机搜索的资源配置较为灵活，但这种方法难以适用到网格搜索中。

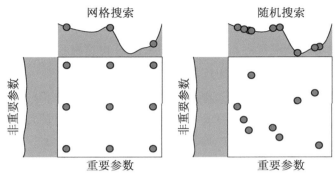

图 1.1　网格搜索和随机搜索的对比示例

注：优化的目标是最小化含有一个重要参数和一个非重要参数的函数。该图来源于参考文献[13]的图1。

　　随机搜索是一个非常有用的基准模型，因为随机搜索没有对正在优化的机器学习算法做任何假设，且在给定足够资源的前提下，随机搜索的结果预期能够足够接近最优值。当将随机搜索和其他更为复杂的优化策略结合在一起时，一方面能够保证获得一个最小的收敛率，另一方面还增加了能够改进基于模型搜索的探索[3, 59]。除此之外，随机搜索也是一个非常好的可用于搜索过程初始化的方法，因为随机搜索探索的是整个配置空间，且经常能找到性能合理的超参配置。然而，随机搜索也存在着一些不足，尤其是相较于指导性搜索方法，随机搜索找到一组性能满意的超参配置通常需要花费更多的时间。举例而言，当从一个具有 N 个布尔型超参（好与坏两种取值，且超参彼此之间没有影响）的配置空间中进行不放回抽样时，为了找到最优值，随机搜索的函数评估的期望次数为 2^{N-1} 次。然而，如果采用如下方法，指导性搜索找到最优值总共只需要 $N+1$ 次函数评估即可：首先，任选一个配置开始运行。其次，基于超参进行循环，每次循环只改变一个超参，如果性能得到提升，则保留配置结果；如果性能没有得到提升，则撤回本次改变，最终总共只需要 $N+1$ 次函数评估便可找到最优配置。一般而言，在接下来的章节中所讨论的指导性搜索方法的效果都会优于随机搜索方法[12, 14, 33, 90, 153]。

　　基于种群的方法（如遗传算法、进化算法和粒子群优化算法等）可以维护一个种群（即一系列配置的集合），并通过应用变异（即局部扰动）和交叉（个体不同部分进行重组）等手段获得质量更高的新一代种群（也就是更好的超参配置）。这些方法概念上较为简单，并且能够处理不同类型的数据。除此之外，基于种群的方法可以并行[91]运算，因为一个具有 N 个成员的种群可以并行在 N 台机器上分别进行评估。

自适应协方差矩阵进化策略（CMA-ES[51]）是常用的基于种群的方法之一：该进化策略从一个多元高斯分布中进行配置采样。其中，多元高斯分布的均值和方差会基于每一代种群个体的成功程度进行更新。另外，CMA-ES 也是极具竞争力的黑盒优化算法之一，定期主导黑盒优化基准测试（BBOB）挑战赛[11]。

想要了解更多基于种群的优化方法的细节，可以参考文献 [28，138]。另外，1.5 节会讨论超参优化上的一些应用，第 3 章会介绍神经网络架构搜索上的相关应用。第 8 章会详细介绍针对 AutoML 管道优化的遗传规划的相关内容。

1.3.2 贝叶斯优化

贝叶斯优化是一个可为黑盒函数进行全局优化的最为先进的优化框架，尤其是近期在 HPO 领域更是获得了大量的关注。因为在众多机器学习任务中（如图像分类[140, 141]、语音识别[22]、神经语言建模[105] 等），基于贝叶斯优化所调整的深度神经网络取得了最好的算法结果。除此之外，贝叶斯优化针对不同的问题设置具有广泛的适用性。想要深入了解贝叶斯优化的读者，可以仔细阅读文献 [135] 和文献 [18]。

在本小节，首先对贝叶斯优化进行简要介绍，随后给出贝叶斯优化中可用的代理模型及详细描述条件配置空间和约束配置空间的扩展，最后讨论超参优化的若干重要应用。

在贝叶斯优化的一些最近进展中，已不再将 HPO 当成黑盒优化问题，如多保真度 HPO（1.4 节）、基于元学习的贝叶斯优化（第 2 章）和结合管道结构的贝叶斯优化[159, 160]。除此之外，贝叶斯优化的很多最新进展并不直接针对 HPO 进行优化，但可以更为容易地应用到 HPO 上，如新的采集函数、新的核函数、新的模型及新的并行化机制等。

1. 贝叶斯优化简介

贝叶斯优化是一种含有两个关键要素的迭代算法：概率代理模型和采集函数。其中，采集函数主要用于决定下一个待评估的数据点。在每轮迭代中，代理模型会对当前所生成的目标函数的所有观测值进行拟合。随后，采集函数会基于概率模型的预测分布来决定不同候选采样点的效用，同时对探索和利用进行平衡。相较于直接评估运算量较大的黑盒函数，采集函数能够以更加高效的方式进行运算，因此优化得更为彻底。

尽管现有采集函数较多，但普遍使用的采集函数是期望增量（Expected Improvement, EI）[72]：

$$\mathbb{E}(\mathbb{I}(\lambda)) = \mathbb{E}[\max(f_{\min} - y, 0)]. \quad (1.2)$$

主要原因在于，如果模型的预测值 y 在配置 λ 上满足正态分布，那么便可以用封闭形式计算 EI：

$$\mathbb{E}(\mathbb{I}(\lambda)) = (f_{\min} - \mu(\lambda))\Phi\left(\frac{f_{\min} - \mu(\lambda)}{\sigma}\right) + \sigma\phi\left(\frac{f_{\min} - \mu(\lambda)}{\sigma}\right) \quad (1.3)$$

其中，$\phi(\cdot)$ 为标准正态密度；$\Phi(\cdot)$ 为标准正态函数；$f_{\min}$ 为当前最好的观测值。

为了让读者对贝叶斯优化有一个直观认识，图 1.2 给出了贝叶斯优化的一个简单示例。

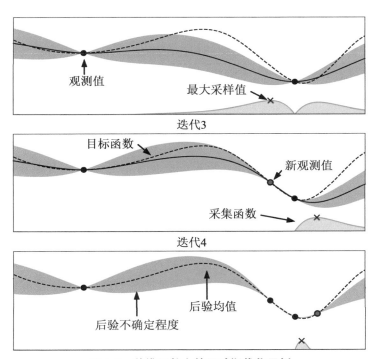

图 1.2 单维函数上的贝叶斯优化示例

注：目标是通过最大化采集函数（底部的灰色区域）来逼近目标函数（虚线部分）的高斯代理过程（预测值为实线部分，实线周围的灰色区域表示不确定性）。具体而言，上图，观测值附件的采样值较小，最大的采样值出现在预测函数值较小且预测不确定性较大的点；中图，虽然新观测值的左侧仍然存在较大的方差，但是右侧的预测值均值非常低，下一次的采样可以在新观测值的右侧进行；下图，虽然在实际最大值处几乎不存在任何不确定性，但考虑到目前为止，该点预计能够获得最大的预期提升，下一次评估会在此处进行。

2. 代理模型

一般而言，贝叶斯优化会采用高斯过程[124]对目标函数进行建模，主要原因在于高斯过程能够很好地矫正估计值的不确定性且预测的分布具有闭式可计算性。事实上，高斯过程所生成的多维高斯分布，可以对任何目标函数进行建模，具有极大的灵活性。高斯过程 $\mathcal{G}(m(\lambda), k(\lambda, \lambda'))$ 主要由均值函数 $m(\lambda)$ 和协方差矩阵函数 $k(\lambda, \lambda')$ 构成。需要注意的是，在贝叶斯优化中，均值函数一般直接设置为常数。无噪声情形下，均值预测值 $\mu(\cdot)$ 和方差预测值 $\sigma^2(\cdot)$ 的计算方法如下所示：

$$\mu(\lambda) = k_*^T K^{-1} y,$$

$$\sigma^2(\lambda) = k(\lambda, \lambda) - k_*^T K^{-1} k_* \tag{1.4}$$

其中，k_* 表示 λ 和所有当前观测值之间的协方差向量；K 表示所有已评估配置的协方差矩阵；y 表示观测函数值。值得一提的是，高斯过程的质量完全取决于协方差核函数。常用的协方差核函数是 Mátern 5/2 核函数，该方法的超参主要由马尔科夫链蒙特卡洛（Markov Chain Monte Carlo，MCMC）积分求得[140]。

具有标准核的高斯过程存在的一个不足是计算量与数据点呈立方关系，这在一定程度上限制了标准高斯过程的应用范围，除非是采用了并行运算或者是降低精度以减少函数评估的运算量。不过在实际任务中，使用可扩展的高斯过程近似可以避免该不足，如稀疏高斯过程。这些方法通过使用原始数据集的子集作为诱导点来近似全高斯过程，进而获得核矩阵 K。同时，这些方法支持高斯过程的贝叶斯优化扩展到更多的数据点，进而能够优化随机 SAT 求解器的参数[62]。不过对这类近似方法也存在着一些争议，一方面是不确定度估计的校准过程，另一方面是对标准 HPO 的适用性并没有经过验证和测试[104, 154]。

具有标准核的高斯过程的另外一个不足是应对高维时的可扩展性差。基于此，目前有非常多的扩展版本致力于处理具有大量超参配置空间的固有属性所带来的求解问题，如随机表征的使用[153]、在分块的配置空间上使用高斯过程[154]、圆柱核[114]和自适应核[40, 75]等。

由于很多机器学习模型都比高斯过程更具灵活性和可扩展性，因而有大量的研究工作致力于将这些机器学习方法适配到贝叶斯优化过程中。首先，深度神经网络是一类非常灵活且具有可扩展性的方法。最为简单的一种适配方法是将神经网络作为预处理输入的特征提取器，将最后隐层的输出作为贝叶斯线性回归的基函数[141]。更进一步，可以采用随机梯度汉密尔顿蒙特卡洛（Hamiltonian Monte Carlo，HMC）方法[144]来直接训练一个贝叶斯神经网络，该适配方法能够完全采用贝叶斯方法来处理网络的权重。在贝叶斯优化过程中，大约在 250 次函数评估之后，神经网络速度会优于高斯过程。需要注意的是，神经网络支持大规模的并行运算。除此之外，深度学习所具有的灵活性能够支撑贝叶斯优化运行在更为复杂的任务上。举例而言，在某个复杂任务上，可以先采用变分自编码器将复杂的输入（如第 9 章自动统计中的结构化配置）变成实数向量，随后便可以直接使用常规的高斯过程来处理生成的实数向量[92]。对于多源贝叶斯优化，基于因子分解机[125]的神经网络架构可以包含之前任务的相关信息[131]。此外，该神经网络架构也能够被用来解决 CASH 问题[132]。

实现贝叶斯优化的另一种可替代方案是随机森林[59]。在小规模数值型的配置空间上[29]，高斯过程的效果优于随机森林方法。而在大规模类别型或条件型的配置空间上，随机森林的效果会优于高斯过程[29, 70, 90]。除此之外，随机森林的计算复杂度也小于高斯过程。具体而言，拟合和预测 n 个数据点的方差时，高斯过程的复杂度分别为 $O(n^3)$ 和 $O(n^2)$，而随机森林的复杂度分别为 $O(n\log n)$ 和 $O(\log n)$。正是随机森林所具有的这些优势，使得实现贝叶斯优化的 SMAC 框架（基于随机森林）能够支撑主流的 AutoML 框架 Auto-WEKA[149]（具体内容见第 4 章）和 Auto-sklearn[34]（具体内容见第 6 章）。

与直接建模基于配置 λ 所得到的观测值 y 的概率 $p(y|\lambda)$ 不同的是，TPE（Tree Parzen Estimator）算法[12,14]分别建模密度函数 $p(\lambda|y<\alpha)$ 和 $p(\lambda|y\geq\alpha)$。当给定百分比 α 时（通常设置为 15%），观测值会被分成两部分：好的观测值和差的观测值。随后，采用一维 Parzen 窗来建模这两个分布。而比例 $\dfrac{p(\lambda|y<\alpha)}{p(\lambda|y\geq\alpha)}$ 直接相关于期望提升采集函数，可用来生成新的超参配置。针对条件超参时，TPE 使用树形 Paren 估计量，在一些结构化的 HPO 任务上[12, 14, 29, 33, 143, 149, 160]都取得了良好的性能。简而言之，TPE 方法具有概念简单、可并行等优势[91]。除此之外，TPE 也是 AutoML 框架 Hyperopt-sklearn[83]（具体内容见第 5 章）背后的核心算法。

最后，需要特别说明的是，一些不遵循贝叶斯优化范式的代理模型也存在。例如，在参考文献 [67] 中，Hord 等作者采用确定性 RBF 代理模型来调整深度神经网络的超参；又如，在参考文献 [52] 中，Harmonica 等作者使用压缩传感技术来学习深度神经网络的超参。

3. 配置空间

最初，贝叶斯优化主要用来求解框式约束的实数函数。然而，在实际工作中，对于很多机器学习中的超参（如神经网络的学习率或支持向量机中的正则化项），可以直接优化可衡量变化的指数项的指数。例如，从 0.001 到 0.01 的变化与从 0.1 到 1 的变化影响较为接近。而输入翘曲[142]技术通过将每个维度的输入用一个含有两个参数的贝塔分布来替代并进行优化，最终能够在优化过程中自动学习出超参的相应变换。

需要说明的是，框式约束存在一个明显的限制，即需要用户提前定义这些约束。为了避免该限制，可在优化过程中动态扩展配置空间[113, 136]。除此之外，也可以采用分布估计式算法 TPE[12]，该算法能够应对具有先验（如高斯先验）的无限空间。

对于整型和类别型超参而言，在实际任务中需要对其进行特殊处理。不过工作量较小，只需对核函数和优化过程进行简单适配即可直接应用到常规的贝叶斯优化模型中，具体内容可参阅文献 [58] 的 12.1.2 节或文献 [42]。另外，像分解机和随机森林等模型都可以用来处理整型和类别型超参。

相对而言，条件型超参仍然是一个非常活跃的研究领域，第 5 章和第 6 章都会具体介绍到近期的自动机器学习系统中条件超参空间的处理方法。直观而言，树形模型能够很好地处理条件型超参，如随机森林[59]和 TPE[12]等方法。然而，由于高斯过程比其他模型具有更多的优势，所以有大量的方法致力于为结构化的配置空间设计合适的核函数 [4, 12, 63, 70, 92, 96, 146]。

4. 受约束的贝叶斯优化

实际的应用场景中存在着各种各样的约束，如内存消耗[139, 149]、训练时间[149]、预测时间[41, 43]、压缩模型的精度[41]、耗电[43]，以及最为简单的训练成功与否[43]。

事实上，约束条件可以简化成一个二进制（即成功或失败）的观测变量[88]。而在自动机器学习中，最为典型的约束条件是内存约束和时间约束。因为在具体学习过程中，需要保证算法可以在一个共享的计算系统上进行训练，同时需要保证单个慢速的算法配置不会耗用 HPO 的所有可用时间[34, 149]（第 4 章和第 6 章也会介绍这部分内容）。

约束也有可能是未知的。换言之，可以观测和建模一个辅助约束函数，但是只有在目标函数评估完之后才能知道约束是否被满足[46]。举例而言，支持向量机的预测时间只有在模型训练时才能获得，因为支持向量机的预测时间依赖于训练过程中支持向量的个数。

衡量约束是否被满足的最为简单的方法是定义一个惩罚值（至少同在最坏情况下的观测损失值一样差），并用该惩罚值作为失败运行的观测变量 [34, 45, 59, 149]。而更为高级的方法会直接对违反一个或多个约束的概率进行建模，同时会积极搜索那些更能满足给定约束条件的超参配置 [41, 43, 46, 88]。

通过使用信息理论采集函数，贝叶斯优化框架可以解耦目标函数评估和约束评估，进而能够动态地选择下一次的评估对象（即约束或目标函数）[43, 55]。尤其是在目标函数评估和约束评估各自所需的计算时间差异较大时，对两者进行解耦价值更为显著，如深度神经网络的性能评估和内存占用评估 [43] 所需的时间差异就较为明显。

1.4 多保真度优化

不断增长的数据规模和模型复杂度使得超参优化变得更加困难，因为它们使得 HPO 的黑盒性能评估代价变得更大。如今，在大规模的数据集上哪怕只是进行一组超参配置的训练，很容易就超过几小时甚至几天的时间 [85]。

加快人工调优速度的一种常见技术是在小规模的数据子集上通过各种简化手段来探索模型或超参配置，如降低训练迭代次数、减少特征数量、只使用一个或几个交叉验证组、对图像进行下采样等。而多保真度方法通过对真实损失函数的低保真度近似进行最小化，能够将这些启发式规则转化为正式算法。虽然这些近似方法对优化性能和优化所需运行时间进行了平衡，但事实上，最终所获得的运行加速性能往往会超过近似误差。

本小节内容概要如下：首先，本节对建模算法训练过程中的学习曲线并基于对新增资源是否有价值的预测而决定是否停止训练的早停法进行介绍；其次，对能够从给定算法或超参配置的有限集合中选择一种算法或超参配置的筛选方法进行讨论；最后，本节对若干多保真度方法进行介绍，这些方法能够主动地确定那些为找到最佳超参配置提供最多信息的保真度。另外，第 2 章和第 3 章也对多保真度方法进行了介绍。其中，第 2 章讨论了如何跨数据集使用多保真度方法，第 3 章描述了能够进行神经网络架构搜索的低保真度近似方法。

1.4.1　基于学习曲线预测的早停法

在 HPO 的多保真度方法中，早停法是比较典型的一种方法。该方法首先会对 HPO 优化过程中的学习曲线进行评估和建模[82, 123]，随后对一个给定的超参配置是继续投入训练资源还是停止训练过程进行决策。实际上，学习曲线有多种，如逐步扩大训练数据集时，同一个超参配置在训练过程中的性能变化；又如，针对一个迭代算法而言，学习曲线可以是每轮迭代中的算法性能表现（如果性能计算代价较为巨大，可以每隔 i 轮计算一次性能）。

学习曲线外推法主要用来进行预测性终止[26]，该方法会学习一个能够为特定超参配置的部分观测曲线进行推断的学习曲线模型，并对该配置在接下来的训练过程中所能取得的性能进行预测，如果预测的性能无法达到目前已获得的最佳优化性能，便停止训练过程。具体而言，每条学习曲线都会被建模成一个来自 11 个不同科学领域的参数函数的加权组合。通过 MCMC 方法对这些函数的参数和权重进行采样，以最小化拟合部分观测学习曲线的损失值。随后，获得一个预测分布，基于该分布可知随后的训练结果能否超越当前最佳模型的概率，进而基于此概率来决定是否停止训练过程。在神经网络优化中，如果将预测终止准则与贝叶斯优化进行结合，相较于现有的黑盒贝叶斯优化，预测终止准则会获得更低的错误率。平均而言，该方法能够将优化速度提高两倍，并且能够为 CIFAR-10 数据集（没有进行数据增强操作）找到当前最为领先的神经网络模型[26]。

然而，上述方法无法对不同超参配置之间的信息进行共享，但这并非不能实现。事实上，通过将基函数作为贝叶斯神经网络的输出层[80]，可实现不同超参配置之间的信息共享。进而，可以对任意超参配置的基函数的参数和权重进行预测，从而能够获得完整的学习曲线。除此之外，也可以直接将之前的学习曲线作为基函数推断器[21]。虽然实验结果还没有清楚地表明本节中所提出的方法是否优于预先设定的参数函数，但是无须手动设计参数函数这本身就是一个明显的优势。

冻—融贝叶斯优化[148]是将学习曲线完全集成到贝叶斯优化的建模和选择过程。与直接终止某个超参配置的训练过程相反，冻—融贝叶斯优化首先会用较少的迭代次数来训练模型，随后对该模型进行挂起（即进行"冷冻"，暂停训练）。接下来，贝叶斯优化会从众多暂停训练的机器学习模型中选择一个进行"融化"，即继续进行训练。另外，该方法也会依据实际情况来决定是否启动一个新的超参配置进行训练。具体而言，冻—融贝叶斯优化通过采用常规高斯过程对收敛算法的性能进行建模，并且引入一个对应于指数衰减函数的特殊协方差函数，采用单个学习曲线高斯过程对学习曲线进行建模。

1.4.2 基于 Bandit 的选择方法

本节主要对能够从给定的算法有限集合中挑选出最好算法的方法进行介绍，这些方法主要是基于算法性能的低保真度近似来进行挑选的；最后，本节对自适应配置策略的潜在组合进行了讨论。本节会重点关注基于 Bandit 策略的变体：连续减半（successive halving）和超带（hyperband），因为这些变体的性能非常优越，尤其是在深度学习算法的优化上。严格意义上，本小节将要介绍的一些模型也会对学习曲线进行建模，但是这些模型没有提供能够选择新配置的方法。

首先，简要介绍多保真度选择算法的发展历史。2000 年，佩特拉克在文献 [120] 中指出在小的数据子集上对各种算法进行测试是一种方便且高效的算法选择机制。随后的方法主要采用迭代算法淘汰机制对超参配置进行剔除，如超参配置在数据子集上表现不够良好 [17]，或者其性能明显低于性能最好的一组超参配置 [86]，又或者表现差于用户给定的最好的一组超参配置 [143]，或者连算法的性能上界都劣于已知的最好算法 [128]。与之类似，当某超参配置在一个或若干个交叉验证集上表现不够良好时，也可以对该超参配置进行剔除 [149]。最后，贾米森和塔尔沃卡 [69] 提出使用最早由卡宁等人 [76] 引入的连续对半算法对超参配置进行优化。

连续对半算法是一种极其简单却高效的多保真度选择方法，也是目前被普遍采用的多保真度选择方法。具体而言，该方法首先将给定的预算均匀地分配到各个算法上；随后，基于各个算法的评估结果，从所有算法中淘汰掉一半表现差的算法；接下来，将总预算平均分配到保留下来的一半算法上①，并继续淘汰一半表现差的算法，重复此过程，直到最后只剩下一个算法为止。为了更为直观地了解连续对半方法的整体流程，图 1.3 给出了具体示例。

---

① 准确一点而言，每轮淘汰的算法比例为 $\frac{\eta-1}{\eta}$，保留下来的每个算法的预算为上一轮的 η 倍。其中，η 为指定的超参，取值范围为 2 ~ 3。具体内容可参阅超带 [90]。

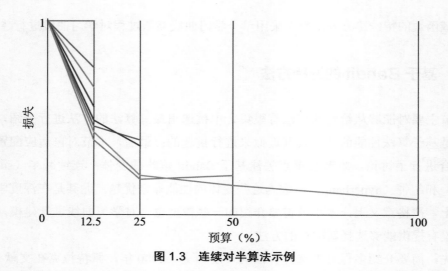

图 1.3 连续对半算法示例

注：初始为 8 个算法 / 配置，总的预算为 18。每轮评估之后，会淘汰一半的算法，保留下的算法的预算会加倍。

贾米森和塔尔沃卡[69]对几种常见的 Bandit 算法进行了比较，实验结果表明，不管是在所需的迭代次数上还是在所需的计算时间上，连续对半方法都优于对比方法。另外，如果算法收敛性较好，理论上连续对半方法会优于均匀预算分配策略。同时，该方法也优于很多著名的 Bandit 策略，如 UCB 和 EXP3。

虽然连续对半算法效率很高，但是受限于如何平衡预算和配置数量。具体而言，当给定总预算后，用户需要提前决定是为每个配置分配较少的预算以尝试更多的配置，还是尝试较少的配置以确保每个配置能够得到尽可能多的预算。在实际任务中，不管是做何选择都会面临一定的问题。因为分配较少的预算，有可能会导致一些好的配置过早地被终止；为每个配置分配过多的预算，会导致一些差的配置运行时间较长而浪费计算资源。

超带[90]通过对冲策略来解决随机配置采样中预算资源与配置数量的平衡问题。具体而言，超带首先基于"配置数量，单个配置预算"的组合，将总资源分成若干组；随后，针对每组采用连续对半方法来获得该组的最佳配置。虽然对冲策略包含在最大预算下运行某些配置的情形，不过在最大预算下超带也只会比普通随机搜索多花费一个常数因子的时间。事实上，由于超带采用了低保真度评估方法，相比于普通随机搜索和黑盒贝叶斯优化，在数据子集、特征子集和迭代算法（深度神经网络的随机梯度下降）上，超带都更具优势。

虽然超带能够很好地应用于深度神经网络，但是其仍受限于难以将配置设计策略应用到函数评估上。为应对此限制，最新方法 BOHB[33] 对贝叶斯优化和超带的各自优势进行了有机结合：优异的初始表现，通过采用超带的低保真度评估方法可实现开局时的快速改进；强劲的终局性能，通过将超带中的随机搜索替换为贝叶斯优化可获得更好的性能。除此之外，BOHB 也高效地使用了并行资源，并且能够应对含有一个到多个超参的问题域。BOHB 的贝叶斯优化组件类似于 TPE[12]，主要的不同是采用了多维核密度估计量。它只适用于拟合至少执行了 $|A|+1$ 次评估（$|A|$ 为超参数量）的最高保真度的模型。显然，BOHB 的第一个模型会基于最低保真度来拟合，但随着时间的推移，模型的训练会逐步基于更高的保真度。不过，模型的连续减半过程会一直基于低保真度。经验上看，BOHB 在优化支持向量机、神经网络、强化学习及本节所给出的大多数算法[33]上，都优于几种目前先进的超参优化模型。另外，文献 [15，151] 给出了超带和贝叶斯优化的进一步结合方案。

值得注意的是，多保真度评估也可以通过其他方式与 HPO 相结合。如文献 [152] 所给出的方案并非直接在低保真度和高保真度之间进行切换，而是先在原始数据的子集上进行 HPO 操作以获得最好的超参配置，随后将获得的超参配置作为在完整数据集上进行 HPO 操作的初始值。同样，为了加快 CASH 问题的求解速度，可以根据算法及超参配置在小的数据子集上的表现好坏，迭代地将其从配置空间中进行剔除[159]。

1.4.3 保真度的适应性选择

上面小节中的所有方法都会遵循一个预先给定的保真度规划。实际任务中，更希望能够基于给定的先前观测值来主动选择合适的保真度，以避免保真度提前规划的误设。

多任务贝叶斯优化[147] 采用多任务高斯过程来建模相关任务的性能，能够在优化过程中自动学习任务之间的相关性。基于代价敏感的信息理论采集函数，多任务贝叶斯优化能够在低成本、低保真度的任务和高成本、高保真度的目标任务之间进行动态切换。事实上，在优化开始时，该方法会在低成本的任务上探索配置空间；而在优化的后面部分，该方法会切换到高成本的配置空间上进行优化。整体而言，该方法大约减少了一半的超参优化所需时间。除此之外，多任务贝叶斯优化也可以用来传递之前所优化任务的相关信息（更多细节部分会在第 2 章具体介绍）。

在实际任务中，不管是多任务贝叶斯优化还是之前介绍过的方法都需要预先设定一组保真度。然而，预先设定一组保真度会存在一定的不足：首先，预先设定的一组保真度会存在误设的情况[74, 78]；其次，可以处理的保真度数量有限，通常是 5 个甚至更少。因此，可以考虑利用保真度的平滑依赖性（如所使用的数据子集大小）。一般而言，连续性的保真度能够产生更好的结果。例如，采用数据集对某组超参配置进行评估时，可以将完整数据集的选择设置为一个连续百分比来进行控制；又如，信息增益和评估所需时间的权衡[78]。为了充分利用性能通常随着数据增多或迭代次数减少而增加的领域知识，文献 [78] 为数据子集构建了一个特殊的核函数。相比于黑盒贝叶斯优化，多任务贝叶斯优化的这种泛化操作使得性能更佳，并且能够获得 10 ～ 100 倍的优化加速。

与信息理论采集函数类似，基于上界置信区间（Upper Confidence Bound，UCB）采集函数的贝叶斯优化也能够扩展到多保真度[73, 74]。虽然第一个基于 UCB 的算法 MFGP-UCB[73] 需要预先定义好保真度，但后续的 BOCA[74] 算法无须预先设定保真度。目前，BOCA 算法已经被应用到多个连续保真度的优化上。相信在未来的 HPO 研究中，针对多个连续保真度的 HPO 优化问题会获得越来越多的关注。

一般而言，能够自动选择保真度的方法比在 1.4.2 节所讨论的基于 Bandit 的方法更为吸引人，也更为强大。但需要注意的是，在实践中，想要成功地对保真度进行自动选择需要更为强大的模型。假如模型不够强大（如缺乏足够的训练数据或者模型不匹配），它们有可能会在高的保真度评估上花费太多时间。而且，在时间限制给定的情况下，1.4.2 节所讨论的健壮性更强的固定预算策略有可能会获得更好的性能。

1.5　AutoML 的相关应用

本节首先对自动机器学习中最为重要的一些超参优化系统进行介绍，随后对超参优化的一些典型应用进行概述和介绍。

20 世纪 90 年代，网格搜索[71, 107]就开始在超参优化中应用。到 2002 年，一些早期的机器学习工具开始支持网格搜索[35]。第一批应用于 HPO 的适应性优化方法是深度优先的贪婪搜索[82]和模式搜索[109]，两者的性能都优于默认的超参配置。另外，模式搜索的性能优于网格搜索。至于遗传算法，最开始（2004 年）被用于优化 RBF-SVM 中的超参 C 和 γ。相比于网格搜索，基于遗传算法的超参优化能够在更少的时间内取得更好的分类结果。同年，相关研究利用进化算法来自动学习 SVM 中 3 个不同核函数的组成方式（即核超参数）及联合选择相应特征子集。由结果看出，组合而成的核函数能够优于所有的单个核函数。与之类似，文献 [129] 采用遗传算法同时对 SVM 或神经网络模型的特征和超参进行选择。

CMA-ES 最早被用于超参优化是在 2005 年 [38]，主要用来优化 SVM 的超参：C、γ、输入数据每一维度的样本数 l_i、完整的旋转和缩放矩阵。最近，CMA-ES 在并行 HPO 上表现非常突出，当并行优化（同时运行在 30 个 GPU 上）一个具有 19 个超参的深度神经网络时 [91]，CMA-ES 已经超过了当前最好的贝叶斯优化工具。

2009 年，埃斯卡兰特等 [30] 将 HPO 问题拓展成全模型选择问题，即同时包含预处理算法、特征选择算法、分类器和所有相关的超参。通过使用 HPO，该方法能够基于现有的机器学习算法构建完整的机器学习管道。埃斯卡兰特等通过实践发现，他们不仅能够在不需要任何领域知识的前提下将他们的方法应用到任何数据集上，而且同时证明了他们方法的可应用领域非常广泛 [32, 49]。另外，他们所提出的粒子群模型选择算法（PSMS）基于修改后的粒子群优化器能够适用于条件型配置空间。而通过将 PSMS 与一个自定义的集成策略（即将不同代的最优解进行组合 [31]）进行结合，可以有效地避免模型过拟合。需要注意的是，由于粒子群优化最初是用来优化连续配置空间的，所以后来的 PSMS 算法会采用遗传算法来优化管道的结构，而粒子群优化算法只能用来优化每条管道中的超参 [145]。

据我们所知，贝叶斯优化在 HPO 上的第一个应用是在 2005 年，即弗罗利希和泽尔 [39] 使用在线高斯过程和 EI 结合的方式来优化 SVM 的超参。相比于网格搜索，在一个具有 2 个超参的分类问题上获得了 10 倍的加速；在一个具有 3 个超参的回归问题上获得了 100 倍的加速。在文献 [84] 中，科恩等人提出采用贝叶斯优化来学习整个机器学习管道中的超参。具体而言，他们使用一个固定的机器学习管道，并对分类器的超参（即每类的分类阈值和类别权重）进行优化。

在 2011 年，贝尔格斯特等 [12] 率先将贝叶斯优化应用到深度神经网络的超参优化，性能上同时超越了手动搜索和随机搜索。此外，他们还证明了 TPE 方法的性能强于基于高斯过程的优化方法。在联合神经结构搜索和超参优化上，TPE 方法和随机森林贝叶斯优化方法都取得了良好性能 [14, 106]。

将贝叶斯优化应用到 HPO 的另一个重要进展是 2012 年斯诺克等的论文 [140]，该论文介绍了针对在 Spearmint 系统中所实现的基于高斯过程的 HPO 的若干技巧，取得了深度神经网络超参优化的最新基准结果。

与全模型选择范式不同的另一条线是，Auto-WEKA[149]（具体内容见第 4 章）所介绍的 CASH（算法选择和超参优化组合）问题。在 CASH 问题中，分类算法的选择被建模成类别型变量，算法超参被建模成条件型变量，而基于随机森林的贝叶斯优化系统 SMAC[59] 主要在最终所形成的 786 维配置空间中对超参配置进行联合优化。

近年来，多保真度方法变得越来越流行，尤其是在深度学习中。首先，通过采用如基于数据子集、特征子集或减少迭代算法运行次数的低保真度近似方法，超带[90] 的效果能够超越黑盒贝叶斯优化算法，因为黑盒贝叶斯优化算法没有考虑到这些低保真度。2018 年，福克纳等的论文[33] 介绍了一种灵活、鲁棒且可并行的贝叶斯优化与超带的结合方案——BOHB。该方案能够在众多优化问题上显著超过超带和黑盒贝叶斯优化，包括支持向量机、各种类型的神经网络及强化学习算法等。

接下来，针对在 HPO 的实际应用过程中应选择什么样的工具给出如下建议。

- 如果适用于多保真度（即如果定义成本更低的目标函数是可行的，这样能确保这些低成本目标函数的性能与完整目标函数的性能大致相关），推荐使用 BOHB[33] 作为健壮、高效、通用且可并行化的超参优化的一种默认算法。
- 如果不适用于多保真度：
  ——假如所有超参都是实数并且只能提供几十次的函数评估时，推荐使用基于高斯过程的贝叶斯优化工具，如 Spearmint[140]；
  ——对于大规模的条件型配置空间而言，推荐使用基于随机森林的 SMAC[59] 或者 TPE[14] 方法，因为它们能够在这类任务上取得良好的性能表现[29]；
  ——对于纯实数空间且成本相对较低的目标函数而言，假如能够提供上百次以上的函数评估，推荐使用 CMA-ES[51]。

1.6 探讨与展望

本节主要对 HPO 进行了探讨和展望，希望通过对 HPO 的开放性问题、当前研究问题及潜在的进展所进行的讨论，读者能够进一步理解 HPO，HPO 能够得到进一步发展。需要注意的是，虽然超参数的重要性和配置空间的定义是相关的，但本章并没有对它们进行讨论。因为它们属于元学习的范畴，第 2 章会对它们进行具体讨论和阐述。

1.6.1 基准测试和基线模型

当给定一系列的 HPO 方法时，接下来需要做的是如何评估每个方法各自的优劣势。为了公平地比较不同的 HPO 方法，自动机器学习社区需要设计并商定一组通用的基准测试，以能够很好地评估随着时间而出现的新的 HPO 变体，如多保真度优化。为了让读者对此有一个直观地认识，这里简单介绍 COCO（COmparing Continuous Optimizers）平台：COCO 平台为连续优化提供基准测试和分析工具，是每年一度的黑盒优化基准测试挑战赛（BBOB）[11] 的比赛平台。沿着 HPO 这条线，目前已经产生了超参优化库 HPOlib [29] 和针对贝叶斯优化方法的基准测试集 [25]。但是，这两者都没有获得如 COCO 平台那样的吸引力和影响力。

另外，自动机器学习社区需要明确地定义度量标准，而当前的情况是不同的工作采用不同的度量标准。当度量标准不同时，需要明确各工作所给出的算法性能是基于验证集还是基于测试集。验证集的性能有助于独立地研究优化器的强度，因为其避免了从验证集换到测试集的评估过程中所引入的噪声；而测试集的性能表现，将有助于评估优化器的过拟合程度，因为部分优化器的过拟合程度会强于其他优化器，但只有通过测试集才能诊断出优化器的过拟合程度。当度量标准不同时，另外一个需要明确的点是算法的性能是基于给定的函数评估次数还是基于给定的评估时间。后者更关注于评估不同超参配置所用的时间差异和优化开销，进而能够反映实践过程中的真实需求；而前者无须关注所使用的硬件，能够更为方便地重现相同的实验结果。为了提高可重复性，尤其是基于给定评估时间的研究应当发布一个已实现的版本。

需要注意的是，将新的基准与强化后的基线模型进行对比是非常重要的，这也是建议在提出新的 HPO 方法时最好配备相应的已实现版本的另一个原因。然而，针对 HPO，目前还没有如深度学习研究那样便捷可用的基础模块单元 [2, 117] 一样的软件库。一个简单且有效的基线模型可以初步作为实际研究的一个参考，如贾米森和雷希特 [68] 建议将采用不同并行化程度的随机搜索与常规随机搜索进行对比，以了解并行化的速度优势。当与其他优化技术进行比较时，尽量与效果较好的实现版本进行比较，因为很多时候简单版本的性能可能不够理想，如研究表明贝叶斯优化的简单版本会产生较差的性能 [79, 140, 142]。

1.6.2 基于梯度的优化

在特定案例中（如最小二乘支持向量机、神经网络），获得模型评估函数在一些模型超参下的梯度是可能的。与黑盒超参优化不同，基于梯度的优化每次对目标函数的评估都会获得一个完整的超梯度向量而非单个浮点值，能够加快 HPO 的求解过程。

在文献 [99] 中，麦克劳林等人介绍了一种计算验证性能在神经网络的所有连续超参上精确梯度的方法，并通过带动量的随机梯度下降算法（一种新颖且节省内存的算法）在整个训练过程中对梯度进行反向传播。通过基于梯度的方法能够高效处理多个超参，这为模型的超参数化提供了新的范例，并能够在模型类型、正则化和训练方法上获得更大的灵活性。麦克劳林等人证明了基于梯度的 HPO 方法能够适用于众多高维 HPO 优化问题，如分别优化神经网络中每轮迭代和每层的学习率、优化神经网络中每层的权重初始化尺度超参、优化逻辑斯蒂回归中每个独立参数的 l_2 范数惩罚项和学习全新的训练数据集等。需要注意的是，在整个训练过程中进行反向传播会将训练过程的时间复杂度增加一倍。上述方法也可以被推广应用到其他参数更新算法中 [36]。为了克服完整训练过程中反向传播的必要性，后续工作允许对与训练过程交叉的单独验证集执行超参更新 [5, 10, 36, 37, 93]。

目前基于梯度优化的一些示例（如简单模型的超参优化 [118] 和第 3 章将会重点介绍的神经网络架构搜索）展现出了令人满意的结果，甚至超过了当前最好的贝叶斯优化模型。尽管基于梯度的超参优化方法会高度模型专用，不过该方法可以支持几百个超参数优化的这一事实会使得 HPO 得到实质性改进。

1.6.3 可扩展性

尽管多保真度优化近期取得了一些成功，但是由于规模等原因仍然存在很多未被 HPO 解决的机器学习问题，可能需要一些更为新颖的解决方法。在这里，规模既可以指配置空间的大小，也可以指单个模型评估的开销。举例而言，目前还没有任何针对 ImageNet 数据集 [127] 的深度神经网络的 HPO 相关工作，主要原因在于哪怕是在 ImageNet 数据集上训练一个简单的神经网络都会极其耗时。所以在后续的研究过程中，是否有方法（如 1.4 节的多保真度方法、基于梯度的方法，又或者是第 2 章将要介绍的元学习方法）能够跳出 1.3 节的黑盒视角来解决 HPO 优化中的规模限制问题将显得尤为重要。虽然第 3 章介绍了将在小数据集上学习的神经网络构建模块应用到 ImageNet 数据集上的首次成功尝试，但需要注意的是，其训练过程中的超参仍须手动设定。

考虑到并行计算的必要性，亟须能充分利用大规模计算集群的新方法。虽然目前已存在众多并行贝叶斯优化相关的研究工作 [12, 24, 33, 44, 54, 60, 135, 140]，除了 1.3.2 小节中介绍的神经网络 [141]，目前为止还没有一种方法可以扩展到数百个工作机上。尽管这些方法很受欢迎，但对于 HPO 而言，只有一个例外即成功应用到深度神经网络上 [91]①，实际上，基于种群的方法还没有被证明能够适用于针对较大数据集（即数据集含有的数据点多于几千个）的超参优化。

期待在后续的研究工作中，有更多撇开黑盒视角的更加高级、更加专有化的优化方法，能够进一步将超参扩展到更加有趣、更加有价值的问题上。

1.6.4　过拟合和泛化性

过拟合是超参优化中的一个开放性问题。如 1.2 节的问题描述所言，通常采用有限数量的数据点来计算待优化的验证损失，因此无须去优化未见的测试数据集的泛化性。与训练数据集上机器学习算法可能出现过拟合类似，在有限的验证数据集上，同样有可能发生超参数过拟合这一问题。实验也已证明这一点，即在有限的验证数据集上出现超参数过拟合 [20, 81]。

减少过拟合的一种简单策略是针对每个评估函数采用不同的训练和验证集划分方法。另外，实验已证明通过采用留出（hold-out）法和交叉验证策略能够有效提高 SVM 调优的泛化性能 [95]。而根据贝叶斯优化中高斯过程模型的最小预测均值而非最小观测值来选择最终的超参配置，能够进一步提高配置的健壮性 [95]。

另一种方案是采用单独留出的数据集来评估 HPO 所找到的配置，以避免配置偏向于标准验证数据集 [108, 159]。事实上，不同的泛化性能近似值会带来不同的测试性能 [108]，有研究表明，不同的重采样策略会导致支持向量机的 HPO 存在可测量的性能差异 [150]。

解决过拟合的另一种思路是找到目标函数的稳定最优解而非尖锐性最优解 [112]。对于稳定最优解，超参的轻微扰动不会改变最优解附近的函数值，而对于尖锐性最优解，超参的轻微扰动将会改变最优解附近的函数值。当将学习出的超参应用到一个新的且未

---

① 第 3 章会具体介绍应用于神经网络架构搜索问题的基于种群的方法。

见过的数据集（即测试数据集）时，稳定最优解能够带来更好的泛化性能。例如，在支持向量机的 HPO 优化中，基于稳定最优解的采集函数只出现了轻微程度的过拟合，而常规贝叶斯优化方法却会出现较为严重的过拟合现象[112]。

如果想要更进一步地解决过拟合问题，可以考虑集成算法和 1.2.2 节介绍的贝叶斯算法。当给定所有技术方案时，对于如何最大程度地避免过拟合还没有一种共识性技术。换言之，在特定 HPO 问题上，哪种技术方案最优仍然取决于用户。总的来说，在实际任务中，HPO 问题不同，最佳策略也可能会不同，即因问题而异。

1.6.5 任意尺度的管道构建

目前为止，讨论的所有 HPO 技术都会假定机器学习管道的组件是有限的或者神经网络的最大层级数量是有限的。对于机器学习的管道构建（本书的第 2 篇会着重介绍这部分内容）而言，使用多个特征预处理算法并能够基于问题本身来动态添加这些算法是非常有用的。具体来说，可通过超参数来扩大搜索空间，进而能够选择合适的预处理算法及其对应的超参数。虽然标准黑盒优化工具能够较为容易地将若干个预处理程序（及其超参数）以条件型超参的形式添加到搜索空间中，但是难以支持任意数量的预处理程序（及其超参数）。

一种可行且自然的方案是采用树状管道优化工具包 [TPOT（treestructured pipeline optimization toolkit）[115]，详情见第 8 章] 来解决任意尺度管道的构建问题，TPOT 主要采用遗传规划方法并通过语法来描述可能的管道结构。除此之外，为了避免最终生成过于复杂的管道，TPOT 采用多目标优化来平衡管道的复杂度和性能。

除 TPOT 这类管道构建方法之外，还存在一种基于层级规划的管道构建范式，在实际任务中表现出了良好的性能。举例而言，近期的 ML-Plan 模型[101, 108]通过采用层级任务网络，获得了具有竞争力的性能表现（相比于 Auto-WEKA[149] 和 Auto-sklearn[34]）。

到目前为止，上面介绍的方法并不总是优于固定管道长度的 AutoML 系统，不过更长的管道可能带来更多的性能改进。与之类似，神经网络架构搜索会产生复杂的配置空间，第 3 章会具体介绍解决此问题的相关方法。

致谢 感谢卢卡·弗朗切斯基、拉古·拉詹、斯特凡·法尔克纳和阿林德·卡德拉对手稿提出的宝贵建议。

参考文献

[1] Proceedings of the International Conference on Learning Representations (ICLR'18) (2018), published online: iclr.cc.

[2] Abadi, M., Agarwal, A., Barham, P., Brevdo, E., Chen, Z., Citro, C., Corrado, G., Davis, A., Dean, J., Devin, M., Ghemawat, S., Goodfellow, I., Harp, A., Irving, G., Isard, M., Jia, Y., Jozefowicz, R., Kaiser, L., Kudlur, M., Levenberg, J., Mané, D., Monga, R., Moore, S., Murray, D., Olah, C., Schuster, M., Shlens, J., Steiner, B., Sutskever, I., Talwar, K., Tucker, P., Vanhoucke, V., Vasudevan, V., Viégas, F., Vinyals, O., Warden, P., Wattenberg, M., Wicke, M., Yu, Y., Zheng, X.: TensorFlow: Large-scale machine learning on heterogeneous systems (2015), https://www.tensorflow.org/.

[3] Ahmed, M., Shahriari, B., Schmidt, M.: Do we need "harmless" Bayesian optimization and "first-order" Bayesian optimization. In: NeurIPS Workshop on Bayesian Optimization (BayesOpt'16) (2016).

[4] Alaa, A., van der Schaar, M.: AutoPrognosis: Automated Clinical Prognostic Modeling via Bayesian Optimization with Structured Kernel Learning. In: Dy and Krause [27], pp. 139–148.

[5] Almeida, L.B., Langlois, T., Amaral, J.D., Plakhov, A.: Parameter Adaptation in Stochastic Optimization, p. 111–134. Cambridge University Press (1999).

[6] Amazon: Automatic model tuning (2018), https://docs.aws.amazon.com/sagemaker/latest/dg/automatic-model-tuning.html.

[7] Bach, F., Blei, D. (eds.): Proceedings of the 32nd International Conference on Machine Learning (ICML'15), vol. 37. Omnipress (2015).

[8] Balcan, M., Weinberger, K. (eds.): Proceedings of the 33rd International Conference on Machine Learning (ICML'17), vol. 48. Proceedings of Machine Learning Research (2016).

[9] Bartlett, P., Pereira, F., Burges, C., Bottou, L., Weinberger, K. (eds.): Proceedings of the 26th International Conference on Advances in Neural Information Processing Systems (NeurIPS'12) (2012).

[10] Baydin, A.G., Cornish, R., Rubio, D.M., Schmidt, M., Wood, F.: Online Learning Rate Adaption with Hypergradient Descent. In: Proceedings of the International Conference on Learning Representations (ICLR'18) [1], published online: iclr.cc.

[11] BBOBies: Black-box Optimization Benchmarking (BBOB) workshop series (2018), http://numbbo.github.io/workshops/index.html.

[12] Bergstra, J., Bardenet, R., Bengio, Y., Kégl, B.: Algorithms for hyper-parameter optimization. In: Shawe-Taylor, J., Zemel, R., Bartlett, P., Pereira, F., Weinberger, K. (eds.) Proceedings of the 25th International Conference on Advances in Neural Information Processing Systems (NeurIPS'11). pp. 2546–2554 (2011).

[13] Bergstra, J., Bengio, Y.: Random search for hyper-parameter optimization. Journal of Machine

Learning Research 13, 281–305 (2012).

[14] Bergstra, J., Yamins, D., Cox, D.: Making a science of model search: Hyperparameter optimization in hundreds of dimensions for vision architectures. In: Dasgupta and McAllester [23], pp. 115–123.

[15] Bertrand, H., Ardon, R., Perrot, M., Bloch, I.: Hyperparameter optimization of deep neural networks: Combining hyperband with Bayesian model selection. In: Conférence sur l'Apprentissage Automatique (2017).

[16] Bischl, B., Mersmann, O., Trautmann, H., Weihs, C.: Resampling methods for meta-model validation with recommendations for evolutionary computation. Evolutionary Computation 20(2), 249–275 (2012).

[17] Van den Bosch, A.: Wrapped progressive sampling search for optimizing learning algorithm parameters. In: Proceedings of the sixteenth Belgian-Dutch Conference on Artificial Intelligence. pp. 219–226 (2004).

[18] Brochu, E., Cora, V., de Freitas, N.: A tutorial on Bayesian optimization of expensive cost functions, with application to active user modeling and hierarchical reinforcement learning. arXiv:1012.2599v1 [cs.LG] (2010).

[19] Bürger, F., Pauli, J.: A Holistic Classification Optimization Framework with Feature Selection, Preprocessing, Manifold Learning and Classifiers., pp. 52–68. Springer (2015).

[20] Cawley, G., Talbot, N.: On Overfitting in Model Selection and Subsequent Selection Bias in Performance Evaluation. Journal of Machine Learning Research 11 (2010).

[21] Chandrashekaran, A., Lane, I.: Speeding up Hyper-parameter Optimization by Extrapolation of Learning Curves using Previous Builds. In: Ceci, M., Hollmen, J., Todorovski, L., Vens, C., Džeroski, S. (eds.) Machine Learning and Knowledge Discovery in Databases (ECML/PKDD'17). Lecture Notes in Computer Science, vol. 10534. Springer (2017).

[22] Dahl, G., Sainath, T., Hinton, G.: Improving deep neural networks for LVCSR using rectified linear units and dropout. In: Adams, M., Zhao, V. (eds.) International Conference on Acoustics, Speech and Signal Processing (ICASSP'13). pp. 8609–8613. IEEE Computer Society Press (2013).

[23] Dasgupta, S., McAllester, D. (eds.): Proceedings of the 30th International Conference on Machine Learning (ICML'13). Omnipress (2014).

[24] Desautels, T., Krause, A., Burdick, J.: Parallelizing exploration-exploitation tradeoffs in Gaussian process bandit optimization. Journal of Machine Learning Research 15, 4053–4103 (2014).

[25] Dewancker, I., McCourt, M., Clark, S., Hayes, P., Johnson, A., Ke, G.: A stratified analysis of Bayesian optimization methods. arXiv:1603.09441v1 [cs.LG] (2016).

[26] Domhan, T., Springenberg, J.T., Hutter, F.: Speeding up automatic hyperparameter optimization of deep neural networks by extrapolation of learning curves. In: Yang, Q., Wooldridge, M. (eds.) Proceedings of the 25th International Joint Conference on Artificial Intelligence (IJCAI'15). pp. 3460–3468 (2015).

[27] Dy, J., Krause, A. (eds.): Proceedings of the 35th International Conference on Machine Learning

(ICML'18), vol. 80. Proceedings of Machine Learning Research (2018).

[28] Eberhart, R., Shi, Y.: Comparison between genetic algorithms and particle swarm optimization. In: Porto, V., Saravanan, N., Waagen, D., Eiben, A. (eds.) 7th International conference on evolutionary programming. pp. 611–616. Springer (1998).

[29] Eggensperger, K., Feurer, M., Hutter, F., Bergstra, J., Snoek, J., Hoos, H., Leyton-Brown, K.: Towards an empirical foundation for assessing Bayesian optimization of hyperparameters. In: NeurIPS Workshop on Bayesian Optimization in Theory and Practice (BayesOpt'13) (2013).

[30] Escalante, H., Montes, M., Sucar, E.: Particle Swarm Model Selection. Journal of Machine Learning Research 10, 405–440 (2009).

[31] Escalante, H., Montes, M., Sucar, E.: Ensemble particle swarm model selection. In: Proceedings of the 2010 IEEE International Joint Conference on Neural Networks (IJCNN). pp. 1–8. IEEE Computer Society Press (2010).

[32] Escalante, H., Montes, M., Villaseñor, L.: Particle swarm model selection for authorship verification. In: Bayro-Corrochano, E., Eklundh, J.O. (eds.) Progress in Pattern Recognition, Image Analysis, Computer Vision, and Applications. pp. 563–570 (2009).

[33] Falkner, S., Klein, A., Hutter, F.: BOHB: Robust and Efficient Hyperparameter Optimization at Scale. In: Dy and Krause [27], pp. 1437–1446.

[34] Feurer, M., Klein, A., Eggensperger, K., Springenberg, J.T., Blum, M., Hutter, F.: Efficient and robust automated machine learning. In: Cortes, C., Lawrence, N., Lee, D., Sugiyama, M., Garnett, R. (eds.) Proceedings of the 29th International Conference on Advances in Neural Information Processing Systems (NeurIPS'15). pp. 2962–2970 (2015).

[35] Fischer, S., Klinkenberg, R., Mierswa, I., Ritthoff, O.: Yale: Yet another learning environment – tutorial. Tech. rep., University of Dortmund (2002).

[36] Franceschi, L., Donini, M., Frasconi, P., Pontil, M.: Forward and Reverse Gradient-Based Hyperparameter Optimization. In: Precup and Teh [122], pp. 1165–1173.

[37] Franceschi, L., Frasconi, P., Salzo, S., Grazzi, R., Pontil, M.: Bilevel Programming for Hyperparameter Optimization and Meta-Learning. In: Dy and Krause [27], pp. 1568–1577.

[38] Friedrichs, F., Igel, C.: Evolutionary tuning of multiple SVM parameters. Neurocomputing 64, 107–117 (2005).

[39] Frohlich, H., Zell, A.: Efficient parameter selection for support vector machines in classification and regression via model-based global optimization. In: Prokhorov, D., Levine, D., Ham, F., Howell, W. (eds.) Proceedings of the 2005 IEEE International Joint Conference on Neural Networks (IJCNN). pp. 1431–1436. IEEE Computer Society Press (2005).

[40] Gardner, J., Guo, C., Weinberger, K., Garnett, R., Grosse, R.: Discovering and Exploiting Additive Structure for Bayesian Optimization. In: Singh, A., Zhu, J. (eds.) Proceedings of the Seventeenth

International Conference on Artificial Intelligence and Statistics (AISTATS). vol. 54, pp. 1311–1319. Proceedings of Machine Learning Research (2017).

[41] Gardner, J., Kusner, M., Xu, Z., Weinberger, K., Cunningham, J.: Bayesian Optimization with Inequality Constraints. In: Xing and Jebara [157], pp. 937–945.

[42] Garrido-Merchán, E., Hernández-Lobato, D.: Dealing with integer-valued variables in Bayesian optimization with Gaussian processes. arXiv:1706.03673v2 [stats.ML] (2017).

[43] Gelbart, M., Snoek, J., Adams, R.: Bayesian optimization with unknown constraints. In: Zhang, N., Tian, J. (eds.) Proceedings of the 30th conference on Uncertainty in Artificial Intelligence (UAI'14). AUAI Press (2014).

[44] Ginsbourger, D., Le Riche, R., Carraro, L.: Kriging Is Well-Suited to Parallelize Optimization. In: Computational Intelligence in Expensive Optimization Problems, pp. 131–162. Springer (2010).

[45] Golovin, D., Solnik, B., Moitra, S., Kochanski, G., Karro, J., Sculley, D.: Google Vizier: A service for black-box optimization. In: Matwin, S., Yu, S., Farooq, F. (eds.) Proceedings of the 23rd ACM SIGKDD International Conference on Knowledge Discovery and DataMining (KDD). pp. 1487–1495. ACM Press (2017).

[46] Gramacy, R., Lee, H.: Optimization under unknown constraints. Bayesian Statistics 9(9), 229–246 (2011).

[47] Gretton, A., Robert, C. (eds.): Proceedings of the Seventeenth International Conference on Artificial Intelligence and Statistics (AISTATS), vol. 51. Proceedings of Machine Learning Research (2016).

[48] Guyon, I., von Luxburg, U., Bengio, S., Wallach, H., Fergus, R., Vishwanathan, S., Garnett, R. (eds.): Proceedings of the 31st International Conference on Advances in Neural Information Processing Systems (NeurIPS'17) (2017).

[49] Guyon, I., Saffari, A., Dror, G., Cawley, G.: Analysis of the IJCNN 2007 agnostic learning vs. prior knowledge challenge. Neural Networks 21(2), 544–550 (2008).

[50] Guyon, I., Saffari, A., Dror, G., Cawley, G.: Model Selection: Beyond the Bayesian/Frequentist Divide. Journal of Machine Learning Research 11, 61–87 (2010).

[51] Hansen, N.: The CMA evolution strategy: A tutorial. arXiv:1604.00772v1 [cs.LG] (2016).

[52] Hazan, E., Klivans, A., Yuan, Y.: Hyperparameter optimization: A spectral approach. In: Proceedings of the International Conference on Learning Representations (ICLR'18) [1], published online: iclr.cc.

[53] Hernandez-Lobato, D., Hernandez-Lobato, J., Shah, A., Adams, R.: Predictive Entropy Search for Multi-objective Bayesian Optimization. In: Balcan and Weinberger [8], pp. 1492–1501.

[54] Hernández-Lobato, J., Requeima, J., Pyzer-Knapp, E., Aspuru-Guzik, A.: Parallel and distributed Thompson sampling for large-scale accelerated exploration of chemical space. In: Precup and Teh [122], pp. 1470–1479.

[55] Hernández-Lobato, J., Gelbart, M., Adams, R., Hoffman, M., Ghahramani, Z.: A general framework

for constrained Bayesian optimization using information-based search. The Journal of Machine Learning Research 17(1), 5549–5601 (2016).

[56] Hoeting, J., Madigan, D., Raftery, A., Volinsky, C.: Bayesian model averaging: a tutorial. Statistical science pp. 382–401 (1999).

[57] Horn, D., Bischl, B.: Multi-objective parameter configuration of machine learning algorithms using model-based optimization. In: Likas, A. (ed.) 2016 IEEE Symposium Series on Computational Intelligence (SSCI). pp. 1–8. IEEE Computer Society Press (2016).

[58] Hutter, F.: Automated Configuration of Algorithms for Solving Hard Computational Problems. Ph.D. thesis, University of British Columbia, Department of Computer Science, Vancouver, Canada (2009).

[59] Hutter, F., Hoos, H., Leyton-Brown, K.: Sequential model-based optimization for general algorithm configuration. In: Coello, C. (ed.) Proceedings of the Fifth International Conference on Learning and Intelligent Optimization (LION'11). Lecture Notes in Computer Science, vol. 6683, pp. 507–523. Springer (2011).

[60] Hutter, F., Hoos, H., Leyton-Brown, K.: Parallel algorithm configuration. In: Hamadi, Y., Schoenauer, M. (eds.) Proceedings of the Sixth International Conference on Learning and Intelligent Optimization (LION'12). Lecture Notes in Computer Science, vol. 7219, pp. 55–70. Springer (2012).

[61] Hutter, F., Hoos, H., Leyton-Brown, K.: An efficient approach for assessing hyperparameter importance. In: Xing and Jebara [157], pp. 754–762.

[62] Hutter, F., Hoos, H., Leyton-Brown, K., Murphy, K.: Time-bounded sequential parameter optimization. In: Blum, C. (ed.) Proceedings of the Fourth International Conference on Learning and Intelligent Optimization (LION'10). Lecture Notes in Computer Science, vol. 6073, pp. 281–298. Springer (2010).

[63] Hutter, F., Osborne, M.: A kernel for hierarchical parameter spaces. arXiv:1310.5738v1 [stats.ML] (2013).

[64] Hutter, F., Lücke, J., Schmidt-Thieme, L.: Beyond Manual Tuning of Hyperparameters. KI -Künstliche Intelligenz 29(4), 329–337 (2015).

[65] Igel, C.: Multi-objective Model Selection for Support Vector Machines. In: Coello, C., Aguirre, A., Zitzler, E. (eds.) Evolutionary Multi-Criterion Optimization. pp. 534–546. Springer (2005).

[66] Ihler, A., Janzing, D. (eds.): Proceedings of the 32nd conference on Uncertainty in Artificial Intelligence (UAI'16). AUAI Press (2016).

[67] Ilievski, I., Akhtar, T., Feng, J., Shoemaker, C.: Efficient Hyperparameter Optimization for Deep Learning Algorithms Using Deterministic RBF Surrogates. In: Sierra, C. (ed.) Proceedings of the 27th International Joint Conference on Artificial Intelligence (IJCAI'17) (2017).

[68] Jamieson, K., Recht, B.: The news on auto-tuning (2016), http://www.argmin.net/2016/06/20/hypertuning/.

[69] Jamieson, K., Talwalkar, A.: Non-stochastic best arm identification and hyperparameter optimization.

In: Gretton and Robert [47], pp. 240–248.
[70] Jenatton, R., Archambeau, C., González, J., Seeger, M.: Bayesian Optimization with Treestructured Dependencies. In: Precup and Teh [122], pp. 1655–1664.
[71] John, G.: Cross-Validated C4.5: Using Error Estimation for Automatic Parameter Selection. Tech. Rep. STAN-CS-TN-94-12, Stanford University, Stanford University (1994).
[72] Jones, D., Schonlau, M., Welch, W.: Efficient global optimization of expensive black box functions. Journal of Global Optimization 13, 455–492 (1998).
[73] Kandasamy, K., Dasarathy, G., Oliva, J., Schneider, J., Póczos, B.: Gaussian Process Bandit Optimisation with Multi-fidelity Evaluations. In: Lee et al. [87], pp. 992–1000.
[74] Kandasamy, K., Dasarathy, G., Schneider, J., Póczos, B.: Multi-fidelity Bayesian Optimisation with Continuous Approximations. In: Precup and Teh [122], pp. 1799–1808.
[75] Kandasamy, K., Schneider, J., Póczos, B.: High Dimensional Bayesian Optimisation and Bandits via Additive Models. In: Bach and Blei [7], pp. 295–304.
[76] Karnin, Z., Koren, T., Somekh, O.: Almost optimal exploration in multi-armed bandits. In: Dasgupta and McAllester [23], pp. 1238–1246.
[77] King, R., Feng, C., Sutherland, A.: Statlog: comparison of classification algorithms on large real-world problems. Applied Artificial Intelligence an International Journal 9(3), 289–333 (1995).
[78] Klein, A., Falkner, S., Bartels, S., Hennig, P., Hutter, F.: Fast bayesian hyperparameter optimization on large datasets. In: Electronic Journal of Statistics. vol. 11 (2017).
[79] Klein, A., Falkner, S., Mansur, N., Hutter, F.: RoBO: A flexible and robust Bayesian optimization framework in Python. In: NeurIPS workshop on Bayesian Optimization (BayesOpt'17) (2017).
[80] Klein, A., Falkner, S., Springenberg, J.T., Hutter, F.: Learning curve prediction with Bayesian neural networks. In: Proceedings of the International Conference on Learning Representations (ICLR'17) (2017), published online: iclr.cc.
[81] Koch, P., Konen, W., Flasch, O., Bartz-Beielstein, T.: Optimizing support vector machines for stormwater prediction. Tech. Rep. TR10-2-007, Technische Universität Dortmund (2010).
[82] Kohavi, R., John, G.: Automatic Parameter Selection by Minimizing Estimated Error. In: Prieditis, A., Russell, S. (eds.) Proceedings of the Twelfth International Conference on Machine Learning, pp. 304–312. Morgan Kaufmann Publishers (1995).
[83] Komer, B., Bergstra, J., Eliasmith, C.: Hyperopt-sklearn: Automatic hyperparameter configuration for Scikit-learn. In: Hutter, F., Caruana, R., Bardenet, R., Bilenko, M., Guyon, I., Kégl, B., Larochelle, H. (eds.) ICML workshop on Automated Machine Learning (AutoML workshop 2014) (2014).
[84] Konen, W., Koch, P., Flasch, O., Bartz-Beielstein, T., Friese, M., Naujoks, B.: Tuned data mining: a benchmark study on different tuners. In: Krasnogor, N. (ed.) Proceedings of the 13th Annual Conference on Genetic and Evolutionary Computation (GECCO'11). pp. 1995–2002. ACM (2011).

[85] Krizhevsky, A., Sutskever, I., Hinton, G.: Imagenet classification with deep convolutional neural networks. In: Bartlett et al. [9], pp. 1097–1105.

[86] Krueger, T., Panknin, D., Braun, M.: Fast cross-validation via sequential testing. Journal of Machine Learning Research (2015).

[87] Lee, D., Sugiyama, M., von Luxburg, U., Guyon, I., Garnett, R. (eds.): Proceedings of the 30th International Conference on Advances in Neural Information Processing Systems (NeurIPS'16) (2016).

[88] Lee, H., Gramacy, R.: Optimization Subject to Hidden Constraints via Statistical Emulation. Pacific Journal of Optimization 7(3), 467–478 (2011).

[89] Li, F.F., Li, J.: Cloud AutoML: Making AI accessible to every business (2018), https://www.blog.google/products/google-cloud/cloud-automl-making-ai-accessible-every-business/.

[90] Li, L., Jamieson, K., DeSalvo, G., Rostamizadeh, A., Talwalkar, A.: Hyperband: A novel bandit-based approach to hyperparameter optimization. Journal of Machine Learning Research 18(185), 1–52 (2018).

[91] Loshchilov, I., Hutter, F.: CMA-ES for hyperparameter optimization of deep neural networks. In: International Conference on Learning Representations Workshop track (2016), published online: iclr.cc.

[92] Lu, X., Gonzalez, J., Dai, Z., Lawrence, N.: Structured Variationally Auto-encoded Optimization. In: Dy and Krause [27], pp. 3273–3281.

[93] Luketina, J., Berglund, M., Greff, K., Raiko, T.: Scalable Gradient-Based Tuning of Continuous Regularization Hyperparameters. In: Balcan and Weinberger [8], pp. 2952–2960.

[94] Luo, G.: A review of automatic selection methods for machine learning algorithms and hyperparameter values. Network Modeling Analysis in Health Informatics and Bioinformatics 5(1) (2016).

[95] Lévesque, J.C.: Bayesian Hyperparameter Optimization: Overfitting, Ensembles and Conditional Spaces. Ph.D. thesis, Université Laval (2018).

[96] Lévesque, J.C., Durand, A., Gagné, C., Sabourin, R.: Bayesian optimization for conditional hyperparameter spaces. In: Howell, B. (ed.) 2017 International Joint Conference on Neural Networks (IJCNN). pp. 286–293. IEEE (2017).

[97] Lévesque, J.C., Gagné, C., Sabourin, R.: Bayesian Hyperparameter Optimization for Ensemble Learning. In: Ihler and Janzing [66], pp. 437–446.

[98] MacKay, D.: Hyperparameters: Optimize, or Integrate Out?, pp. 43–59. Springer (1996).

[99] Maclaurin, D., Duvenaud, D., Adams, R.: Gradient-based Hyperparameter Optimization through Reversible Learning. In: Bach and Blei [7], pp. 2113–2122.

[100] Mantovani, R., Horvath, T., Cerri, R., Vanschoren, J., Carvalho, A.: Hyper-Parameter Tuning of a Decision Tree Induction Algorithm. In: 2016 5th Brazilian Conference on Intelligent Systems (BRACIS). pp. 37–42. IEEE Computer Society Press (2016).

[101] Marcel Wever, F.M., Hüllermeier, E.: ML-Plan for unlimited-length machine learning pipelines. In: Garnett, R., Vanschoren, F.H.J., Brazdil, P., Caruana, R., Giraud-Carrier, C., Guyon, I., Kégl, B. (eds.)

ICML workshop on Automated Machine Learning (AutoML workshop 2018) (2018).

[102] Maron, O., Moore, A.: The racing algorithm: Model selection for lazy learners. Artificial Intelligence Review 11(1–5), 193–225 (1997).

[103] McInerney, J.: An Empirical Bayes Approach to Optimizing Machine Learning Algorithms. In: Guyon et al. [48], pp. 2712–2721.

[104] McIntire, M., Ratner, D., Ermon, S.: Sparse Gaussian Processes for Bayesian Optimization. In: Ihler and Janzing [66].

[105] Melis, G., Dyer, C., Blunsom, P.: On the state of the art of evaluation in neural language models. In: Proceedings of the International Conference on Learning Representations (ICLR'18) [1], published online: iclr.cc.

[106] Mendoza, H., Klein, A., Feurer, M., Springenberg, J., Hutter, F.: Towards automatically-tuned neural networks. In: ICML 2016 AutoML Workshop (2016).

[107] Michie, D., Spiegelhalter, D., Taylor, C., Campbell, J. (eds.): Machine Learning, Neural and Statistical Classification. Ellis Horwood (1994).

[108] Mohr, F., Wever, M., Höllermeier, E.:ML-Plan: Automated machine learning via hierarchical planning. Machine Learning 107(8–10), 1495–1515 (2018).

[109] Momma, M., Bennett, K.: A Pattern Search Method for Model Selection of Support Vector Regression. In: Proceedings of the 2002 SIAM International Conference on Data Mining, pp. 261–274 (2002).

[110] Montgomery, D.: Design and analysis of experiments. John Wiley & Sons, Inc, eighth edn. (2013).

[111] Murray, I., Adams, R.: Slice sampling covariance hyperparameters of latent Gaussian models. In: Lafferty, J., Williams, C., Shawe-Taylor, J., Zemel, R., Culotta, A. (eds.) Proceedings of the 24th International Conference on Advances in Neural Information Processing Systems (NeurIPS'10). pp. 1732–1740 (2010).

[112] Nguyen, T., Gupta, S., Rana, S., Venkatesh, S.: Stable Bayesian Optimization. In: Kim, J., Shim, K., Cao, L., Lee, J.G., Lin, X., Moon, Y.S. (eds.) Advances in Knowledge Discovery and Data Mining (PAKDD'17). Lecture Notes in Artificial Intelligence, vol. 10235, pp. 578–591 (2017).

[113] Nguyen, V., Gupta, S., Rana, S., Li, C., Venkatesh, S.: Filtering Bayesian optimization approach in weakly specified search space. Knowledge and Information Systems (2018).

[114] Oh, C., Gavves, E., Welling, M.: BOCK: Bayesian Optimization with Cylindrical Kernels. In: Dy and Krause [27], pp. 3865–3874.

[115] Olson, R., Bartley, N., Urbanowicz, R., Moore, J.: Evaluation of a Tree-based Pipeline Optimization Tool for Automating Data Science. In: Friedrich, T. (ed.) Proceedings of the Genetic and Evolutionary Computation Conference (GECCO'16). pp. 485–492. ACM(2016).

[116] Olson, R., La Cava, W., Mustahsan, Z., Varik, A., Moore, J.: Data-driven advice for applying machine learning to bioinformatics problems. In: Proceedings of the Pacific Symposium in Biocomputing 2018.

pp. 192–203 (2018).

[117] Paszke, A., Gross, S., Chintala, S., Chanan, G., Yang, E., DeVito, Z., Lin, Z., Desmaison, A., Antiga, L., Lerer, A.: Automatic differentiation in PyTorch. In: NeurIPS Autodiff Workshop (2017).

[118] Pedregosa, F.: Hyperparameter optimization with approximate gradient. In: Balcan and Weinberger [8], pp. 737–746.

[119]. Peng-Wei Chen, Jung-Ying Wang, Hahn-Ming Lee: Model selection of SVMs using GA approach. In: Proceedings of the 2004 IEEE International Joint Conference on Neural Networks (IJCNN). vol. 3, pp. 2035–2040. IEEE Computer Society Press (2004).

[120] Petrak, J.: Fast subsampling performance estimates for classification algorithm selection. Technical Report TR-2000-07, Austrian Research Institute for Artificial Intelligence (2000).

[121] Poloczek, M., Wang, J., Frazier, P.: Multi-Information Source Optimization. In: Guyon et al. [48], pp. 4288–4298.

[122] Precup, D., Teh, Y. (eds.): Proceedings of the 34th International Conference on Machine Learning (ICML'17), vol. 70. Proceedings of Machine Learning Research (2017).

[123] Provost, F., Jensen, D., Oates, T.: Efficient progressive sampling. In: Fayyad, U., Chaudhuri, S., Madigan, D. (eds.) The 5th ACM SIGKDD International Conference on Knowledge Discovery and Data Mining (KDD'99). pp. 23–32. ACM Press (1999).

[124] Rasmussen, C., Williams, C.: Gaussian Processes for Machine Learning. The MIT Press (2006).

[125] Rendle, S.: Factorization machines. In: Webb, G., Liu, B., Zhang, C., Gunopulos, D., Wu, X. (eds.) Proceedings of the 10th IEEE International Conference on Data Mining (ICDM'06). pp. 995–1000. IEEE Computer Society Press (2010).

[126] Ripley, B.D.: Statistical aspects of neural networks. Networks and chaos—statistical and probabilistic aspects 50, 40–123 (1993).

[127] Russakovsky, O., Deng, J., Su, H., Krause, J., Satheesh, S., Ma, S., Huang, Z., Karpathy, A., Khosla, A., Bernstein, M., Berg, A., Fei-Fei, L.: Imagenet large scale visual recognition challenge. International Journal of Computer Vision 115(3), 211–252 (2015).

[128] Sabharwal, A., Samulowitz, H., Tesauro, G.: Selecting Near-Optimal Learners via Incremental Data Allocation. In: Schuurmans, D., Wellman, M. (eds.) Proceedings of the Thirtieth National Conference on Artificial Intelligence (AAAI'16). AAAI Press (2016).

[129] Samanta, B.: Gear fault detection using artificial neural networks and support vector machines with genetic algorithms. Mechanical Systems and Signal Processing 18(3), 625–644 (2004).

[130] Sanders, S., Giraud-Carrier, C.: Informing the Use of Hyperparameter Optimization Through Metalearning. In: Gottumukkala, R., Ning, X., Dong, G., Raghavan, V., Aluru, S., Karypis, G., Miele, L., Wu, X. (eds.) 2017 IEEE International Conference on Big Data (Big Data). IEEE Computer Society Press (2017).

[131] Schilling, N., Wistuba, M., Drumond, L., Schmidt-Thieme, L.: Hyperparameter optimization with

factorized multilayer perceptrons. In: Appice, A., Rodrigues, P., Costa, V., Gama, J., Jorge, A., Soares, C. (eds.) Machine Learning and Knowledge Discovery in Databases (ECML/PKDD'15). Lecture Notes in Computer Science, vol. 9285, pp. 87–103. Springer (2015).

[132] Schilling, N., Wistuba, M., Drumond, L., Schmidt-Thieme, L.: Joint Model Choice and Hyperparameter Optimization with Factorized Multilayer Perceptrons. In: 2015 IEEE 27th International Conference on Tools with Artificial Intelligence (ICTAI). pp. 72–79. IEEE Computer Society Press (2015).

[133] Sculley, D., Snoek, J., Wiltschko, A., Rahimi, A.: Winner's curse? on pace, progress, and empirical rigor. In: International Conference on Learning Representations Workshop track (2018), published online: iclr.cc.

[134] Shah, A., Ghahramani, Z.: Pareto Frontier Learning with Expensive Correlated Objectives. In: Balcan and Weinberger [8], pp. 1919–1927.

[135] Shahriari, B., Swersky, K., Wang, Z., Adams, R., de Freitas, N.: Taking the human out of the loop: A review of Bayesian optimization. Proceedings of the IEEE 104(1), 148–175 (2016).

[136] Shahriari, B., Bouchard-Cote, A., de Freitas, N.: Unbounded Bayesian optimization via regularization. In: Gretton and Robert [47], pp. 1168–1176.

[137] SIGOPT: Improve ML models 100x faster (2018), https://sigopt.com/.

[138] Simon, D.: Evolutionary optimization algorithms. John Wiley & Sons (2013).

[139] Snoek, J.: Bayesian optimization and semiparametric models with applications to assistive technology. PhD Thesis, University of Toronto (2013).

[140] Snoek, J., Larochelle, H., Adams, R.: Practical Bayesian optimization of machine learning algorithms. In: Bartlett et al. [9], pp. 2960–2968.

[141] Snoek, J., Rippel, O., Swersky, K., Kiros, R., Satish, N., Sundaram, N., Patwary, M., Prabhat, Adams, R.: Scalable Bayesian optimization using deep neural networks. In: Bach and Blei [7], pp. 2171–2180.

[142] Snoek, J., Swersky, K., Zemel, R., Adams, R.: Input warping for Bayesian optimization of non-stationary functions. In: Xing and Jebara [157], pp. 1674–1682.

[143] Sparks, E., Talwalkar, A., Haas, D., Franklin, M., Jordan, M., Kraska, T.: Automating model search for large scale machine learning. In: Balazinska, M. (ed.) Proceedings of the Sixth ACM Symposium on Cloud Computing - SoCC '15. pp. 368–380. ACM Press (2015).

[144] Springenberg, J., Klein, A., Falkner, S., Hutter, F.: Bayesian optimization with robust Bayesian neural networks. In: Lee et al. [87].

[145] Sun, Q., Pfahringer, B., Mayo, M.: Towards a Framework for Designing FullModel Selection and Optimization Systems. In: Multiple Classifier Systems, vol. 7872, pp. 259–270. Springer (2013).

[146] Swersky, K., Duvenaud, D., Snoek, J., Hutter, F., Osborne, M.: Raiders of the lost architecture: Kernels for Bayesian optimization in conditional parameter spaces. In: NeurIPS Workshop on Bayesian Optimization in Theory and Practice (BayesOpt'14) (2014).

[147] Swersky, K., Snoek, J., Adams, R.: Multi-task Bayesian optimization. In: Burges, C., Bottou, L.,

Welling, M., Ghahramani, Z., Weinberger, K. (eds.) Proceedings of the 27th International Conference on Advances in Neural Information Processing Systems (NeurIPS'13). pp. 2004–2012 (2013).

[148] Swersky, K., Snoek, J., Adams, R.: Freeze-thaw Bayesian optimization arXiv:1406.3896v1 [stats.ML] (2014).

[149] Thornton, C., Hutter, F., Hoos, H., Leyton-Brown, K.: Auto-WEKA: combined selection and hyperparameter optimization of classification algorithms. In: Dhillon, I., Koren, Y., Ghani, R., Senator, T., Bradley, P., Parekh, R., He, J., Grossman, R., Uthurusamy, R. (eds.) The 19th ACM SIGKDD International Conference on Knowledge Discovery and Data Mining (KDD'13). pp. 847–855. ACM Press (2013).

[150] Wainer, J., Cawley, G.: Empirical Evaluation of Resampling Procedures for Optimising SVM Hyperparameters. Journal of Machine Learning Research 18, 1–35 (2017).

[151] Wang, J., Xu, J., Wang, X.: Combination of hyperband and Bayesian optimization for hyperparameter optimization in deep learning. arXiv:1801.01596v1 [cs.CV] (2018).

[152] Wang, L., Feng, M., Zhou, B., Xiang, B., Mahadevan, S.: Efficient Hyper-parameter Optimization for NLP Applications. In: Proceedings of the 2015 Conference on Empirical Methods in Natural Language Processing. pp. 2112–2117. Association for Computational Linguistics (2015).

[153] Wang, Z., Hutter, F., Zoghi, M., Matheson, D., de Feitas, N.: Bayesian optimization in a billion dimensions via random embeddings. Journal of Artificial Intelligence Research 55, 361–387 (2016).

[154] Wang, Z., Gehring, C., Kohli, P., Jegelka, S.: Batched Large-scale Bayesian Optimization in High-dimensional Spaces. In: Storkey, A., Perez-Cruz, F. (eds.) Proceedings of the 21st International Conference on Artificial Intelligence and Statistics (AISTATS). vol. 84. Proceedings of Machine Learning Research (2018).

[155] Wistuba, M., Schilling, N., Schmidt-Thieme, L.: Automatic Frankensteining: Creating Complex Ensembles Autonomously. In: Proceedings of the 2017 SIAM International Conference on Data Mining (2017).

[156] Wolpert, D.: Stacked generalization. Neural Networks 5(2), 241–259 (1992).

[157] Xing, E., Jebara, T. (eds.): Proceedings of the 31th International Conference on Machine Learning, (ICML'14). Omnipress (2014).

[158] Zabinsky, Z.: Pure Random Search and Pure Adaptive Search. In: Stochastic Adaptive Search for Global Optimization, pp. 25–54. Springer (2003).

[159] Zeng, X., Luo, G.: Progressive sampling-based Bayesian optimization for efficient and automatic machine learning model selection. Health Information Science and Systems 5(1) (2017).

[160] Zhang, Y., Bahadori, M.T., Su, H., Sun, J.: FLASH: Fast Bayesian Optimization for Data Analytic Pipelines. In: Krishnapuram, B., Shah, M., Smola, A., Aggarwal, C., Shen, D., Rastogi, R. (eds.) Proceedings of the 22nd ACM SIGKDD International Conference on Knowledge Discovery and Data Mining (KDD). pp. 2065–2074. ACM Press (2016).

第 2 章 元 学 习

华昆·万赫仁[①]

概述：元学习，又称为"学习的学习"，是一门系统地观察不同机器学习方法在不同学习任务上表现的科学。通过在经验或元数据上的学习，元学习能够比其他方法更快地完成新的学习任务。元学习不仅能够显著加速和提升机器学习管道或神经架构的设计，还能够以由数据驱动方式所学习的新方法替代由人工所设计的算法。本章将着重介绍这一迷人且不断发展的领域研究的新进展。

2.1 引　言

当人类在学习新技能时，很少（甚至没有）直接从零开始。大多数情况下，我们会从已学习过的相关任务中所获得的技能开始，如复用之前表现良好的方法及基于经验重点关注那些更有价值的尝试[82]。随着技能的逐项学习，新技能的学习将会变得越来越容易，所需要的示例和尝试次数也会越来越少。简而言之，人类能够学习到如何进行跨任务学习。与之类似，当为一个特定任务构建机器学习模型时，通常也会用到相关任务的经验或者用到对机器学习方法的理解（通常是隐式的），以做出更为合适的选择（即适合该任务的机器学习方法）。

元学习的主要挑战在于如何用一种系统性的、数据驱动的方式从过往的经验中进行学习。具体而言，首先需要对描述之前学习任务和学习出的模型的元数据进行收集。这些元数据涵盖了用于训练模型的准确的算法配置信息，具体有超参设置、管道结构、神经网络结构、模型评估结果（如准确度和训练时间）、学习出的模型参数（如神经元的训练权重）、任务自身的可测量属性（也称为元特征）。其次，需要从这些收集的元数据中进行学习，以获得能够指导检索新任务最优模型的知识。本章后续会详细介绍相应

---

① 华昆·万赫仁（✉）
荷兰埃因霍温理工大学助理教授
电子邮箱：j.vanschoren@tue.nl。

的元学习方法。

元学习这一概念涵盖的范围较广,只要是基于先前其他任务的经验进行学习的方法都可以归纳到元学习范畴。之前的任务越相似,能够利用到的元数据类型就越多。毫无疑问,如何定义任务之间的相似性将会是元学习中的一个主要挑战。毫无疑问,有得就会有失 [57, 188]。当一个新任务表现出完全不相关或者含有大量随机噪声时,之前的经验对该新任务将会无效。幸运的是,在现实世界中,新任务并非与之前经验毫无关联,这也是元学习在实际任务中有非常广泛适用范围的原因。

本章其余小节对元学习的技术进行分类介绍,主要基于它们所使用的元数据类型,从最为一般化的元数据类型到最为任务相关的元数据类型。首先,2.2 节主要介绍了如何直接从模型评估中进行学习。这些技术可用来推荐通常有用的配置和配置搜索空间,以及从经验上相似的任务之间迁移知识。随后,2.3 节讨论了如何刻画任务才能够更好地表达任务之间的相似性,并且对能够学习数据特性和学习性能之间关系的元模型进行了阐述。最后,2.4 节讨论了如何在本质上相似的任务之间传递训练出的模型参数,如共享相同的输入特征。模型参数的成功传递将会有力地支撑迁移学习 [111] 和小样本学习 [126] 的实现。

另外,多任务学习(多个相关的任务同时进行学习)[25] 和集成学习(在同一个任务上构建多个模型)[35] 也可以与元学习系统进行结合,不过它们自身并不会从其他任务的先前经验中学习。

需要说明的是,本章的内容主要基于近期最为相关的一篇综述文献 [176],感兴趣的读者可以参阅文献。

2.2 模型评估中学习

假设可以访问所有之前的任务 $t_j \in T$(T 表示所有已知的任务集合)和其对应的由配置 $\theta_i \in \Theta$ 来定义的学习算法。其中,Θ 表示一个离散、连续或者混合的配置空间,涵盖了超参设置、管道的组成部分或神经网络结构的组成部分。给定评估指标(如准确度)和模型评估技术(如交叉验证),P 为所有之前标量评估的集合。基本组成元素为 $P_{i,j} = P(\theta_i, t_j)$,表示配置 θ_i 在任务 t_j 上的评估。P_{new} 为在新任务 t_{new} 上所有已知评估 $P_{i,\text{new}}$

的集合。接下来需要训练一个元学习器 L,其能够为新任务 t_{new} 预测推荐的配置 Θ_{new}^*。其中,元学习器 L 主要基于元数据 $P \cup P_{new}$ 进行训练。通常而言,P 需要提前收集好,或直接从元数据存储库中提取 [174, 177]。而 P_{new} 由元学习技术自身以迭代的方式学习出,有时也会使用由其他方法所生成的 P'_{new} 作为学习的初始值(即热启动)。

2.2.1 独立于任务的推荐

首先,假设无法访问新任务 t_{new} 的任何评估结果,则 $P_{new} = \varnothing$。接下来,学习函数 $f: \Theta \times T \to \{\theta_k^*\}, k = 1, \cdots, K$,生成一组独立于任务 t_{new} 的推荐配置。随后,在任务 t_{new} 上对这些生成的推荐配置 θ_k^* 进行评估,选择表现最好的配置,或者作为进一步优化方法(如 2.2.3 节中所讨论的方法)的热启动初值。

通常,上述方法会产生一个 θ_k^* 的排名。具体而言,首先将 Θ 离散到一组候选配置 θ_i 上(也称为配置组合),并采用大量任务 t_j 来进行评估。接下来,针对每个任务构建一个排名,如基于成功率、AUC 或有效胜出 [21, 34, 85]。需要注意的是,效果相同但运行速度更快的算法应被排在更靠前的位置,这也是为何有较多致力于平衡准确度和训练时间的算法被提出的原因 [21, 134]。随后,将这些单任务的排名聚合成一个全局性的排名,如计算所有任务的平均排名 [1, 91]。当数据不足以构建一个全局性排名时,可以基于之前每个任务的最好配置来推荐配置的子集 [70, 173],或者直接返回一个拟线性排名 [30]。

为了给从未见过的任务 t_{new} 找到最佳的配置 θ^*,一种简单的随时方法是选择 top-K 配置 [21],即沿着列表依次在任务 t_{new} 上评估每个配置。当达到给定的 K 值、给定的时间预算或者找到足够精度的模型时,便可以停止该评估过程。已有研究表明,在限制时间的设定下,多目标排序(包含训练时间)能够更快地收敛到近最优模型 [1, 134],同时能够为算法比较提供一个强劲的基准 [1, 85]。

与上述方法非常不同的另一种方法是,首先为特定任务 t_j 上所有先前的评估拟合一个可微函数 $f_j(\theta_i) = P_{i,j}$,接着基于该可微函数采用梯度下降方法学习出每个先前任务的最优配置 θ_j^* [186]。假如存在某些任务 t_j 类似于新任务 t_{new},那么其所对应的最优配置 θ_j^* 将有助于热启动贝叶斯优化方法。

2.2.2 配置空间的设计

先前的评估也可以用来学习出一个更好的配置空间 Θ^*。虽然 Θ^* 同样独立于任务 t_{new}，但是可以显著加快最优模型的寻找速度，因为它在寻找过程中只会探索配置空间中更为相关的区域。尤其在计算资源有限时，该方法十分重要，而且 Θ^* 已经被证明是自动机器学习系统的实际对比中的一个重要因素[33]。

一种方法是在泛函误差分析（ANOVA）[67]法中，那些能够解释给定任务的算法性能大部分差异的超参会被认为是更加重要的。文献 [136] 对此进行了探究和验证。具体而言，在 100 个数据集上，对 3 个给定的算法进行了 250 000 次 OpenML 实验。

另一种方法是首先学习出一个最优的超参（默认设置），随后通过调优该超参数而非保留默认值所获得的性能增益定义该超参数的重要性。确实，超参有可能会带来较大的波动性，但也可能存在一个总是能够带来良好性能的特定超参设置。具体而言，首先通过在大量任务上对特定算法的代理模型进行训练，以联合学习出该算法所有超参的默认值。接下来，对多个配置进行采样，将在所有任务中平均风险最小的配置作为推荐的默认配置。最后，对每个超参的重要性（或可调性）进行评估，也就是将调优该超参所获得的性能改进作为该超参的重要性评估值。文献 [120] 为此通过在 6 个算法和 38 个数据集上进行了 500 000 次 OpenML 实验。

在文献 [183] 中，超参默认值的学习彼此之间是相互独立的，而非上述方法介绍的彼此之间是联合的。对每个任务而言，将在前 K 个配置中出现频率最高的配置作为对应超参的默认值。当最优默认值依赖于元特征（如训练实例或特征的数量）时，可以学习出包含这些元特征的简单函数。接下来，根据固定某个超参（或一组超参）而调优其他超参的方法所带来的性能损失的统计测试来决定是否能够安全地保留该超参的默认值。最后，通过在 59 个数据集和 2 个算法（支持向量机和随机森林）上进行了 118 000 次 OpenML 实验对该方法实施评估。

2.2.3 配置迁移

如果想要为特定的任务 t_{new} 提供推荐的配置，首先需要了解 t_{new} 与先前任务 t_j 之间的相似性这一附加信息。一种解决方案是通过评估 t_{new} 上的一些推荐（或者是潜在的随机）配置，以产生新的证据 P_{new}。假如新的评估 $P_{i,\text{new}}$ 与先前的评估 $P_{i,j}$ 较为相似，那么基于经验性证据，可以认为任务 t_j 和任务 t_{new} 本质上是类似的。基于此知识，可以训练出一个能够为任务 t_{new} 预测推荐配置集 Θ^*_{new} 的元学习器。此外，可以对每个选定的 θ^*_{new} 进行评估并将评估结果添加到 P_{new} 中，重复此循环以收集更多的经验性证据，进而能够更好地了解哪些任务之间彼此是相似的。

1. 相对差异

衡量任务相似性的第一种测量方法是计算性能的相对（成对）差异，也称为相对标记（relative landmarks）[53]，即在特定任务 t_j 上两个配置 θ_a 和 θ_b 之间的评估差异：$RL_{a,b,j} = P_{a,j} - P_{b,j}$。接下来，着重介绍能够利用相对差异的主动测试方法[85]。具体而言，主动测试会以全局性的最佳配置（具体内容见 2.2.1 节）作为配置的初始值（记为 θ_{best}），并以类锦标赛的方式推进学习过程。在每轮学习中，该方法会选择出在类似任务上最有可能超越 θ_{best} 的"竞争者" θ_c。如果所有评估过的配置的相对差异都较为相似，则认为任务是相似的。换而言之，假如配置在任务 t_j 和 t_{new} 上的表现类似，那么可认为任务 t_j 和 t_{new} 相似程度较高。随后，对配置 θ_c 进行评估（会产生新的评估结果 $P_{c,new}$）及对任务相似性进行更新，并重复此过程。需要注意的是，该方法存在一定的局限性，即只能考虑在多个先前任务上评估过的那些配置 θ_i。

2. 代理模型

一种更为灵活的迁移信息的方法是为所有的先前任务 t_j 建立代理模型 $s_j(\theta_i) = P_{i,j}$，并在所有可用的评估 P 上进行训练。随后，可基于 $s_j(\theta_i)$ 和 $P_{i,new}$ 之间的误差来定义任务相似程度。如果任务 t_j 的代理模型能够为任务 t_{new} 生成准确的预测值，则任务 t_j 和任务 t_{new} 本质上是相似的。通常而言，该方法会与贝叶斯优化方法（具体内容见第 1 章）相结合以生成下一个 θ_i。

在文献 [187] 中，维斯图巴等采用高斯过程来训练每个先前任务和新任务 t_{new} 的代理模型，并采用预测的均值 μ 将它们组合成一个加权的标准化和。其中，μ 为单个 μ_j（来自于先前的任务 t_j）的加权和。而 μ_j 的权重主要采用 Nadaraya-Watson 加权核平均方法来进行计算。其中，每个任务以相对差异的向量来表示，并采用 Epanechnikov 二次核函数[104]来衡量任务 t_j 和 t_{new} 相对差异向量的相似程度。任务 t_j 与 t_{new} 越相似，则权重 s_j 值越大，即提高了 t_j 代理模型的重要性。

在文献 [45] 中，弗雷尔等提出对单个高斯过程的预测分布进行组合，使得组合后的模型再次成为高斯过程。权重的计算基于拉科斯特等[81]提出的不确定性贝叶斯集成方法，主要根据对泛化性能的估计来对预测器进行赋权。

元数据也可以直接在采集函数（而不用通过代理模型）上进行迁移[187]。其中，代理模型只在 $P_{i,\text{new}}$ 上进行训练，而下一个待评估的配置 θ_i 由采集函数提供，该采集函数为在 $P_{i,\text{new}}$ 上的期望提升[69]和在所有之前 $P_{i,j}$ 上的预测提升的加权和。先前任务的权重同样可以基于代理模型的准确度或相对差异来定。另外，随着迭代的进行，期望提升部分的权重会逐渐提高，因为收集到的 $P_{i,\text{new}}$ 越来越多。

3. 热启动的多任务学习

另一种获得之前任务 t_j 相似性的方法是利用评估数据 P 学习一个联合的任务表征。文献[114]提出在新的配置 θ^z 上训练一个任务相关的贝叶斯线性回归[20]代理模型 $s_j(\theta_i^z)$，该配置 θ^z 由一个能够学习合适的原配置 θ 基扩展的前馈神经网络 $NN(\theta_i)$ 学习而得。其中，线性代理模型能够准确预测 $P_{i,\text{new}}$。另外，代理模型会先在 OpenML 元数据上进行预训练，进而能够在多任务学习环境中为优化 $NN(\theta_i)$ 网络提供一个良好的开端。在多任务学习的早期工作[166]中，会假定已经有了相似源任务 t_j 的集合。随后，通过建立一个用于贝叶斯优化的联合 GP 模型来传递任务 t_j 和 t_{new} 之间的信息，进而能够学习和利用任务之间的精确关系。不过通常而言，联合 GP 模型的可扩展性往往不如针对每个任务单独建立的 GP 模型。在文献[161]中，斯普林伯格等同样假定任务之间是相关且相似的。不过不同的是，斯普林伯格等是在优化过程中通过贝叶斯神经网络学习任务之间的关联性的。从某种程度上来说，他们的方法更像是前面两种方法的混合。在文献[58]中，戈洛文等假定任务之间是顺序（如时间）相关的。具体而言，首先会对每个任务均构建一个 GP 回归元的堆栈。随后，会基于每个回归元后面的残差来训练每个高斯过程。因此，在定义先验过程中，每个任务都会用到它之前任务的信息。

4. 其他技术

多臂机[139]提供了另外一种寻找任务 t_{new} 最相关的源任务 t_j 的方法[125]。在多臂机中，每一个任务 t_j 可视为一种动作，且选择一个特定先前任务的（随机）奖励定义为基于 GP 贝叶斯优化器的预测值的误差。该优化器能够将任务 t_j 的先前评估建模成有噪声的计量，并将它们与 t_{new} 上的现有评估进行结合。不过，GP 的立方缩放并降低了该方法的可扩展性。

另一种定义任务相似性的方法[124]是首先采用汤普森采样[167]在现有的评估$P_{i,j}$上获得最优分布ρ_{max}^{j}，随后计算分布ρ_{max}^{j}和ρ_{max}^{new}之间的KL散度[80]。接下来，基于相似性将这些分布合并到一个混合分布中，并用之构建一个采集函数。该采集函数能够预测下一个最有潜力的待评估配置。目前为止，该方法只在两个SVM超参的调优上做了评估（使用了5个任务）。

最后，利用评估数据P的一种补充方法是推荐不应该被使用的配置。当训练完每个任务的代理模型后，可以找出与任务t_{new}最为相似的任务t_j。随后，使用$s_j(\theta_i)$计算出Θ中预测性能较差的区域。剔除掉这部分区域后，可以加速最优配置的搜索速度。在文献[185]中，维斯图巴等通过使用基于肯德尔等级相关系数[73]的任务相似性度量来实现这一方法。其中，肯德尔等级相关系数主要计算的是使用$P_{i,j}$所获得的配置θ_i的排序和使用$P_{i,new}$所获得的配置θ_i的排序之间的肯德尔等级相关系数。

2.2.4 学习曲线

事实上，也可以从训练过程自身中提取元数据，如随着更多训练数据的添加，模型性能的相应增长速度。如果以步骤s_t来划分训练过程且在每步增加固定数量的训练实例，可以在步骤s_t之后测量出任务t_j上配置θ_i的性能$P(\theta_i,t_j,s_t)=P_{i,j,t}$。随后，可根据时间步$s_t$生成一条学习曲线。正如在第1章中所讨论的，学习曲线可以用来加速给定任务的超参优化速度。在元学习中，学习曲线的信息可以在任务之间进行传递。

当评估新任务t_{new}的某个配置时，可以在特定的迭代次数（$r<t$）后停止训练过程，并基于其他任务的学习经验，采用部分观测到的学习曲线对配置在全数据集上的表现进行预测。随后，根据预测出的表现来决定是否继续进行训练。该方法可以显著加快配置的搜索速度。

有一种方法是假设相似的任务会产生相似的学习曲线。首先，基于部分学习曲线之间的相似度来定义任务之间的距离：$\text{dist}(t_a,t_b)=f(P_{i,a,t},P_{i,b,t})$。其中，$t=1,\cdots,r$。接下来，基于距离找出$k$个最为相似的任务$t_{1,\cdots,k}$，并使用它们的完整学习曲线来预测配置在新的完整数据集上的表现情况。任务相似性也可以通过比较所有已尝试过的配置的部分曲线形状来进行衡量，随后将"最近"的完整曲线适配到新的部分曲线上即为预测[83,84]。目前，该方法已被成功结合到主动测试中[86]。除此之外，当使用包含训练时间在内的多目标评价指标时，该方法能够有效提升模型的学习速度[134]。

有趣的是，虽然一些方法旨在预测神经网络架构搜索（具体内容见第 3 章）过程中的学习曲线，但是迄今为止，这些工作都没有利用之前在其他任务中观察到的学习曲线。

2.3 任务特性中学习

除了 2.2 节提到的评估数据外，另一种较为丰富的元数据来源是手头任务的特性（元特征）。具体而言，每个任务 $t_j \in T$ 以含有 K 个元特征 $m_{j,k} \in M$ 的向量 $\boldsymbol{m}(t_j) = (m_{j,1}, \cdots, m_{j,K})$ 来表示。其中，M 表示所有已知元特征的集合。随后，基于元特征向量 $\boldsymbol{m}(t_i)$ 和 $\boldsymbol{m}(t_j)$，可采用欧几里得距离等度量方法来计算任务之间的相似性。进而，能够将最为相似的任务信息迁移到新任务 t_{new}。再者，通过结合先前的评估结果 P，可以训练一个能够预测配置 θ_i 在新任务 t_{new} 中性能 $P_{i,\text{new}}$ 的元学习器 L。

2.3.1 元特征

表 2.1 概述了常用的元特征，并给出了它们为何与模型性能相关的简要理由。除此之外，表 2.1 也尽可能地给出了它们的计算公式。更为完整的综述参阅文献 [26，98，130，138，175]。

为构建元特征向量 $\boldsymbol{m}(t_j)$，需要选择和进一步地处理这些元特征。在 OpenML 元数据中的研究表明，最优的元特征集取决于应用本身 [17]。大多数元特征的获取来自于单个特征或者组合特征，需要进一步通过汇总统计（最小值、最大值、μ、σ、四分位数、$q_{1,\cdots,4}$）或直方图进行聚合 [72]。在文献 [117] 中，对它们进行了系统性的提取和聚合。在计算任务相似性时，对所有元特征进行归一化 [9]、对元特征进行筛选 [172] 或对元特征进行降维 [17]（如 PCA 方法）也是非常重要的。当学习元模型时，可以采用关系元学习器 [173] 或者基于案例的推理方法 [63, 71, 92]。

除了上述那些通用的元特征之外，还有很多较为专有化的元特征，如针对流数据有流式特征点 [135, 137]、针对时序数据可以计算自相关系数或回归模型的斜率 [7, 121, 147]，以及针对非监督问题可以采用不同的方法对数据进行聚类并对聚类结果的属性进行提取 [159]。另外，在很多实际应用中，可以充分考虑和利用领域相关的信息 [109, 156]。

2.3.2 元特征的学习

除了手动定义元特征之外,还可以为多个任务学习出一组联合表征。其中一种方法是,当给定其他任务的元特征 M 时,建立能够生成特征类似的元特征表征 M' 的元模型,并基于性能元数据 P 或 $f: M \mapsto M'$ 对元模型进行学习。孙和普法林格[165]通过评估一组预定义的配置 θ_i 在所有之前任务 t_j 上的表现来实现该方法。具体而言,会对每一个配置 θ_a 和 θ_b 的成对组合生成一个二进制的元特征 $m_{j,a,b} \in M'$,用以表明配置 θ_a 的性能是否优于配置 θ_b,进而可得 $m'(t_j) = (m_{j,a,b}, m_{j,a,c}, m_{j,b,c}, \ldots)$。为了计算 $m_{\text{new},a,b}$,会为每一对配置组合 (a,b) 学习相应的元规则,主要用于在给定其他元特征 $m(t_j)$ 的情形下预测配置 θ_a 在新任务中的表现能否超越配置 θ_b。

除此之外,也可以完全基于可用的元数据 P 学习一组联合表征,即 $f: P \times \Theta \mapsto M'$。在2.2.3节中介绍过,可以采用前馈神经网络[114]来实现这一任务。当任务共用相同的输入空间时(如输入都是具有相同分辨率的图像数据),可以采用深度度量学习来学习元特征的表征,如孪生神经网络[75]。具体而言,将两个不同任务的数据输入两个孪生网络中,并将预测性能和观测性能 $P_{i,\text{new}}$ 之间的差异作为错误信号对网络进行训练。由于两个网络的模型参数在孪生网络中是绑定在一起的,所以相似的任务会被映射到隐元特征空间的相同区域中。而学习出来的表征可用于热启动贝叶斯超参优化[75]和神经网络架构搜索[2]。

表 2.1 常用元特征概览

特 征	公 式	原 理	变 体
实例数量	n	速度、可扩展性[99]	$p/n, \log(n), \log(n/p)$
特征数量	p	维度灾难[99]	$\log(p)$,类别占比
类别数量	c	复杂度、不平衡度[99]	最少和最多类的比值
缺失值数量	m	插值影响[70]	缺失值百分比
异常值数量	o	数据噪声[141]	o/n
偏度	$\dfrac{E(X-\mu_X)^3}{\sigma_X^3}$	特征正态性[99]	$\min, \max, \mu, \sigma, q_1, q_3$
峰度	$\dfrac{E(X-\mu_X)^4}{\sigma_X^4}$	特征正态性[99]	$\min, \max, \mu, \sigma, q_1, q_3$
相关性	ρ_{X_1, X_2}	特征相互依赖性[99]	$\min, \max, \mu, \sigma, \rho_{XY}$[158]
协方差	cov_{X_1, X_2}	特征相互依赖性[99]	$\min, \max, \mu, \sigma, \text{cov}_{XY}$
集中度	τ_{X_1, X_2}	特征相互依赖性[72]	$\min, \max, \mu, \sigma, \tau_{XY}$

续表

特 征	公 式	原 理	变 体
稀疏度	$\text{sparsity}(X)$	离散程度 [143]	$\min, \max, \mu, \sigma$
引力	$\text{gravity}(X)$	类内分散程度 [5]	
方差分析 p 值	$p_{\text{val}_{x_1 x_2}}$	特征冗余度 [70]	$p_{\text{val}_{XY}}$ [158]
变异系数	$\dfrac{\sigma_Y}{\mu_Y}$	目标值变异程度 [158]	
PCA ρ_{λ_1}	$\sqrt{\dfrac{\lambda_1}{1+\lambda_1}}$	第一个主成分的方差 [99]	$\dfrac{\lambda_1}{\sum_i \lambda_i}$ [99]
PCA 偏度		第一个主成分的偏度 [48]	PCA 峰度 [48]
PCA 95%	$\dfrac{\dim_{95\%\text{var}}}{p}$	本征维数 [9]	
类的概率	$P(C)$	类的分布 [99]	$\min, \max, \mu, \sigma$
类熵	$H(C)$	类不平衡度 [99]	
标准化熵	$\dfrac{H(X)}{\log_2 n}$	特征信息量 [26]	$\min, \max, \mu, \sigma$
互信息	$MI(C, X)$	特征重要性 [99]	$\min, \max, \mu, \sigma$
不确定性系数	$\dfrac{MI(C, X)}{H(C)}$	特征重要性 [3]	$\min, \max, \mu, \sigma$
等效数	$\dfrac{H(C)}{MI(C, X)}$	本征维数 [99]	
信噪比	$\dfrac{\overline{H(X)} - \overline{MI(C, X)}}{\overline{MI(C, X)}}$	数据噪声 [99]	
费雪判别	$\dfrac{(\mu_{c1} - \mu_{c2})^2}{\sigma_{c1}^2 - \sigma_{c2}^2}$	类 c_1、c_2 可分离度 [64]	参阅文献 [64]
重叠程度		类别分布重叠程度 [64]	参阅文献 [64]
概念差异		任务复杂度 [180]	参阅文献 [179, 180]
数据一致性		数据质量 [76]	参阅文献 [76]
节点数、叶子数	$\|\eta\|, \|\psi\|$	概念复杂度 [113]	树的深度
分支长度		概念复杂度 [113]	$\min, \max, \mu, \sigma$
每个特征节点数	$\|\eta_X\|$	特征重要性 [113]	$\min, \max, \mu, \sigma$

续表

特征	公式	原理	变体
每个类的节点数	$\frac{|\psi_c|}{|\psi|}$	类的复杂度 [49]	$\min, \max, \mu, \sigma$
叶子一致性	$\frac{n_{\psi_i}}{n}$	类的可分性 [16]	$\min, \max, \mu, \sigma$
信息增益		特征重要性 [16]	$\min, \max, \mu, \sigma, gini$
最近邻特征点	$P(\theta_{1NN}, t_j)$	数据稀疏性 [115]	精选 1NN [115]
树形特征点	$P(\theta_{Tree}, t_j)$	数据可分性 [115]	决策树，随机树
线性特征点	$P(\theta_{Lin}, t_j)$	线性可分性 [115]	线性判别
NB 特征点	$P(\theta_{NB}, t_j)$	特征独立性 [115]	更多模型参阅文献 [14，88]
相对特征点	$P_{a,j} - P_{b,j}$	探测性能 [53]	
子样本特征点	$P(\theta_i, t_j, s_t)$	探测性能 [160]	

注：从上到下依次分组为简单、统计、信息论、复杂度、基于模型和特征点。连续特征 X 和目标 Y 的均值为 μ_X、标准差为 σ_X、方差为 σ_X^2。类别型特征 X 和类别 C 的类别值为 π_i、条件概率为 $\pi_{i|j}$、联合概率为 $\pi_{i,j}$、边缘概率为 $\pi_{i+} = \sum_j \pi_{ij}$、熵为 $H(X) = -\sum_i \pi_{i+} \log_2(\pi_{i+})$。

2.3.3 基于相似任务热启动优化过程

基于相似任务有潜力的配置，元特征是评估任务相似性和初始化优化过程的一种非常自然的方案。其与人类专家获得相关任务经验后开始手动搜索优质模型的过程较为类似。

首先，在搜索空间的有潜力解区域启动遗传搜索算法，将显著提高收敛到优质解的搜索速度。在文献 [59] 中，戈麦斯等首先基于向量 $m(t_j)$ 和向量 $m(t_{new})$ 的 L_1 距离获得与任务 t_{new} 最为接近的 k 个先前任务 t_j，随后基于获取的 k 个先前任务 t_j 来初始化任务配置。其中，每个 $m(t_j)$ 包含 17 个简单、统计的元特征。对于 k 个任务 t_j 中的每一个，分别取其最好的配置在任务 t_{new} 进行评估，并用该配置来初始化遗传搜索算法（粒子群优化）和禁忌搜索算法。在文献 [129] 中，雷夫等采用了类似的方案。具体而言，在算法中，他们使用了 15 个简单、统计和特征点元特征，并采用前向选择技术以找出最为有用的元特征及热启动一种能改进高斯变异操作的标准遗传算法（GAlib）。此外，主动测试（详情请参阅 2.2.3 节）的变体（即使用元特征）也被尝试过，不过表现上比基于相对特征点的方案差。

基于模型的优化方法也会极大地得益于有潜力配置的初始集合。在文献 [9] 中，SCoT 训练了一个能够预测任务 t_j 中 θ_i 排序的代理排序模型：$f:M\times\Theta\to R$。其中，M 含有 4 个元特征（3 个简单元特征和 1 个基于 PCA 的元特征）。实际训练中会使用所有的排序来训练代理模型，包括在任务 t_{new} 中的 θ_i 排序。之所以使用排序来训练代理模型，是为了避免不同任务上实际评估值之间的巨大尺度差异。为了进行贝叶斯优化，高斯过程回归模型会将排序转化成概率，并且会将每一步结束之后的新评估结果 $P_{i,\text{new}}$ 拿来再次训练代理模型。

在文献 [148] 中，希林等采用改进的多层感知机作为代理模型，形式为 $s_j(\theta_i, \boldsymbol{m}(t_j),$ $\boldsymbol{b}(t_j)) = P_{i,j}$。其中，$\boldsymbol{m}(t_j)$ 表示元特征；$\boldsymbol{b}(t_j)$ 为一个 j 维的二元指示向量，1 表示元实例来自任务 t_j，0 的含义则相反。该多层感知机在第一层中会使用一个基于因子分解机[132]的改进激活函数，旨在学习出能够建模任务相似性的任务隐含表征。由于多层感知机无法表达不确定性，所以会训练一个包含 100 个多层感知机的集成模型，以获得预测均值和对方差进行模拟。

通常而言，在所有之前的元数据上所训练出的单个代理模型的可扩展性会较差。在文献 [190] 中，约加塔马和曼恩同样建立了一个贝叶斯代理模型。所不同的是，训练时只使用了与任务 t_{new} 相似的先前任务。其中，任务之间的相似性主要基于只含有 3 个简单元特征的任务向量之间的欧几里得距离。另外，$P_{i,j}$ 值会被标准化，以克服不同任务 t_j 中 $P_{i,j}$ 尺度不同的问题。该代理模型会在所有实例上学习一个具有特定核组合的高斯过程。

在文献 [48] 中，费雷等提出了一种能够热启动贝叶斯优化的更简单、更具可扩展性的方案。该方案采用了类似文献 [59] 中的方法对先前任务 t_j 进行排序，使用了 46 个简单、统计和特征点元特征（包括 $H(C)$），随后使用 d 个最为相似任务中的 t 个最佳配置来热启动代理模型。相较于之前的研究工作，该方案搜索的超参数量会更多，包括预处理的步骤。后续的研究工作也使用了文献 [48] 所提出的热启动方案，此部分内容会在第 6 章详细介绍。

最后，在实际工作中，也可以使用协同过滤技术来推荐有潜力的超参配置[162]。类似的，首先可基于任务 t_j（类比于用户）为配置 θ_i（类比于商品）提供的评分 $P_{i,j}$ 得到一个评分矩阵，随后采用矩阵分解技术来预测未知的 $P_{i,j}$ 值，进而为每个任务推荐最好的超参配置。不过在这里，协同过滤技术会面临冷启动带来的一个重要挑战，因为矩分解技术需要在任务 t_{new} 上也有一定数量的评估值。为解决此挑战，在文献 [189] 中，杨等通过采用 D-最优实验设计采样出评估值 $P_{i,new}$ 的初始集合，并且对超参配置的性能和时间都进行了预测，以同时确保推荐出的初始配置集合的精度和运行速度。在文献 [102, 103] 中，米思尔和塞巴格通过采用元特征的方式来解决冷启动问题。在文献 [54] 中，弗西等同样使用了元特征，并且遵从与文献 [46] 相同的流程，同时使用了能够支持贝叶斯优化的概率矩阵分解模型，以进一步优化它们的管道配置 θ_i。该方法能够为任务和配置生成有价值的隐向量，可以使得贝叶斯优化的运行更加有效。

2.3.4 元模型

可以建立一个能够学习任务元特征和特定配置效用之间关联的元模型 L，从而可以在给定新任务 t_{new} 元特征 M 的前提下推荐最为有用的配置 Θ^*_{new}。目前，已存在大量的前期工作 [22, 56, 87, 94] 致力于为算法选择 [15, 19, 70, 115] 和超参推荐 [4, 79, 108, 158] 建立元模型。实验表明，提升树和袋装树通常能够产生最好的预测，虽然其在很大程度上依赖于所使用元特征的准确性 [72, 76]。

1. 排序

元模型可以生成前 K 个最具潜力的配置排序。其中一种实现方法是建立一个能够预测任务相似性的 k 近邻元模型，随后对这些相似任务上的最佳配置进行排序 [23, 147]。该方法类似于 2.3.3 节所讨论的工作，但与后续的优化方法无关。在实际应用中，专门用于排序的元模型（如预测聚类树 [171] 和标签排序树 [29]）的效果也较为显著。近似排序树森林（ART Forests）[165] 是多个快速排序树的集成且已被证明非常有效。近似排序树森林具有"内置的"元特征筛选，使得即使可用的先前任务很少时其也能够很好地工作。除此之外，近似排序树森林的集成过程会使得模型更加健壮。在文献 [116] 中，自动装袋法采用基于 XGBoost 的排序算法对装袋工作流（包括 4 个不同的装袋超参）进行排序，并在 140 个 OpenML 数据集和 146 个元特征上对自动装袋法进行了训练。在文献 [93] 中，洛雷纳等使用 k 近邻元模型和一组新的基于数据复杂性的元特征为回归问题推荐 SVM 超参配置。

2. 性能预测

在给定元特征的前提下，元模型可以直接预测特定任务中某个配置的性能，如准确度或训练时长，进而可以在任意优化过程中评估某个配置是否有必要参与运算。早期的研究工作主要采用线性回归或基于规则的回归器来预测一组离散配置的性能，然后进行相应的排序[14, 77]。在文献 [61] 中，格拉等为每一个分类算法都训练了相应的 SVM 元回归器，进而能够在给定元特征的新任务 t_{new} 中预测默认设置下的分类算法的准确度。在文献 [130] 中，雷夫等在更多的元数据中训练一个类似的元回归器，以预测其优化的性能。而在文献 [32] 中，戴维斯等采用了基于多层感知机的元学习器来预测特定算法配置的性能。

除了预测性能之外，还可以训练一个直接预测算法训练 / 预测时间的元回归器，如训练基于元特征的 SVM 回归器[128]，其自身通过遗传算法来进行调节。在文献 [189] 中，杨等使用只基于实例和特征数量的多项式回归来预测配置的运行时间。另外，赫特等[68]提供了一篇关于预测不同领域算法运行时间的总结性论文。

大多数元模型都能够生成有潜力的配置，但是并不会针对新任务 t_{new} 本身来准确地调整这些配置。相反，预测值可用于热启动或指导其他优化技术，进而能够支持元模型和优化技术的任意组合。实际上，2.3.3 节所讨论的工作都可以被视为利用基于距离的元模型来热启动贝叶斯优化[48, 54]或进化算法[59, 129]。原则上，这里也可以使用其他类型的元模型。

除了学习任务元特征和配置性能之间的关系之外，还可以构建一个能够预测特定任务上配置性能的代理模型[40]。随后，继续学习如何结合这些单个任务的预测值以热启动或指导新任务 t_{new} 上的优化技术[45, 114, 161, 187]，正如在 2.2.3 节所讨论的。虽然元特征也可用于结合单个任务的预测值（基于任务相似性），但结合了新观测值 $P_{i,new}$ 的优化过程会更加有效，因为每一个新的观测值可以改善任务相似性的评估结果[47, 85, 187]。

2.3.5 管道合成

当创建完整的机器学习管道时[153]，配置项的数量会急剧增加，使得利用先前的经验变得更加重要。在实际工作中，可以采用一个完全由一组超参所描述的固定管道结构来控制搜索空间。然后，使用相似任务上最具潜力的管道热启动贝叶斯优化[46, 54]。

另外一些方法可以针对特定的管道步骤提供建议，可用在更大的管道构造方法中，如规划算法[55, 74, 105, 184]或进化算法[110, 164]。在文献 [105] 中，阮等采用集束搜索方法来构建新的管道，该搜索方法专注于基于元学习器所推荐的组件，其自身也会在先前成功的管道示例上进行训练。在文献 [18] 中，比拉尔等为给定的分类算法预测应当推荐的预处理技术。具体而言，他们会为每一个目标分类算法都建立一个元模型，用于在给定新任务 t_{new} 元特征的前提下预测管道应当包含的预处理技术。类似地，在文献 [152] 中，舍恩菲尔德等建立了能够预测预处理算法何时会改进特定分类器性能或运行时间的元模型。

AlphaD3M [38] 使用了自我对局的强化学习方法，其中当前状态由当前管道来表示，动作包含管道组件的增加、删除和替换。模型 AlphaD3M 采用蒙特卡洛树搜索（MCTS）生成管道，并对生成的管道进行评估，以训练出一个能够预测管道性能的递归神经网络（LSTM），进而能够依次产生用于下一轮 MCTS 的动作概率。另外，状态描述也会含有当前任务的元特征，以支持神经网络的跨任务学习。而在文献 [123] 中，Mosaic 同样采用 MCTS 方法生成管道。不过所不同的是，Mosaic 是基于 Bandits 方法来选择有潜力的管道的。

2.3.6 调优与否

为了在时间有限的情况下降低待优化配置参数的数量和节省宝贵的优化时间，有一类元模型被提出。该类元模型主要用于在给定当前任务元特征的前提下预测是否有必要对一个给定的算法进行调优 [133]，同时也会预测在投入特定时间的情况下，调优特定算法能够获得多大的预期改进 [144]。而专注于特定学习算法的研究所生成的元模型，能够预测什么时候需要对 SVMs 进行调优 [96]、在给定任务的前提下哪些对 SVMs 而言是好的默认超参（包括可解释的元模型）[97] 及如何调优决策树 [95]。

2.4 先前模型中学习

最后一类可以学习的元数据是先前机器学习模型它们自身，即模型的结构和已学习出的模型参数。简而言之，需要训练出一个元学习器 L。该元学习器能够在给定相似任务 $t_j \in T$ 的前提下学习如何为新任务 t_{new} 训练一个（基）学习器 l_{new} 及其对应的优化模型 $l_j \in \mathcal{L}$。其中，$\mathcal{L}$ 表示所有可能模型的空间。而学习器 l_j 通常由它的模型参数

$W = \{w_k\}, k = 1, 2, \cdots, K$ 和（或）配置 $\theta_i \in \Theta$ 来定义。

2.4.1 迁移学习

在迁移学习[170]中，首先获取训练于一个或若干个源任务 t_j 的模型，随后将这些模型作为建立相似目标任务 t_{new} 模型的起始点。这可以通过强制目标模型在结构或其他方面类似于源模型来实现。该方法是普遍适用的，目前而言迁移学习在核方法[41, 42]、参数贝叶斯模型[8, 122, 140]、贝叶斯网络[107]、聚类[168] 和强化学习[36, 62] 中都已得到应用。尤其是神经网络，非常适合采用迁移学习[11, 13, 24, 169]。因为在神经网络上，不管是源模型的结构还是源模型的模型参数都可以很好地作为目标模型的初始化值，进而产生一个预训练的目标模型。随后，基于新任务 t_{new} 的可用训练数据对目标模型做进一步的微调。需要注意的是，部分情况下，在迁移源神经网络之前可能需要对其做一些修改[155]。而本节的剩余部分将会对神经网络进行集中讨论。

特别地，像 ImageNet[78] 之类的大型图像数据集已经被证明：所生成的预训练模型可以很好地迁移到其他任务[37, 154]。不过，有研究也表明，当目标任务不够相似时，该方法不能很好地发挥作用[191]。与其期待一个预训练的模型恰好能够很好地迁移到新任务上，不如目的性地在元学习器中引入一个归纳偏置（来自于多个相似任务上的学习），以支持它们更快地学习新任务。下文会进行具体讨论。

2.4.2 针对神经网络的元学习

一个早期的元学习方法是创建能够修改其自身权重的递归神经网络（RNNs）[149, 150]。在训练过程中，它们将其自身的权重作为额外的输入数据，并观察其自身的误差，以针对当前新任务来调整这些权重。权重的更新定义成一个参数式，该参数式是端到端可微的。另外，该参数式能够基于梯度下降联合优化网络和训练算法，不过训练难度较大。后续的工作采用跨任务的强化学习方法，将搜索策略[151] 或梯度下降的学习率[31] 适配到当前任务。

直观来说，反向传播不像是人类大脑的一种学习机制。受此启发，本吉奥等[12] 采用一种简单的受生物启发的参数规则（或进化规则[27]）取代反向传播技术，并用取代后的规则来更新突触的权重。随后，在多个输入任务中，采用梯度下降或进化算法对参数进行优化。在文献 [142] 中,鲁纳松和琼森采用一个单层的神经网络来替代这些参数规则。在文献 [146] 中,桑托罗等使用一个记忆增强的神经网络来学习如何存储和检索先前分类任务的"记忆"。而在文献 [65] 中,霍克赖特等使用基于 LSTMs[66] 的元学习器来训练多层感知机。

除此之外,部分研究工作对优化器进行了替换。举例而言,文献 [6] 将优化器(如随机梯度下降)替换成训练于先前任务的 LSTM。元学习器(优化器)的误差定义成基学习器的误差之和,并采用梯度下降的方法进行优化。在每一步中,元学习器根据上一步学习模型的权重 $\{w_k\}$ 和当前的性能梯度来选择估计的更新权重,以最大程度地降低基学习器的损失。后续工作对该方法进行了泛化 [28],主要是采用梯度下降方法为合成函数训练了一个优化器,其能够在基学习器无法访问梯度的情况下依然支持元学习器对基学习器进行优化。

另外,李和马里克 [89] 从强化学习的角度提出了一种学习优化算法的框架。它将任何特定的优化算法视为一个策略,然后通过有指导的策略搜索方法对该策略进行学习。后续工作 [90] 中展示了如何利用该方法为(浅层)神经网络学习优化算法。

神经架构搜索领域含有很多其他方法,这些方法能够为特定的任务建立相应的神经网络性能模型,如使用贝叶斯优化或强化学习方法(第 3 章会对此进行深入讨论)。然而,其中的大多数方法还难以泛化到跨任务中运行,因此这里不再进行讨论。

2.4.3 小样本学习

元学习领域存在一个特定的挑战,即使用较少的训练实例训练出一个准确的深度学习模型。因为此时虽然给出了相似任务的先前经验,但是这些先前任务具备大量的训练实例,导致学习出的先前经验难以直接应用到较少的训练实例场景中。这就是所谓的"小样本学习"。然而人类与生俱来就具备这种小样本学习的能力,所以希望构建出的机器学习智能体也能够具备这种能力 [82]。小样本学习里面比较有代表性的示例是"K-shot N-way"分类问题:在特定类(如物体)给定较多训练实例(如图像)的前提下,致力于学习一个能够识别出 N 个新类(每个新类只有 K 个样本)的分类器 l_{new}。

利用之前的经验,可以学习所有任务共同的特征表示、用一个更好的模型参数初始化值 W_{init} 来启动 l_{new} 的训练及获得一个能够有助于引导模型参数优化的归纳偏置,使得 l_{new} 可以比其他方法得到更快的训练。

早期关于小样本学习的工作主要基于手工设计的特征[10, 43, 44, 50]，而通过使用元学习，希望能够以一种端到端的方式为所有任务学习一个共同的特征表示。

在文献 [181] 中，温亚尔斯等人指出，要从非常少的数据中学习，应该尽可能地考虑非参数化模型（如 k 近邻方法）。因为非参数化模型主要使用记忆组件，而非对较多的模型参数进行学习。它们的元学习器是一个匹配网络，该匹配网络主要采用了神经网络中记忆组件的理念。具体而言，该元学习器首先会基于标记示例学习出一个共同的表征，然后基于余弦相似度将每个新的测试实例与已记忆的示例进行匹配。另外，该网络会在每个特定任务只有几个样本的子集（minibatches）上进行训练。

在文献 [157] 中，斯内尔等提出了原型网络，该网络首先将示例映射到一个 p 维的向量空间，从而使得给定输出类的示例可以紧密联系在一起，随后为每一个类计算一个原型（即均值向量）。而新的测试实例会被映射到相同的向量空间，并采用距离度量为所有可能的类创建一个 softmax 函数。另外，在文献 [131] 中，任等将该方法扩展到半监督学习。

在文献 [126] 中，拉维和拉罗歇尔使用基于 LSTM 的元学习器为训练神经网络的学习器学习更新规则。对于每个新的示例，学习器都会将当前梯度和损失值返回给 LSTM 元学习器，随后元学习器会对学习器的模型参数 $\{w_k\}$ 进行更新。需要注意的是，元学习器会在所有的先前任务上进行训练。

与前面方法不同的是，与模型无关的元学习方法（MAML）[51] 不对更新规则进行学习，而是直接学习模型参数的初始化值 W_{init}，因为其能够更好地将相似任务一般化。具体而言，MAML 会从随机的 $\{w_k\}$ 开始训练，迭代地选择一批先前任务，并为每一个任务在 K 个示例上训练相应的学习器以计算测试集上的梯度和损失。随后，它会从更容易更新权重的方向反向传播元梯度以更为有效地更新权重 $\{w_k\}$。换言之，每轮迭代之后，权重 $\{w_k\}$ 可以作为一个更优的 W_{init}，能够更好地作为其他任务调优的起始权值。在文献 [52] 中，费恩和莱文提到，当使用一个足够深的全连接 ReLU 网络和特定的损失时，MAML 能够近似任何学习算法。与此同时，他们还总结到，MAML 的初始化值在小样本的过拟合问题上更富有弹性，并且比基于 LSTM 的元学习方法的泛化范围更广。

REPTILE[106] 是 MAML 算法的近似，它对给定任务上的 K 次迭代执行随机梯度下降操作，然后将初始化权重逐渐向着 K 次迭代获得的权重的方向移动。直觉而言，每个任务都可能有不止一组的最优权重 $\{w_i^*\}$，而目标就是为每个任务找到至少接近一组最优权重 $\{w_i^*\}$ 的初始化权重 W_{init}。

最后，我们也可以基于黑盒神经网络得到一个元学习器。在文献 [145] 中，桑托罗等提出了基于记忆增强神经网络（MANNs）的元学习器，MANNs 会训练一个具有记忆增强能力的神经图灵机（NTM）[60]，使得该元学习器能够记忆之前任务的信息，并随后利用该信息去学习一个学习器 l_{new}。文献 [101] 所提出的 SNAIL 模型，是一种由时序卷积层和关联注意力层交叉所组成的通用元学习器架构。具体而言，卷积层为训练实例（图像）学习公共的特征向量，以更好地从过去的经验中收集信息；而关联注意力层主要从收集的经验中学习挑选出能够更好地推广到新任务的那部分信息。

总结而言，深度学习和元学习的交叉被证明是创新与新思想的沃土，希望随着时间的推移，该领域变得越来越重要。

2.4.4 不止于监督学习

元学习并不会局限在有监督或半监督的任务上，而是已经成功应用到各种类型的任务，如强化学习、主动学习、密度估计和项目推荐等。基学习器可以是无监督的，但元学习器是有监督的。不过，其他的组合方式也是有可能的。

在文献 [39] 中，段等提出了一种端到端的强化学习（RL）方法，该方法由一个通用的慢速元强化学习算法所指导的任务相关的快速强化学习算法组成。其中，任务是相互关联的马尔科夫决策过程。元强化学习方法被建模成能够接收观测值、行动、奖励和停止标志的 RNN。其中，RNN 网络的激活函数会存储快速 RL 学习器的状态，而 RNN 的权重则是通过观察跨任务上快速学习器的性能学习而得的。

与此同时，王等[182]也提出了采用深度强化学习方法来训练 RNN 网络，其主要是接收上一间隔的行动和奖励来学习特定任务的底层 RL 算法。与使用相对而言非结构化的任务（如随机马尔科夫决策过程）不同，王等主要关注于元强化学习算法能够利用固有任务结构的结构化任务分布。

在文献 [112] 中，潘等为主动学习（AL）提出了一种元学习方法。具体而言，基学习器可以是任何一种二分类器。元学习器是一个深度强化学习网络，其含有一个能够学习跨任务 AL 问题表征的深度神经网络和一个能够学习最佳策略的策略网络。其中，策略参数化为网络的权重。另外，元学习器会接收当前状态（即未标记的点集和基分类器状态）和奖励（即基分类器的性能），并发出一个查询概率（即未标记集中下一个待查询的点）。

在文献 [127] 中，里德等为密度估计（DE）设计了一种小样本学习方法。目标是从一个特定概念下（如手写字母）的少量图像中学习出一个概率分布，该分布可用于生成该概念的图像或计算某张图片具有该概念的概率。里德等主要采用了自回归图像模型，该模型能够将联合分布分解为单个的像素因子。通常而言，这些会条件相关于目标概念的（众多）示例。而基于 MAML 的小样本学习器，会在多个其他（相似）概念的示例上进行训练。

最后，瓦塔克等[178]解决了矩阵分解的冷启动问题。他们提出了一个能够学习（基）神经网络的深度神经网络结构，而基神经网络的偏置可以基于任务信息进行调整。不过神经网络推荐器的结构和权重需要保持固定，元学习器会基于每个用户的项目历史来学习如何调整偏置。

所有这些近期的新进展清楚表明，从元学习的角度来看待问题并为手动设计的基学习器找到可替代的新的数据驱动方法是富有成效的。

2.5 总　　结

元学习的形式非常多样，而且能够结合各种各样的学习技术。每次我们在尝试学习一个特定任务时，不管成功与否，都能够获得用于学习新任务的有用经验。在实际任务中，我们要尽量避免完全从零开始。相反，我们应该系统地收集"学习经验"，并从中学习以构建出一个随着时间能够持续改进的自动机器学习系统，进而更为有效地应对新问题、新任务。我们所遇到的新任务越多、越相似，我们所能够利用到的先前经验就会越多，进而使得所需学习的大部分被提前完成。另外，计算系统具有近乎无限存储先前学习经验（形式化为元数据）的能力，为以全新的方式使用这些经验提供了广泛的机会，而我们才刚刚开始学习如何高效地从先前经验中进行学习。不过，这是一个非常有价值的目标。因为从任何任务中进行学习所赋予我们的能力将远远超过从特定任务中进行学习。

致谢　感谢帕维尔·布拉齐勒、马蒂亚斯·费勒、弗兰克·亨特、拉古·拉詹、艾琳·格兰特、雨果·拉罗切勒、扬·范·莱茵和简·王对手稿提出的宝贵建议和给予的有价值反馈。

参考文献

[1] Abdulrahman, S., Brazdil, P., van Rijn, J., Vanschoren, J.: Speeding up Algorithm Selection using Average Ranking and Active Testing by Introducing Runtime. Machine Learning 107, 79–108 (2018).

[2] Afif, I.N.:Warm-Starting Deep Learning Model Construction using Meta-Learning. Master's thesis, TU Eindhoven (2018).

[3] Agresti, A.: Categorical Data Analysis. Wiley Interscience (2002).

[4] Ali, S., Smith-Miles, K.A.: Metalearning approach to automatic kernel selection for support vector machines. Neurocomputing 70(1), 173–186 (2006).

[5] Ali, S., Smith-Miles, K.A.: On learning algorithm selection for classification. Applied Soft Computing 6(2), 119–138 (2006).

[6] Andrychowicz, M., Denil, M., Gomez, S., Hoffman, M.W., Pfau, D., Schaul, T., Shillingford, B., De Freitas, N.: Learning to learn by gradient descent by gradient descent. In: Advances in Neural Information Processing Systems. pp. 3981–3989 (2016).

[7] Arinze, B.: Selecting appropriate forecasting models using rule induction. Omega 22(6), 647–658 (1994).

[8] Bakker, B., Heskes, T.: Task Clustering and Gating for Bayesian Multitask Learning. Journal of Machine Learning Research 4, 83–999 (2003).

[9] Bardenet, R., Brendel, M., Kégl, B., Sebag, M.: Collaborative hyperparameter tuning. In: Proceedings of ICML 2013. pp. 199–207 (2013).

[10] Bart, E., Ullman, S.: Cross-generalization: Learning novel classes from a single example by feature replacement. In: Proceedings of CVPR 2005. pp. 672–679 (2005).

[11] Baxter, J.: Learning Internal Representations. In: Advances in Neural Information Processing Systems, NeurIPS (1996).

[12] Bengio, S., Bengio, Y., Cloutier, J.: On the search for new learning rules for anns. Neural Processing Letters 2(4), 26–30 (1995).

[13] Bengio, Y.: Deep learning of representations for unsupervised and transfer learning. In: ICML Workshop on Unsupervised and Transfer Learning. pp. 17–36 (2012).

[14] Bensusan, H., Kalousis, A.: Estimating the predictive accuracy of a classifier. Lecture Notes in Computer Science 2167, 25–36 (2001).

[15] Bensusan, H., Giraud-Carrier, C.: Discovering task neighbourhoods through landmark learning performances. In: Proceedings of PKDD 2000. pp. 325–330 (2000).

[16] Bensusan, H., Giraud-Carrier, C., Kennedy, C.: A higher-order approach to meta-learning. In: Proceedings of ILP 2000. pp. 33–42 (2000).

[17] Bilalli, B., Abelló, A., Aluja-Banet, T.: On the predictive power of meta-features in OpenML. International Journal of Applied Mathematics and Computer Science 27(4), 697–712 (2017).

[18] Bilalli, B., Abelló, A., Aluja-Banet, T., Wrembel, R.: Intelligent assistance for data preprocessing. Computer Standards and Interfaces 57, 101–109 (2018).

[19] Bischl, B., Kerschke, P., Kotthoff, L., Lindauer, M., Malitsky, Y., Fréchette, A., Hoos, H., Hutter, F., Leyton-Brown, K., Tierney, K., Vanschoren, J.: ASLib: A benchmark library for algorithm selection. Artificial Intelligence 237, 41–58 (2016).

[20] Bishop, C.M.: Pattern recognition and machine learning. Springer (2006).

[21] Brazdil, P., Soares, C., da Costa, J.P.: Ranking learning algorithms: Using IBL and meta-learning on accuracy and time results. Machine Learning 50(3), 251–277 (2003).

[22] Brazdil, P., Giraud-Carrier, C., Soares, C., Vilalta, R.: Metalearning: Applications to Data Mining. Springer-Verlag Berlin Heidelberg (2009).

[23] Brazdil, P.B., Soares, C., Da Coasta, J.P.: Ranking learning algorithms: Using IBL and meta-learning on accuracy and time results. Machine Learning 50(3), 251–277 (2003).

[24] Caruana, R.: Learning many related tasks at the same time with backpropagation. Neural Information Processing Systems pp. 657–664 (1995).

[25] Caruana, R.: Multitask Learning. Machine Learning 28(1), 41–75 (1997).

[26] Castiello, C., Castellano, G., Fanelli, A.M.: Meta-data: Characterization of input features for meta-learning. In: 2nd International Conference on Modeling Decisions for Artificial Intelligence (MDAI). pp. 457–468 (2005).

[27] Chalmers, D.J.: The evolution of learning: An experiment in genetic connectionism. In: Connectionist Models, pp. 81–90. Elsevier (1991).

[28] Chen, Y., Hoffman, M.W., Colmenarejo, S.G., Denil, M., Lillicrap, T.P., Botvinick, M., de Freitas, N.: Learning to learn without gradient descent by gradient descent. In: Proceedings of ICML 2017, PMLR 70, pp. 748–756 (2017).

[29] Cheng, W., Hühn, J., Hüllermeier, E.: Decision tree and instance-based learning for label ranking. In: Proceedings of ICML 2009. pp. 161–168 (2009).

[30] Cook, W.D., Kress, M., Seiford, L.W.: A general framework for distance-based consensus in ordinal ranking models. European Journal of Operational Research 96(2), 392–397 (1996).

[31] Daniel, C., Taylor, J., Nowozin, S.: Learning step size controllers for robust neural network training. In: Proceedings of AAAI 2016. pp. 1519–1525 (2016).

[32] Davis, C., Giraud-Carrier, C.: Annotative experts for hyperparameter selection. In: AutoML Workshop at ICML 2018 (2018).

[33] De Sa, A., Pinto, W., Oliveira, L.O., Pappa, G.: RECIPE: A grammar-based framework for automatically evolving classification pipelines. In: European Conference on Genetic Programming. pp.

246–261 (2017).

[34] Demšar, J.: Statistical Comparisons of Classifiers over Multiple Data Sets. Journal of Machine Learning Research 7, 1–30 (2006).

[35] Dietterich, T.: Ensemble methods in machine learning. In: International workshop on multiple classifier systems. pp. 1–15 (2000).

[36] Dietterich, T., Busquets, D., Lopez de Mantaras, R., Sierra, C.: Action Refinement in Reinforcement Learning by Probability Smoothing. In: 19th International Conference on Machine Learning. pp. 107–114 (2002).

[37] Donahue, J., Jia, Y., Vinyals, O., Hoffman, J., Zhang, N., Tzeng, E., Darrell, T.: DeCAF: A deep convolutional activation feature for generic visual recognition. In: Proceedings of ICML 2014. pp. 647–655 (2014).

[38] Drori, I., Krishnamurthy, Y., Rampin, R., de Paula Lourenco, R., Ono, J.P., Cho, K., Silva, C., Freire, J.: AlphaD3M: Machine learning pipeline synthesis. In: AutoML Workshop at ICML (2018).

[39] Duan, Y., Schulman, J., Chen, X., Bartlett, P.L., Sutskever, I., Abbeel, P.: RL2: Fast reinforcement learning via slow reinforcement learning. arXiv preprint arXiv:1611.02779 (2016).

[40] Eggensperger, K., Lindauer, M., Hoos, H., Hutter, F., Leyton-Brown, K.: Efficient Benchmarking of Algorithm Configuration Procedures via Model-Based Surrogates. Machine Learning 107, 15–41 (2018).

[41] Evgeniou, T., Micchelli, C., Pontil, M.: Learning Multiple Tasks with Kernel Methods. Journal of Machine Learning Research 6, 615–637 (2005).

[42] Evgeniou, T., Pontil, M.: Regularized multi-task learning. In: Tenth Conference on Knowledge Discovery and Data Mining (2004).

[43] Fei-Fei, L.: Knowledge transfer in learning to recognize visual objects classes. In: International Conference on Development and Learning. Art. 51 (2006).

[44] Fei-Fei, L., Fergus, R., Perona, P.: One-shot learning of object categories. Pattern analysis and machine intelligence 28(4), 594–611 (2006).

[45] Feurer, M., Letham, B., Bakshy, E.: Scalable meta-learning for Bayesian optimization. arXiv 1802.02219 (2018).

[46] Feurer, M., Klein, A., Eggensperger, K., Springenberg, J., Blum, M., Hutter, F.: Efficient and robust automated machine learning. In: Advances in Neural Information Processing Systems 28. pp. 2944–2952 (2015).

[47] Feurer, M., Letham, B., Bakshy, E.: Scalable meta-learning for Bayesian optimization using ranking-weighted gaussian process ensembles. In: AutoML Workshop at ICML 2018 (2018).

[48] Feurer, M., Springenberg, J.T., Hutter, F.: Using meta-learning to initialize Bayesian optimization of hyperparameters. In: International Conference on Metalearning and Algorithm Selection. pp. 3–10

(2014).

[49] Filchenkov, A., Pendryak, A.: Dataset metafeature description for recommending feature selection. In: Proceedings of AINL-ISMW FRUCT 2015. pp. 11–18 (2015).

[50] Fink, M.: Object classification from a single example utilizing class relevance metrics. In: Advances in Neural information processing systems, NeurIPS 2005. pp. 449–456 (2005).

[51] Finn, C., Abbeel, P., Levine, S.: Model-agnostic meta-learning for fast adaptation of deep networks. In: Proceedings of ICML 2017. pp. 1126–1135 (2017).

[52] Finn, C., Levine, S.: Meta-learning and universality: Deep representations and Gradient Descent can Approximate any Learning Algorithm. In: Proceedings of ICLR 2018 (2018).

[53] Fürnkranz, J., Petrak, J.: An evaluation of landmarking variants. ECML/PKDD 2001 Workshop on Integrating Aspects of Data Mining, Decision Support and Meta-Learning pp. 57–68 (2001).

[54] Fusi, N., Sheth, R., Elibol, H.M.: Probabilistic matrix factorization for automated machine learning. In: Advances in Neural information processing systems, NeurIPS 2018, pp. 3352–3361 (2018).

[55] Gil, Y., Yao, K.T., Ratnakar, V., Garijo, D., Ver Steeg, G., Szekely, P., Brekelmans, R., Kejriwal, M., Luo, F., Huang, I.H.: P4ML: A phased performance-based pipeline planner for automated machine learning. In: AutoML Workshop at ICML 2018 (2018).

[56] Giraud-Carrier, C.: Metalearning-a tutorial. In: Tutorial at the International Conference on Machine Learning and Applications. pp. 1–45 (2008).

[57] Giraud-Carrier, C., Provost, F.: Toward a justification of meta-learning: Is the no free lunch theorem a show-stopper. In: Proceedings of the ICML-2005 Workshop on Meta-learning. pp. 12–19 (2005).

[58] Golovin, D., Solnik, B., Moitra, S., Kochanski, G., Karro, J., Sculley, D.: Google vizier: A service for black-box optimization. In: Proceedings of ICDM 2017. pp. 1487–1495 (2017).

[59] Gomes, T.A., Prudêncio, R.B., Soares, C., Rossi, A.L., Carvalho, A.: Combining metalearning and search techniques to select parameters for support vector machines. Neurocomputing 75(1), 3–13 (2012).

[60] Graves, A., Wayne, G., Danihelka, I.: Neural turing machines. arXiv preprint arXiv: 1410.5401 (2014).

[61] Guerra, S.B., Prudêncio, R.B., Ludermir, T.B.: Predicting the performance of learning algorithms using support vector machines as meta- regressors. In: Proceedings of ICANN. pp. 523–532 (2008).

[62] Hengst, B.: Discovering Hierarchy in Reinforcement Learning with HEXQ. In: International Conference on Machine Learning. pp. 243–250 (2002).

[63] Hilario, M., Kalousis, A.: Fusion of meta-knowledge and meta-data for case-based model selection. Lecture Notes in Computer Science 2168, 180–191 (2001).

[64] Ho, T.K., Basu, M.: Complexity measures of supervised classification problems. Pattern Analysis and Machine Intelligence. 24(3), 289–300 (2002).

[65] Hochreiter, S., Younger, A., Conwell, P.: Learning to learn using gradient descent. In: Lecture Notes on Computer Science, 2130. pp. 87–94 (2001).

[66] Hochreiter, S., Schmidhuber, J.: Long short-term memory. Neural computation 9(8), 1735–1780 (1997).

[67] Hutter, F., Hoos, H., Leyton-Brown, K.: An Efficient Approach for Assessing Hyperparameter Importance. In: Proceedings of ICML (2014).

[68] Hutter, F., Xu, L., Hoos, H., Leyton-Brown, K.: Algorithm runtime prediction: Methods & evaluation. Artificial Intelligence 206, 79–111 (2014).

[69] Jones, D.R., Schonlau, M.,Welch, W.J.: Efficient global optimization of expensive black-box functions. Journal of Global Optimization 13(4), 455–492 (1998).

[70] Kalousis, A.: Algorithm Selection via Meta-Learning. Ph.D. thesis, University of Geneva, Department of Computer Science (2002).

[71] Kalousis, A., Hilario, M.: Representational issues in meta-learning. Proceedings of ICML 2003 pp. 313–320 (2003).

[72] Kalousis, A., Hilario, M.: Model selection via meta-learning: a comparative study. International Journal on Artificial Intelligence Tools 10(4), 525–554 (2001).

[73] Kendall, M.G.: A new measure of rank correlation. Biometrika 30(1/2), 81–93 (1938).

[74] Kietz, J.U., Serban, F., Bernstein, A., Fischer, S.: Designing KDD-workflows via HTN-planning for intelligent discovery assistance. In: 5th Planning to Learn Workshop at ECAI 2012 (2012).

[75] Kim, J., Kim, S., Choi, S.: Learning to warm-start Bayesian hyperparameter optimization. arXiv preprint arXiv: 1710.06219 (2017).

[76] Köpf, C., Iglezakis, I.: Combination of task description strategies and case base properties for meta-learning. ECML/PKDD Workshop on Integration and Collaboration Aspects of Data Mining pp. 65–76 (2002).

[77] Köpf, C., Taylor, C., Keller, J.: Meta-analysis: From data characterization for meta-learning to meta-regression. In: PKDD Workshop on Data Mining, Decision Support, Meta-Learning and ILP. pp. 15–26 (2000).

[78] Krizhevsky, A., Sutskever, I., Hinton, G.E.: Imagenet classification with deep convolutional neural networks. In: Advances in neural information processing systems. pp. 1097–1105 (2012).

[79] Kuba, P., Brazdil, P., Soares, C., Woznica, A.: Exploiting sampling and meta-learning for parameter setting support vector machines. In: Proceedings of IBERAMIA 2002. pp. 217–225 (2002).

[80] Kullback, S., Leibler, R.A.: On information and sufficiency. The annals of mathematical statistics 22(1), 79–86 (1951).

[81] Lacoste, A., Marchand, M., Laviolette, F., Larochelle, H.: Agnostic Bayesian learning of ensembles. In: Proceedings of ICML. pp. 611–619 (2014).

[82] Lake, B.M., Ullman, T.D., Tenenbaum, J.B., Gershman, S.J.: Building machines that learn and think like people. Behavior and Brain Science 40 (2017).

[83] Leite, R., Brazdil, P.: Predicting relative performance of classifiers from samples. Proceedings of

ICML pp. 497–504 (2005).

[84] Leite, R., Brazdil, P.: An iterative process for building learning curves and predicting relative performance of classifiers. Lecture Notes in Computer Science 4874, 87–98 (2007).

[85] Leite, R., Brazdil, P., Vanschoren, J.: Selecting Classification Algorithms with Active Testing. Lecture Notes in Artificial Intelligence 10934, 117–131 (2012).

[86] Leite, R., Brazdil, P.: Active testing strategy to predict the best classification algorithm via sampling and metalearning. In: Proceedings of ECAI 2010. pp. 309–314 (2010).

[87] Lemke, C., Budka, M., Gabrys, B.: Metalearning: a survey of trends and technologies. Artificial intelligence review 44(1), 117–130 (2015).

[88] Ler, D., Koprinska, I., Chawla, S.: Utilizing regression-based landmarkers within a metalearning framework for algorithm selection. Technical Report 569. University of Sydney pp. 44–51 (2005).

[89] Li, K., Malik, J.: Learning to optimize. In: Proceedings of ICLR 2017 (2017).

[90] Li, K., Malik, J.: Learning to optimize neural nets. arXiv preprint arXiv:1703.00441 (2017).

[91] Lin, S.: Rank aggregation methods. WIREs Computational Statistics 2, 555–570 (2010).

[92] Lindner, G., Studer, R.: AST: Support for algorithm selection with a CBR approach. In: ICML Workshop on Recent Advances in Meta-Learning and Future Work. pp. 38–47. J. Stefan Institute (1999).

[93] Lorena, A.C., Maciel, A.I., de Miranda, P.B.C., Costa, I.G., Prudêncio, R.B.C.: Data complexity meta-features for regression problems. Machine Learning 107(1), 209–246 (2018).

[94] Luo, G.: A review of automatic selection methods for machine learning algorithms and hyperparameter values. Network Modeling Analysis in Health Informatics and Bioinformatics 5(1), 18 (2016).

[95] Mantovani, R.G., Horváth, T., Cerri, R., Vanschoren, J., de Carvalho, A.C.: Hyper-parameter tuning of a decision tree induction algorithm. In: Brazilian Conference on Intelligent Systems. pp. 37–42 (2016).

[96] Mantovani, R.G., Rossi, A.L., Vanschoren, J., Bischl, B., Carvalho, A.C.: To tune or not to tune: recommending when to adjust SVM hyper-parameters via meta-learning. In: Proceedings of IJCNN. pp. 1–8 (2015).

[97] Mantovani, R.G., Rossi, A.L., Vanschoren, J., Carvalho, A.C.: Meta-learning recommendation of default hyper-parameter values for SVMs in classifications tasks. In: ECML PKDD Workshop on Meta-Learning and Algorithm Selection (2015).

[98] Mantovani, R.: Use of meta-learning for hyperparameter tuning of classification problems. Ph.D. thesis, University of Sao Carlos, Brazil (2018).

[99] 99. Michie, D., Spiegelhalter, D.J., Taylor, C.C., Campbell, J.: Machine Learning, Neural and Statistical Classification. Ellis Horwood (1994).

[100] Miranda, P., Prudêncio, R.: Active testing for SVM parameter selection. In: Proceedings of IJCNN. pp. 1–8 (2013).

[101] Mishra, N., Rohaninejad, M., Chen, X., Abbeel, P.: A simple neural attentive meta-learner. In:

Proceedings of ICLR (2018).

[102] Misir, M., Sebag, M.: Algorithm Selection as a Collaborative Filtering Problem. Research report, INRIA (2013).

[103] Mısır, M., Sebag, M.: Alors: An algorithm recommender system. Artificial Intelligence 244, 291–314 (2017).

[104] Nadaraya, E.A.: On estimating regression. Theory of Probability & Its Applications 9(1), 141–142 (1964).

[105] Nguyen, P., Hilario, M., Kalousis, A.: Using meta-mining to support data mining workflow planning and optimization. Journal of Artificial Intelligence Research 51, 605–644 (2014).

[106] Nichol, A., Achiam, J., Schulman, J.: On first-order meta-learning algorithms. arXiv 1803.02999v2 (2018).

[107] Niculescu-Mizil, A., Caruana, R.: Learning the Structure of Related Tasks. In: Proceedings of NIPS Workshop on Inductive Transfer (2005).

[108] Nisioti, E., Chatzidimitriou, K., Symeonidis, A.: Predicting hyperparameters from metafeatures in binary classification problems. In: AutoML Workshop at ICML (2018).

[109] Olier, I., Sadawi, N., Bickerton, G., Vanschoren, J., Grosan, C., Soldatova, L., King, R.:Meta-QSAR: learning how to learn QSARs. Machine Learning 107, 285–311 (2018).

[110] Olson, R.S., Bartley, N., Urbanowicz, R.J., Moore, J.H.: Evaluation of a tree-based pipeline optimization tool for automating data science. In: Proceedings of GECCO. pp. 485–492 (2016).

[111] Pan, S.J., Yang, Q.: A survey on transfer learning. IEEE Transactions on knowledge and data engineering 22(10), 1345–1359 (2010).

[112] Pang, K., Dong, M., Wu, Y., Hospedales, T.: Meta-learning transferable active learning policies by deep reinforcement learning. In: AutoML Workshop at ICML (2018).

[113] Peng, Y., Flach, P., Soares, C., Brazdil, P.: Improved dataset characterisation for metalearning. Lecture Notes in Computer Science 2534, 141–152 (2002).

[114] Perrone, V., Jenatton, R., Seeger, M., Archambeau, C.: Multiple adaptive Bayesian linear regression for scalable Bayesian optimization with warm start. In: Advances in Neural information processing systems, NeurIPS 2018 (2018).

[115] Pfahringer, B., Bensusan, H., Giraud-Carrier, C.G.: Meta-learning by landmarking various learning algorithms. In: 17th International Conference on Machine Learning (ICML). pp. 743–750 (2000).

[116] Pinto, F., Cerqueira, V., Soares, C., Mendes-Moreira, J.: autoBagging: Learning to rank bagging workflows with metalearning. arXiv 1706.09367 (2017).

[117] Pinto, F., Soares, C., Mendes-Moreira, J.: Towards automatic generation of metafeatures. In: Proceedings of PAKDD. pp. 215–226 (2016).

[118] Post, M.J., van der Putten, P., van Rijn, J.N.: Does Feature Selection Improve Classification? A Large

Scale Experiment in OpenML. In: Advances in Intelligent Data Analysis XV. pp. 158–170 (2016).

[119] Priya, R., De Souza, B.F., Rossi, A., Carvalho, A.: Using genetic algorithms to improve prediction of execution times of ML tasks. In: Lecture Notes in Computer Science. vol. 7208, pp. 196–207 (2012).

[120] Probst, P., Bischl, B., Boulesteix, A.L.: Tunability: Importance of hyperparameters of machine learning algorithms. ArXiv 1802.09596 (2018).

[121] Prudêncio, R., Ludermir, T.: Meta-learning approaches to selecting time series models. Neurocomputing 61, 121–137 (2004).

[122] Raina, R., Ng, A.Y., Koller, D.: Transfer Learning by Constructing Informative Priors. In: Proceedings of ICML (2006).

[123] Rakotoarison, H., Sebag, M.: AutoML with Monte Carlo Tree Search. In: ICML Workshop on AutoML 2018 (2018).

[124] Ramachandran, A., Gupta, S., Rana, S., Venkatesh, S.: Information-theoretic transfer learning framework for Bayesian optimisation. In: Proceedings of ECMLPKDD (2018).

[125] Ramachandran, A., Gupta, S., Rana, S., Venkatesh, S.: Selecting optimal source for transfer learning in Bayesian optimisation. In: Proceedings of PRICAI. pp. 42–56 (2018).

[126] Ravi, S., Larochelle, H.: Optimization as a model for few-shot learning. In: Proceedings of ICLR (2017).

[127] Reed, S., Chen, Y., Paine, T., Oord, A.v.d., Eslami, S., Rezende, D., Vinyals, O., de Freitas, N.: Few-shot autoregressive density estimation: Towards learning to learn distributions. In: Proceedings of ICLR 2018 (2018).

[128] Reif, M., Shafait, F., Dengel, A.: Prediction of classifier training time including parameter optimization. In: Proceedings of GfKI 2011. pp. 260–271 (2011).

[129] Reif, M., Shafait, F., Dengel, A.: Meta-learning for evolutionary parameter optimization of classifiers. Machine learning 87(3), 357–380 (2012).

[130] Reif, M., Shafait, F., Goldstein, M., Breuel, T., Dengel, A.: Automatic classifier selection for non-experts. Pattern Analysis and Applications 17(1), 83–96 (2014).

[131] Ren, M., Triantafillou, E., Ravi, S., Snell, J., Swersky, K., Tenenbaum, J.B., Larochelle, H., Zemel, R.S.: Meta-learning for semi-supervised few-shot classification. In: Proceedings of ICLR 2018 (2018).

[132] Rendle, S.: Factorization machines. In: Proceedings of ICDM 2015. pp. 995–1000 (2010).

[133] Ridd, P., Giraud-Carrier, C.: Using metalearning to predict when parameter optimization is likely to improve classification accuracy. In: ECAI Workshop on Meta-learning and Algorithm Selection. pp. 18–23 (2014).

[134] van Rijn, J., Abdulrahman, S., Brazdil, P., Vanschoren, J.: Fast Algorithm Selection Using Learning Curves. In: Proceedings of IDA (2015).

[135] van Rijn, J., Holmes, G., Pfahringer, B., Vanschoren, J.: The Online Performance Estimation Framework. Heterogeneous Ensemble Learning for Data Streams. Machine Learning 107, 149–176

(2018).

[136] van Rijn, J.N., Hutter, F.: Hyperparameter importance across datasets. In: Proceedings of KDD. pp. 2367–2376 (2018).

[137] van Rijn, J.N., Holmes, G., Pfahringer, B., Vanschoren, J.: Algorithm selection on data streams. In: Discovery Science. pp. 325–336 (2014).

[138] Rivolli, A., Garcia, L., Soares, C., Vanschoren, J., de Carvalho, A.: Towards reproducible empirical research in meta-learning. arXiv preprint 1808.10406 (2018).

[139] Robbins, H.: Some aspects of the sequential design of experiments. In: Herbert Robbins Selected Papers, pp. 169–177. Springer (1985).

[140] Rosenstein, M.T., Marx, Z., Kaelbling, L.P.: To Transfer or Not To Transfer. In: NIPS Workshop on transfer learning (2005).

[141] Rousseeuw, P.J., Hubert, M.: Robust statistics for outlier detection. Wiley Interdisciplinary Reviews: Data Mining and Knowledge Discovery 1(1), 73–79 (2011).

[142] Runarsson, T.P., Jonsson, M.T.: Evolution and design of distributed learning rules. In: IEEE Symposium on Combinations of Evolutionary Computation and Neural Networks. pp. 59–63 (2000).

[143] Salama, M.A., Hassanien, A.E., Revett, K.: Employment of neural network and rough set in meta-learning. Memetic Computing 5(3), 165–177 (2013).

[144] Sanders, S., Giraud-Carrier, C.: Informing the use of hyperparameter optimization through metalearning. In: Proceedings of ICDM 2017. pp. 1051–1056 (2017).

[145] Santoro, A., Bartunov, S., Botvinick, M., Wierstra, D., Lillicrap, T.: Meta-learning with memory-augmented neural networks. In: International conference on machine learning. pp. 1842–1850 (2016).

[146] Santoro, A., Bartunov, S., Botvinick, M., Wierstra, D., Lillicrap, T.: One-shot learning with memory-augmented neural networks. arXiv preprint arXiv: 1605.06065 (2016).

[147] dos Santos, P., Ludermir, T., Prudêncio, R.: Selection of time series forecasting models based on performance information. 4th International Conference on Hybrid Intelligent Systems pp. 366–371 (2004).

[148] Schilling, N., Wistuba, M., Drumond, L., Schmidt-Thieme, L.: Hyperparameter optimization with factorized multilayer perceptrons. In: Proceedings of ECML PKDD. pp. 87–103 (2015).

[149] Schmidhuber, J.: Learning to control fast-weight memories: An alternative to dynamic recurrent networks. Neural Computing 4(1), 131–139 (1992).

[150] Schmidhuber, J.: A neural network that embeds its own meta-levels. In: Proceedings of ICNN. pp. 407–412 (1993).

[151] Schmidhuber, J., Zhao, J., Wiering, M.: Shifting inductive bias with success-story algorithm, adaptive levin search, and incremental self-improvement. Machine Learning 28(1), 105–130 (1997).

[152] Schoenfeld, B., Giraud-Carrier, C., Poggeman, M., Christensen, J., Seppi, K.: Feature selection for

high-dimensional data: A fast correlation-based filter solution. In: AutoML Workshop at ICML (2018).

[153] Serban, F., Vanschoren, J., Kietz, J., Bernstein, A.: A survey of intelligent assistants for data analysis. ACM Computing Surveys 45(3), Art.31 (2013).

[154] Sharif Razavian, A., Azizpour, H., Sullivan, J., Carlsson, S.: Cnn features off-the-shelf: an astounding baseline for recognition. In: Proceedings of CVPR 2014. pp. 806–813 (2014).

[155] Sharkey, N.E., Sharkey, A.J.C.: Adaptive Generalization. Artificial Intelligence Review 7, 313–328 (1993).

[156] Smith-Miles, K.A.: Cross-disciplinary perspectives on meta-learning for algorithm selection. ACM Computing Surveys 41(1), 1–25 (2009).

[157] Snell, J., Swersky, K., Zemel, R.: Prototypical networks for few-shot learning. In: Neural Information Processing Systems. pp. 4077–4087 (2017).

[158] Soares, C., Brazdil, P., Kuba, P.: A meta-learning method to select the kernel width in support vector regression. Machine Learning 54, 195–209 (2004).

[159] Soares, C., Ludermir, T., Carvalho, F.D.: An analysis of meta-learning techniques for ranking clustering algorithms applied to artificial data. Lecture Notes in Computer Science 5768, 131–140 (2009).

[160] Soares, C., Petrak, J., Brazdil, P.: Sampling based relative landmarks: Systematically testdriving algorithms before choosing. Lecture Notes in Computer Science 3201, 250–261 (2001).

[161] Springenberg, J., Klein, A., Falkner, S., Hutter, F.: Bayesian optimization with robust Bayesian neural networks. In: Advances in Neural Information Processing Systems (2016).

[162] Stern, D.H., Samulowitz, H., Herbrich, R., Graepel, T., Pulina, L., Tacchella, A.: Collaborative expert portfolio management. In: Proceedings of AAAI. pp. 179–184 (2010).

[163] Strang, B., van der Putten, P., van Rijn, J.N., Hutter, F.: Don't Rule Out Simple Models Prematurely. In: Advances in Intelligent Data Analysis (2018).

[164] Sun, Q., Pfahringer, B., Mayo, M.: Towards a Framework for Designing Full Model Selection and Optimization Systems. In: International Workshop on Multiple Classifier Systems. pp. 259–270 (2013).

[165] Sun, Q., Pfahringer, B.: Pairwise meta-rules for better meta-learning-based algorithm ranking. Machine Learning 93(1), 141–161 (2013).

[166] Swersky, K., Snoek, J., Adams, R.P.: Multi-task Bayesian optimization. In: Advances in neural information processing systems. pp. 2004–2012 (2013).

[167] Thompson, W.R.: On the likelihood that one unknown probability exceeds another in view of the evidence of two samples. Biometrika 25(3/4), 285–294 (1933).

[168] Thrun, S.: Lifelong Learning Algorithms. In: Learning to Learn, chap. 8, pp. 181–209. Kluwer Academic Publishers, MA (1998).

[169] Thrun, S., Mitchell, T.: Learning One More Thing. In: Proceedings of IJCAI. pp. 1217–1223 (1995).

[170] Thrun, S., Pratt, L.: Learning to Learn: Introduction and Overview. In: Learning to Learn, pp. 3–17.

Kluwer (1998).

[171] Todorovski, L., Blockeel, H., Džeroski, S.: Ranking with predictive clustering trees. Lecture Notes in Artificial Intelligence 2430, 444–455 (2002).

[172] Todorovski, L., Brazdil, P., Soares, C.: Report on the experiments with feature selection in meta-level learning. PKDD 2000 Workshop on Data mining, Decision support, Meta-learning and ILP pp. 27–39 (2000).

[173] Todorovski, L., Dzeroski, S.: Experiments in meta-level learning with ILP. Lecture Notes in Computer Science 1704, 98–106 (1999).

[174] Vanschoren, J., van Rijn, J.N., Bischl, B., Torgo, L.: OpenML: networked science in machine learning. ACM SIGKDD Explorations Newsletter 15(2), 49–60 (2014).

[175] Vanschoren, J.: Understanding Machine Learning Performance with Experiment Databases. Ph.D. thesis, Leuven University (2010).

[176] Vanschoren, J.: Meta-learning: A survey. arXiv:1810.03548 (2018).

[177] Vanschoren, J., Blockeel, H., Pfahringer, B., Holmes, G.: Experiment databases. Machine Learning 87(2), 127–158 (2012).

[178] Vartak, M., Thiagarajan, A., Miranda, C., Bratman, J., Larochelle, H.: A meta-learning perspective on cold-start recommendations for items. In: Advances in Neural Information Processing Systems. pp. 6904–6914 (2017).

[179] Vilalta, R.: Understanding accuracy performance through concept characterization and algorithm analysis. ICML Workshop on Recent Advances in Meta-Learning and Future Work (1999).

[180] Vilalta, R., Drissi, Y.: A characterization of difficult problems in classification. Proceedings of ICMLA (2002).

[181] Vinyals, O., Blundell, C., Lillicrap, T., Wierstra, D., et al.: Matching networks for one shot learning. In: Advances in Neural Information Processing Systems. pp. 3630–3638 (2016).

[182] Weerts, H., Meuller, M., Vanschoren, J.: Importance of tuning hyperparameters of machine learning algorithms. Technical report, TU Eindhoven (2018).

[183] Weerts, H., Meuller, M., Vanschoren, J.: Importance of tuning hyperparameters of machine learning algorithms. Tech. rep., TU Eindhoven (2018).

[184] Wever, M., Mohr, F., Hüllermeier, E.: Ml-plan for unlimited-length machine learning pipelines. In: AutoML Workshop at ICML 2018 (2018).

[185] Wistuba, M., Schilling, N., Schmidt-Thieme, L.: Hyperparameter search space pruning, a new component for sequential model-based hyperparameter optimization. In: ECML PKDD 2015. pp. 104–119 (2015).

[186] Wistuba, M., Schilling, N., Schmidt-Thieme, L.: Learning hyperparameter optimization initializations. In: 2015 IEEE International Conference on Data Science and Advanced Analytics (DSAA). pp. 1–10

(2015).

[187] Wolpert, D., Macready, W.: No free lunch theorems for search. Technical Report SFI-TR-95-02-010, The Santa Fe Institute (1996).

[188] Yang, C., Akimoto, Y., Kim, D., Udell, M.: OBOE: Collaborative filtering for automl initialization. In: NeurIPS 2018 Workshop on Metalearning (2018).

[189] Yang, C., Akimoto, Y., Kim, D., Udell, M.: Oboe: Collaborative filtering for automl initialization. arXiv preprint arXiv: 1808.03233 (2018).

[190] Yogatama, D., Mann, G.: Efficient transfer learning method for automatic hyperparameter tuning. In: AI and Statistics. pp. 1077–1085 (2014).

[191] Yosinski, J., Clune, J., Bengio, Y., Lipson, H.: How transferable are features in deep neural networks? In: Advances in neural information processing systems. pp. 3320–3328 (2014).

第 3 章 神经网络架构搜索

托马斯·埃尔斯肯[1],扬·亨德里克·梅琴[2],弗兰克·亨特[3]

概述：过去几年，深度学习使很多任务都取得了显著进步，如图像识别、语音识别和机器翻译。而取得这一进展很重要的一个方面是新颖的神经网络结构。目前所采用的网络结构大多是由人类专家手动设计的，而手动设计网络结构这一过程既耗时又容易出错。正因为如此，自动搜索神经网络结构的方法所获得的关注越来越大。为了让读者对该领域（神经网络结构搜索，NAS）有一个较为全面的认识，本章对这一研究领域的现有工作进行了概述，并从搜索空间、搜索策略和性能评估策略三个维度对这一领域分别进行了介绍。

3.1 引 言

深度学习在感知任务上所取得的成功，在很大程度上依赖于特征工程过程的自动化，即采用端到端的方式从数据中学习层次化的特征提取器，而非之前的人工提取特征。而伴随这一成功的是日益增长的神经网络架构工程的需求，即手动设计的神经网络架构越来越复杂。自然而然，神经网络结构搜索（即神经网络架构自动化的过程）成为自动机器学习下一个需要关注的点。事实上，NAS 可以视为 AutoML 的一个子领域，且与超参优化（具体内容参阅第 1 章）和元学习（具体内容参阅第 2 章）具有非常大的交集。

本章将从搜索空间、搜索策略和性能评估策略 3 个维度对 NAS 的方法进行分类介绍，简述如下：

---

[1] 托马斯·埃尔斯肯（✉）
德国弗莱堡大学信息研究所
电子邮箱：elsken@informatik.uni-freiburg.de；thomas.elsken@de.bosch.com。
[2] 扬·亨德里克·梅琴
德国罗伯特·博世股份有限公司博世人工智能中心。
[3] 弗兰克·亨特
德国弗莱堡大学计算机科学系。

- **搜索空间**。搜索空间主要定义了可以表示哪些神经网络结构，结合适合于特定任务属性的先验知识可以降低搜索空间的规模，并且能够简化搜索的过程。然而，这种方式易造成人为的偏差，该偏差在一定程度上会阻止找到能够超越当前人类知识的新结构化构建模块。
- **搜索策略**。搜索策略详细说明了如何在搜索空间中进行探索。搜索策略包含经典的探索—利用平衡：一方面，它需要尽快地找到性能良好的神经网络架构；而另一方面，它又需要避免过早地收敛到次优网络结构的区域。
- **性能评估策略**。通常而言，NAS 的目标是找到能够在未见数据上获得高预测性能的神经网络结构。而性能评估就是对该性能进行评估的过程，最简单的方法是直接在数据上对该结构执行一次标准的训练和验证过程，但不幸的是该方法的计算量会非常大，从而限制了可以探索的结构数量。正因为如此，近期的很多工作都旨在开发出能够降低性能评估代价的方法。

图 3.1 简单展示了以上 3 个维度（搜索空间、搜索策略及性能评估策略）之间的相互关系。而且，本章内容也是基于以上 3 个维度进行组织的：3.2 节主要对搜索空间进行介绍；3.3 节主要讨论搜索策略；3.4 节对性能评估的相关方法进行阐述。最后，3.5 节对未来的发展方向进行展望和总结。另外，本章内容主要基于文献 [23] 展开的，感兴趣的读者可以仔细阅读该文献。

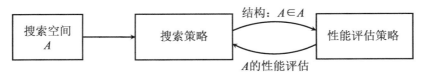

图 3.1　神经网络结构搜索方法简要概述图

注：具体而言，首先搜索策略会从预定义的搜索空间 $\mathcal{A}$ 中选择一个网络结构 A。随后将结构 A 传递到性能评估策略中。接下来，性能评估策略会返回结构 A 的性能评估结果。

3.2　搜索空间

搜索空间定义了 NAS 方法原则上能够探索的神经架构范围。下面对近期研究工作中常见的搜索空间进行介绍。

一个相对比较简单的搜索空间是链式结构神经网络空间，如图 3.2（a）所示。具体而言，链式结构神经网络架构 A 可以被表示成一个 n 层的序列，即 $A = L_n \circ \cdots \circ L_1 \circ L_0$。其中，第 i 层 L_i 的输入为第 $i-1$ 层的输出，而第 i 层的输出将作为第 $i+1$ 层的输入。随后，对搜索空间进行参数化：①（最大）层级数量 n，该数量可以是不受限制的；②每层可执行的操作类型，如池化、卷积及更为高级的层级类型，如深度可分离卷积[13]或扩张卷积[68]；③操作所对应的超参，如滤波器数量、卷积层的核尺寸和步长[4, 10, 59]或全连接网络的单元数量[41]。需要注意的是，③所提到的超参取决于②的操作类型，因此搜索空间的参数化并非是固定长度的，而是条件化的。

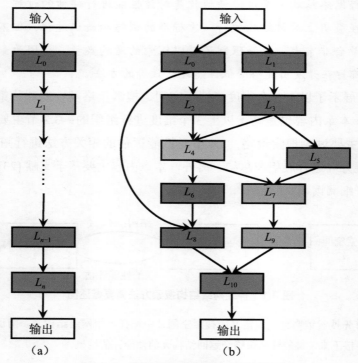

图 3.2 不同架构空间的简单示例图

注：图中每个节点都对应神经网络的一个网络层，如卷积层或池化层。为了显示更为直观，图中网络层类型不同，颜色也会不同。层 L_i 到层 L_j 的边表示 L_i 的输出将会是 L_j 的输入。其中，（a）图为一个链式结构的网络结构空间；（b）图为一个稍微复杂点的搜索空间，该搜索空间存在额外的网络层类型、多分支和跳跃连接。

近期 NAS 工作 [9, 11, 21, 22, 49, 75] 所结合的手工搭建网络结构中的现代设计元素（如跳跃连接），能够支持建立复杂、多分支的神经网络，如图 3.2（b）所示。其中，层 i 的输入可以被形式化为结合了之前层输出的函数：$g_i\left(L_{i-1}^{out},\cdots,L_1^{out},L_0^{out}\right)$，使用该函数可以在实际任务中获得更大程度的自由度。这里给出一些多分支结构的特殊示例：①若是链式结构网络，可设定 $g_i\left(L_{i-1}^{out},\cdots,L_1^{out},L_0^{out}\right)=L_{i-1}^{out}$；②若是残差网络 [28]，会对之前层的输出进行求和，即 $g_i\left(L_{i-1}^{out},\cdots,L_1^{out},L_0^{out}\right)=L_{i-1}^{out}+L_j^{out}, j<i$；③若是稠密连接网络 DenseNets[29]，会对之前层的输出进行拼接，即 $g_i\left(L_{i-1}^{out},\cdots,L_1^{out},L_0^{out}\right)=\text{concat}\left(L_{i-1}^{out},\cdots,L_0^{out}\right)$。

受手工搭建结构中的重复功能域启发 [28, 29, 62]，文献 [75] 和文献 [71] 的作者都提出对这些被称为单元或块的功能域进行搜索，而非搜索整个网络结构。具体而言，佐夫等 [75] 会优化两个不同类型的单元：①常规单元，主要用于维持输入的维度；②约简单元，主要用于降低空间维度。随后，会以一种预先定义的方式对这些单元进行拼接，进而建立最终的神经网络结构，如图 3.3 所示。与之前讨论的搜索空间相比，基于单元的搜索空间具有两个显著优势。

- 单元格相对较小，使得搜索空间的规模得以显著降低。举例而言，与佐夫等之前的工作相比 [74]，他们现在的工作 [75] 在获得更高性能的同时，使运算速度也提高了 7 倍。
- 通过调整模型所使用的单元格数量，单元可以更为容易地迁移到其他数据集。事实上，佐夫等 [75] 将在 CIFAR-10 数据集上所优化的单元迁移到 ImageNet 数据集后，取得了当前的最好性能。

结果而言，基于单元的搜索空间在很多近期工作中也得以成功运用 [11, 22, 37, 39, 46, 49, 72]。目前在使用基于单元的搜索空间时，一种新的设计思路出现了，即如何选择元结构，具体而言，就是指应当使用多少个单元及如何连接它们以建立准确的模型。举例而言，在文献 [75] 中，佐夫等基于单元建立了一个顺序模型，其中每个单元会将其两个前置单元的输出作为它的输入。而在文献 [11] 中，蔡等利用了知名手动设计框架（如 DenseNet [29]）中的高级结构，并直接使用了这些模型中的单元。原则上，单元的组合方式可以是任意的，如在多分支空间中只需要将网络层替换成单元即可。理想情况下，元结构应当作为 NAS 的一部分，可以被自动优化；否则，元结构工程很容易就会被完成。另外，如果元结构已经涵盖了大部分的复杂性，那么单元的搜索将会变得过于简单。

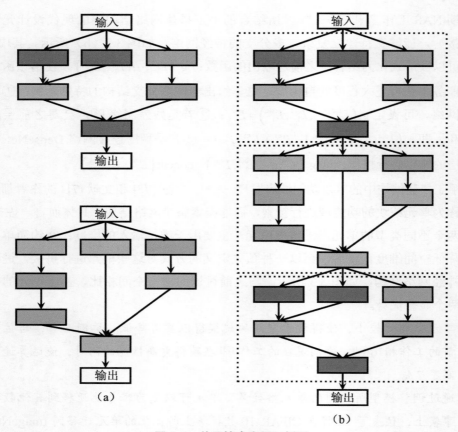

图 3.3 单元搜索空间示例图

注：其中，（a）图表示两个不同的单元，上面为常规单元，下面为约简单元[75]；（b）图为基于单元的顺序拼接所建立的神经网络结构。需要注意的是，也可以一种更为复杂的方式对单元进行组合，如多分支方式，只需将网络层换成单元即可。

元结构优化的一个方向是刘等所提出的层次化搜索空间[38]，该空间含有若干层级的功能域：第一层由基本操作组成；第二层由通过有向无环图连接基本操作而形成的不同功能域所组成；第三层由能够编码如何连接第二层功能域的功能域所组成，依此类推。而基于单元的搜索空间可以被视为层次化搜索空间的一个特例，其中层级数量为三：第二层的功能域对应于单元，第三层为硬编码的元结构。

搜索空间的选择很大程度上决定了优化问题的复杂度：即使是对基于单个单元的拥有固定元结构的搜索空间，优化问题仍然是非连续且相对高维的（因为更为复杂的模型往往表现更好，导致了更多的设计选择）。需要注意的是，很多搜索空间中的架构都可以被写成固定长度的向量。举例而言，在佐夫等的工作 [75] 中，两个单元格的各自搜索空间可以写成一个 40 维的类别型向量，每一个都在少量不同构建模块和输入中进行选择。类似地，无边界搜索空间可以被约束为具有最大深度，进而能够产生固定大小的条件维度型搜索空间。

下一节将会讨论能够适配这些不同类型搜索空间的搜索策略。

3.3 搜索策略

有很多能够探索神经网络架构空间的搜索策略，如随机搜索、贝叶斯优化、进化算法、强化学习（RL）及基于梯度的方法。从历史上看，进化算法在多年前就被很多研究者用来探索神经网络的结构及相应的权重，如文献 [2, 25, 55, 56]。在文献 [67] 中，姚对 2000 年之前的相关研究工作进行了概述。

自 2013 年以来，贝叶斯优化在 NAS 上取得了一些早期的成功，如获得了最为领先的视觉架构 [7]、在未进行数据增强的前提下取得了 CIFAR-10 数据集上的最好性能 [19]，以及在竞赛数据集上生成了超越人类专家的第一个自动调优的神经网络 [41]。佐夫和勒 [74] 采用基于强化学习的搜索策略在 CIFAR-10 数据集和 Penn Treebank 基准测试上取得有竞争力的性能之后，NAS 变成了机器学习社区的主流研究课题。不过，佐夫和勒 [74] 采用了大量的计算资源（800 个 GPU 使用了 3～4 周）才取得这一结果。在他们的工作之后，大量的方法紧接着被发表，这些方法主要致力于降低计算成本和进一步提高模型性能。

为了将 NAS 定义成一个强化学习问题 [4, 71, 74, 75]，神经网络架构的生成可以被视为智能体的动作，其动作空间即搜索空间。而智能体的奖励则基于训练架构在未见数据上的性能估计（具体内容见 3.4 节）。不同强化学习方法的差异主要体现在如何表示智能体的策略和如何优化上。例如，在文献 [74] 中，佐夫和勒采用循环神经网络（RNN）策略顺序地采样一个字符串，而该字符串能够对神经网络结构进行编码。最初他们采用强化策略梯度算法来训练该网络，而在后续的工作 [75] 中，他们采用近似策略优化（PPO）对网络进行训练。在文献 [4] 中，贝克等采用 Q-learning 方法训练一个策略，该策略会顺序地选择一个网络层的类型及其相应的超参。这些方法的另一种视角是将它们当作顺序决策过程，其中策略对动作进行采样以顺序地生成网络结构，环境的"状态"包含目前已采样动作的概要，而（未折损）奖励是在最后一个动作之后获得的。不过，由于在这个顺序过程中没有与环境进行交互（没有观察到的外部状态，也没有过渡的奖励），所以将网络结构采样过程解释成单个动作的顺序生成会更为直观。而且，这也将强化学习问题简化成了无状态的多臂老虎机问题。

在文献 [10] 中，蔡等提出了一种相关的方法，即将 NAS 定义成顺序决策过程。在他们的方法中，状态为当前（部分训练的）神经网络结构，奖励为结构性能的估计，动作对应于功能保留突变的一个应用，被称为网络态射 [12, 63]（3.4 节也对此进行了介绍），随后是网络训练阶段。为了应对变长网络结构，他们使用双向 LSTM 将网络结构编码为以定长表示。基于该编码表示，演员网络决定采样动作。将这两部分进行组合就构成了策略，且该策略采用强化策略梯度算法进行端到端的训练。需要注意的是，由于该方法不会再次访问同一个状态（网络结构），所以该策略需要在结构空间上具有很强的泛化能力。

使用强化学习的另一种思路是神经进化算法，即采用进化算法来优化神经网络结构。据我们所知，第一个采用这种思路来设计神经网络结构的工作可以追溯到 30 年前：在文献 [44] 中，米勒等采用遗传算法设计网络结构，并使用反向传播方法优化网络的权重。从那时起，很多神经进化算法 [2, 55, 56] 使用遗传算法来优化神经网络结构和它们的权重。然而，当为了有监督学习任务而将其扩展到拥有数百万权重的现有神经网络结构上时，基于 SGD 的权重优化方法目前优于进化算法①。因此，很多现有神经进化算法 [22, 38, 43, 49, 50, 59, 66] 再次使用基于梯度的方法来优化网络权重，而只采用进化算法来优化网络结构本身。进化算法会在一个模型种群上进行演化，该模型种群表示的是（可能被训练过的）网络结构集合。在每一个进化步骤中，至少会从种群中抽取一个模型。随后，将其作为父本，并通过突变操作产生后代。在 NAS 场景中，突变主要指局部操作，如增加或删除一个网络层、改变网络层的超参、增加跳跃连接或改变训练超参等。在训练完后代之后，对它们的适应度值（如在验证集上的性能）进行评估并将它们添加到种群中。

神经进化方法的区别主要体现在如何采样父本、更新种群和生成后代上。举例而言，在文献 [38]、[49] 和 [50] 中，主要采用锦标赛选择法 [27] 采样父本。而在文献 [22] 中，

---

① 近期很多研究工作表明，当只有梯度的高方差估计值可用时（如强化学习任务 [15, 51, 57]），即使进化数百万个权重，进化算法也比基于梯度的优化算法更具竞争力。然后，在有监督学习任务上，基于梯度的优化方法还是目前最为常用的优化方法。

埃尔斯肯等从多目标帕累托前沿中使用逆密度方法采样父本。另外，在文献 [50] 中，瑞尔等会移除种群中的最差个体。而在文献 [49] 中，瑞尔等发现移除最老个体是有益的（减少贪婪）。在文献 [38] 中，刘等不移除任何个体。为了生成后代，很多方法直接随机初始化子网络。不过，在文献 [22] 中，埃尔斯肯等使用了拉马克式遗传，即通过使用网络态射，知识（形式化为学习出的权重）可以从父网络传递到子网络。在文献 [50] 中，瑞尔等也让后代继承父代中所有不受突变操作影响的参数。虽然这种继承并非是完全严格的功能保留，不过相比于随机初始化，它仍有可能加快学习速度。再者，他们也允许对学习率进行调整，而这可以视为在 NAS 期间优化学习率规划的一种方法。

瑞尔等[49]对强化学习、进化算法和随机搜索进行了案例研究，结果表明：在最后的测试精度上，强化学习和进化算法表现相同；进化算法具有更好的随时性能，以及能够找到更小的模型。在他们的实验中，强化学习算法和进化算法都优于随机搜索，不过差异很小：在 CIFAR-10 数据集上，随机搜索的测试误差在 4% 左右，强化学习和进化算法的测试误差在 3.5% 左右。而经过"模型增强"，即增加了深度和滤波器的数量后，在实际的非增强搜索空间上的误差接近 2%。在工作[38] 中，刘等发现它们之间的性能差异更加不明显。具体而言，随机搜索在 CIFAR-10 数据集上的测试误差为 3.9%，在 ImageNet 数据集上的 top-1 验证误差为 21.0%；而基于进化的方法在 CIFAR-10 上的测试误差为 3.75%，在 ImageNet 上的验证误差为 20.3%。

贝叶斯优化（BO[53]）是超参优化中（具体内容可参阅本书第 1 章）较为流行的方法之一。不过它还没有被很多群体应用到 NAS 中，因为代表性的 BO 工具箱都是基于高斯过程，且主要关注低维连续优化问题。斯威斯基等[60] 和坎德萨米等[31] 为了使用经典的基于高斯过程的贝叶斯优化方法，从架构搜索空间中推导出了相应的核函数，不过目前还没有取得新的基准性的性能。与之相反，有几个工作采用基于树的模型（如树形 Parzen 估计量[8] 或随机森林[30]）来高效搜索非常高维的条件空间，并在广泛的问题中取得目前最好的性能，而且能够同时优化神经网络结构和它们对应的超参[7, 19, 41, 69]。虽然还缺乏一个完整的比较，不过初步有证据表明这些方法也会优于进化算法[33]。

架构搜索空间也以层级的方式进行了探索，如与进化算法结合[38] 或者通过基于顺序模型的优化方法[37]。内基瑞霍、戈登[45] 及维斯图巴[65] 在他们的工作中利用了搜索空间的树结构，并使用了蒙特卡洛树搜索。另外，在文献 [21] 中，埃尔斯肯等提出了一个简单但性能良好的爬山算法，该算法不需要更为复杂的探索机制，直接通过贪婪地朝着性能更好的架构的方向上移动，便能够发现高质量的神经网络架构。

与无梯度优化方法相比,刘等人[39]提出了搜索空间的连续松弛以实现基于梯度的优化:与在每个特定层固定一个待执行的操作 o_i(如卷积或池化操作等)相反的是,作者直接计算一组操作 $\{o_1,o_2,\cdots,o_m\}$ 的凸组合。具体而言,给定网络层的输入 x,则该层的输出为 $y=\sum_{i=1}^{m}\lambda_i o_i(x), \lambda_i \geq 0, \sum_{i=1}^{m}\lambda_i=1$。其中,凸系数 λ_i 能够有效地参数化网络结构。随后,刘等人[39]通过交替训练数据中权重的梯度下降和验证数据中神经网络结构参数(如 λ)的梯度下降,实现了网络权重和网络结构的双优化。最后,基于 $i=\arg\max_i \lambda_i$ 挑选出每一个网络层的相应操作 i,进而获得一个离散网络结构。艾哈迈德、托雷萨尼[1]和申等[54]也采用了基于梯度的神经网络结构优化方法,不过他们只分别优化网络层连接模式或网络层超参。

3.4 性能评估策略

3.3 小节所讨论的搜索策略旨在找到能够最大化某些性能指标的神经网络结构 A,如在未见数据上的准确度。为了指导它们的搜索过程,这些策略需要对给定的待考虑的网络结构 A 的性能进行评估。最为简单的方法是先在训练数据上对 A 进行训练,然后在验证数据上评估 A 的性能。然而对于 NAS 而言,从头训练每个待评估的网络结构,常常会产生数千个 GPU 运算天的计算需求[49, 50, 74, 75]。

为了降低评估的计算负担,可以根据完全训练后实际性能的低保真度(也被称为代理指标)来估计性能。这些低保真度主要包括减少训练次数[69,75]、在数据子集上进行训练[34]、使用较低分辨率的图像[14]或者减少每层的滤波器数量[49, 75]等。虽然这些低保真度近似降低了计算成本,但是它们也在评估中引进了偏差,这是因为性能往往会被低估。事实上,只要搜索策略只依赖于不同神经结构的排序,并且它们的相对排序保持稳定,这可能就不是问题。然而,近期一些结果表明,当低成本近似和完整评估之间的差异非常大时[69],相对排名会发生显著变化,这在一定程度上表明应逐步提升保真度[24, 35]。

估计神经网络结构性能的另一种可行性方案是基于学习曲线外推法[5, 19, 32, 48, 61]。多姆汉等人[19]提出推断初始学习曲线并终止那些预测性能较差的曲线,以加快神经网络结构的搜索过程。贝克[5]、克莱因[32]、拉瓦尔[48]和斯沃斯基[61]等也考虑了结构超参,主要为了预测哪部分学习曲线最具潜力。而刘等人[37]训练了一个能够预测新网络结构性能的代理模型。在该工作中，作者并没有采用学习曲线外推法，而是直接基于结构/单元的特性来预测性能，并推断比训练期间看到的规模更大的网络结构/单元。事实上，预测神经网络结构性能的主要挑战在于：为了加快搜索过程，需要基于相对较少的评估次数，在相对较大的搜索空间上做出好的预测。

　　一种加速性能估计的方法是基于之前已训练网络结构的权重来初始化新网络结构的权重。实现这一目标的一种方法是网络态射[64]，它能够在保留原始网络功能的前提下支持网络结构的改动[10, 11, 21, 22]。这使得无须从头对网络进行训练就能够不断提升网络的能力和保持高性能。另外，经过若干个回合的连续训练可以利用网络态射所带来的额外能力。这些方法的一个优势是能够支持无须设定神经网络结构尺寸固定上限的搜索空间[21]。另外，严格的网络态射只会使得网络结构变得更大，从而有可能生成过于复杂的神经网络结构。不过，这可以通过采用支持神经网络结构收束的近似网络态射方法来缓解[22]。

　　一步（one-shot）结构搜索是另一种有潜力的加速性能评估的方法，它将所有结构看成一个超图（一步模型）的不同子图，并且会共享超图中有边连接的结构之间的权重[6, 9, 39, 46, 52]。只需要训练单个一步模型的权重（训练方式比较多），随后通过继承一步模型训练出的权重，便可以在不进行任何单独训练的前提下评估神经网络的结构（这些结构都是一步模型的子图）。这极大地提升了神经网络结构性能评估的速度，因为不再需要对网络结构进行训练，只需要在验证数据上评估网络结构的性能即可。该方法通常会产生较大的偏差，因为它严重低估了神经网络结构的实际性能。不过由于估计性能和实际性能是强相关的，所以它能够比较可靠地对网络结构进行排序[6]。不同一步NAS方法的差异主要体现在如何对一步模型进行训练。举例而言，ENAS[46]学习一个能够从搜索空间中采样网络结构的RNN控制器，并基于强化得到的近似梯度来训练一步模型。DARTS[39]使用搜索空间的连续松弛对一步模型的所有权重同时进行优化，该连续松弛主要通过在一步模型的每条边上放置混合的候选操作而得。本德等[6]只训练一步模型一次，并证明使用路径丢弃法进行训练时，随机停用模型的部分模块是可行的。区别在于，ENAS和DARTS在训练过程中优化神经网络结构的一个分布，而本德等[6]所使用的方法可以视为使用一个固定分布。另外，本德等[6]的方法所获得的高性能表明权重共享和（精心选择的）固定分布的结合可能是一步NAS唯一所需的要素。与这些方法较为相关的是超网络元学习，其能够生成新网络的权重，因此只需要对超网络进行训练即可，而无须对那些新网络架构进行训练[9]。这里主要的区别是，权重不是严格共享的而是由共享超网络直接生成（取决于采样的神经网络结构）的。

一步 NAS 的一个普遍限制是基于先验定义的超图会将搜索空间限制为其子图。再者，在架构搜索中需要将整个超图驻留在 GPU 内存的那些方法相应地限制为相对较小的超图和搜索空间，因此其通常会与基于单元的搜索空间进行结合。虽然基于权重共享的方法能够充分降低 NAS 所需的计算资源（从数千个 GPU 运算天降低到若干个 GPU 运算天），当将网络结构的采样分布与一步模型一起优化时，目前仍不清楚它们会在搜索中引入什么样的偏差。举例而言，能够比其他偏置更好地探索搜索空间特定部分的初始偏置可能会导致一步模型的权重能够更好地适配这些神经网络结构，进而能够增强搜索空间中该部分的搜索偏置。不过这有可能会导致 NAS 过早收敛，并且可能是本德等人 [6] 使用固定采样分布的原因和优势之一。整体而言，对由不同性能评估方法所引入的偏置进行更为系统性的分析是未来工作的一个重点方向。

3.5 未来方向

本节主要讨论了若干个 NAS 当前和未来的研究方向。目前而言，大部分现有工作集中在图像分类的 NAS 研究上。一方面，这为 NAS 提出了非常具有挑战性的基准。因为大量人工工程致力于在图像分类任务上设计出表现良好的神经网络结构，而这些网络结构很难被 NAS 超越。另一方面，通过利用人工工程的知识来定义一个合适的搜索空间相对而言变得较为简单。不过这也导致了 NAS 很难找到性能显著超越已有结构的神经网络结构，因为所找到的神经网络结构与已有神经网络结构不存在根本性差异。基于此，我们认为非常有必要超越图像分类问题，将 NAS 应用到较少探索的领域。在该方向上值得注意的探索是将 NAS 应用到语言建模 [74]、音乐建模 [48]、图像恢复 [58] 和网络压缩 [3] 领域，而将 NAS 应用于强化学习、生成对抗网络、语义分割或者传感器融合领域可能是未来的进一步探索方向。

另一个方向是为多任务问题 [36, 42] 和多目标问题 [20, 22, 73] 设计 NAS 方法，其在将资源使用效率指标作为目标的同时，会同步考虑未见数据上的预测性能。与之类似，将 NAS 扩展到 RL/bandit 方法上也是值得探索的（如 3.3 节所讨论的），可以学习到条件相关于能够编码任务属性和资源需求状态的策略（即可以将网络结构的设定转换到上下文 bandit 中）。在文献 [47] 中，拉马尚德兰和勒遵循了类似的方向，将一步 NAS 拓展到能够根据实时任务或实例来生成不同的神经网络结构。除此之外，将 NAS 应用于搜索比对抗性案例[17]更为健壮的神经网络结构也是近期较为有趣的一个研究方向。

与此较为相关的是能够定义更一般化和更灵活的搜索空间的研究。举例而言，虽然基于单元的搜索空间能够在不同图像分类任务之间提供高迁移性，但是它在较大程度上依赖于图像分类任务中的人类经验，且难以泛化到那些硬编码层次化结构（即在链式结构中重复相同单元若干次）不适用的其他领域（如语义分割或目标检测）。因此，一个能够表征和识别更为一般化层次结构的搜索空间，会使得NAS的应用范围更为广泛，刘等[38]提出了该方向的首篇工作。再者，共同搜索空间也是基于预先定义的构建模块的，如不同种类的卷积和池化，但是不支持识别该水平上的新构建模块。如果能够超越该限制，NAS的能力可能会显著提升。

不同NAS方法的比较是非常复杂的，因为神经网络结构性能的度量依赖很多因素，不仅仅是结构自身。虽然很多作者给出了在CIFAR-10数据集上的结果，但是这些实验在搜索空间、计算预算、数据增强、训练过程、正则化及其他因素上通常是不同的。举例而言，对于CIFAR-10数据集，当使用余弦退火学习率规划[40]、基于CutOut的数据增强[18]、基于MixUp的数据增强[70]、基于多因子组合的数据增强[16]及Shake-Shake正则化项[26]或基于既定路径丢弃的正则化项[75]时，模型性能都会显著提高。因此，可以想象，相比于NAS所发现的较好的神经网络结构，这些因素的改进对实验报告中性能数字的影响会更大。基于此，我们有理由认为公共基准的定义对于公平比较不同的NAS方法至关重要。文献[33]沿着此方向迈出了第一步，其主要为具有两个隐层的全连接神经网络的联合架构和超参搜索定义了一个基准。在该基准中，9个控制神经网络结构和优化/正则化项的离散超参需要被优化。其中，由于所有可能的超参组合都已经被预评估过，所以能够降低待比较的不同方法所需的计算资源。不过相比于大多数NAS方法所使用的搜索空间，文献[33]中的搜索空间显得过于简单。另外，将NAS方法作为整个开源AutoML系统的一部分而非孤立地进行评估也是一个值得探究的方向，即将超参[41, 50, 69]、数据增强的管道[16]与NAS一起优化。

虽然NAS已经取得了令人印象深刻的性能表现，不过到目前为止，它仍然难以较好地解释为何特定的体系结构能够工作良好及独立运行中所派生的神经网络体系结构有多相似。最后，识别共同的功能域、提供为何这些功能域对于高性能是重要的解释，以及研究这些功能域在不同问题上的泛化能力，也是值得我们去探索的研究方向。

致谢 感谢埃斯特班·瑞拉、阿尔伯·泽拉、加布里埃·班德、肯尼思·斯坦利和托马斯·普费伊尔对手稿早期版本所给予的有价值反馈。同时，感谢"欧洲联盟地平线 2020 研究和创新项目"为本工作所提供的基金支持（基金编号：716721）。

参考文献

[1] Ahmed, K., Torresani, L.: Maskconnect: Connectivity learning by gradient descent. In: European Conference on Computer Vision (ECCV) (2018).

[2] Angeline, P.J., Saunders, G.M., Pollack, J.B.: An evolutionary algorithm that constructs recurrent neural networks. IEEE transactions on neural networks 5 1, 54–65 (1994).

[3] Ashok, A., Rhinehart, N., Beainy, F., Kitani, K.M.: N2n learning: Network to network compression via policy gradient reinforcement learning. In: International Conference on Learning Representations (2018).

[4] Baker, B., Gupta, O., Naik, N., Raskar, R.: Designing neural network architectures using reinforcement learning. In: International Conference on Learning Representations (2017a).

[5] Baker, B., Gupta, O., Raskar, R., Naik, N.: Accelerating Neural Architecture Search using Performance Prediction. In: NIPS Workshop on Meta-Learning (2017b).

[6] Bender, G., Kindermans, P.J., Zoph, B., Vasudevan, V., Le, Q.: Understanding and simplifying one-shot architecture search. In: International Conference on Machine Learning (2018).

[7] Bergstra, J., Yamins, D., Cox, D.D.: Making a science of model search: Hyperparameter optimization in hundreds of dimensions for vision architectures. In: ICML (2013).

[8] Bergstra, J.S., Bardenet, R., Bengio, Y., Kégl, B.: Algorithms for hyper-parameter optimization. In: Shawe-Taylor, J., Zemel, R.S., Bartlett, P.L., Pereira, F., Weinberger, K.Q. (eds.) Advances in Neural Information Processing Systems 24. pp. 2546–2554 (2011).

[9] Brock, A., Lim, T., Ritchie, J.M., Weston, N.: SMASH: one-shot model architecture search through hypernetworks. In: NIPS Workshop on Meta-Learning (2017).

[10] Cai, H., Chen, T., Zhang, W., Yu, Y., Wang, J.: Efficient architecture search by network transformation. In: Association for the Advancement of Artificial Intelligence (2018a).

[11] Cai, H., Yang, J., Zhang, W., Han, S., Yu, Y.: Path-Level Network Transformation for Efficient Architecture Search. In: International Conference on Machine Learning (Jun 2018b).

[12] Chen, T., Goodfellow, I.J., Shlens, J.: Net2net: Accelerating learning via knowledge transfer. In: International Conference on Learning Representations (2016).

[13] Chollet, F.: Xception: Deep learning with depthwise separable convolutions. arXiv:1610.02357 (2016).

[14] Chrabaszcz, P., Loshchilov, I., Hutter, F.: A downsampled variant of imagenet as an alternative to the

CIFAR datasets. CoRR abs/1707.08819 (2017).

[15] Chrabaszcz, P., Loshchilov, I., Hutter, F.: Back to basics: Benchmarking canonical evolution strategies for playing atari. In: Proceedings of the Twenty-Seventh International Joint Conference on Artificial Intelligence, IJCAI-18. pp. 1419–1426. International Joint Conferences on Artificial Intelligence Organization (2018).

[16] Cubuk, E.D., Zoph, B., Mane, D., Vasudevan, V., Le, Q.V.: AutoAugment: Learning Augmentation Policies from Data. In: arXiv:1805.09501 (2018).

[17] Cubuk, E.D., Zoph, B., Schoenholz, S.S., Le, Q.V.: Intriguing Properties of Adversarial Examples. In: arXiv:1711.02846 (2017).

[18] Devries, T., Taylor, G.W.: Improved regularization of convolutional neural networks with cutout. arXiv preprint abs/1708.04552 (2017).

[19] Domhan, T., Springenberg, J.T., Hutter, F.: Speeding up automatic hyperparameter optimization of deep neural networks by extrapolation of learning curves. In: Proceedings of the 24th International Joint Conference on Artificial Intelligence (IJCAI) (2015).

[20] Dong, J.D., Cheng, A.C., Juan, D.C., Wei, W., Sun, M.: Dpp-net: Device-aware progressive search for pareto-optimal neural architectures. In: European Conference on Computer Vision (2018).

[21] Elsken, T., Metzen, J.H., Hutter, F.: Simple and Efficient Architecture Search for Convolutional Neural Networks. In: NIPS Workshop on Meta-Learning (2017).

[22] Elsken, T., Metzen, J.H., Hutter, F.: Efficient Multi-objective Neural Architecture Search via Lamarckian Evolution. In: International Conference on Learning Representations (2019).

[23] Elsken, T., Metzen, J.H., Hutter, F.: Neural architecture search: A survey. arXiv:1808.05377 (2018).

[24] Falkner, S., Klein, A., Hutter, F.: BOHB: Robust and efficient hyperparameter optimization at scale. In: Dy, J., Krause, A. (eds.) Proceedings of the 35th International Conference on Machine Learning. Proceedings of Machine Learning Research, vol. 80, pp. 1436–1445. PMLR, Stockholmsmässan, Stockholm Sweden, 10–15 (2018).

[25] Floreano, D., Dürr, P., Mattiussi, C.: Neuroevolution: from architectures to learning. Evolutionary Intelligence 1(1), 47–62 (2008).

[26] Gastaldi, X.: Shake-shake regularization. In: International Conference on Learning Representations Workshop (2017).

[27] Goldberg, D.E., Deb, K.: A comparative analysis of selection schemes used in genetic algorithms. In: Foundations of Genetic Algorithms. pp. 69–93. Morgan Kaufmann (1991).

[28] He, K., Zhang, X., Ren, S., Sun, J.: Deep Residual Learning for Image Recognition. In: Conference on Computer Vision and Pattern Recognition (2016).

[29] Huang, G., Liu, Z., Weinberger, K.Q.: Densely Connected Convolutional Networks. In: Conference on Computer Vision and Pattern Recognition (2017).

[30] Hutter, F., Hoos, H., Leyton-Brown, K.: Sequential model-based optimization for general algorithm configuration. In: LION. pp. 507–523 (2011).

[31] Kandasamy, K., Neiswanger, W., Schneider, J., Poczos, B., Xing, E.: Neural Architecture Search with Bayesian Optimisation and Optimal Transport. arXiv:1802.07191 (2018).

[32] Klein, A., Falkner, S., Springenberg, J.T., Hutter, F.: Learning curve prediction with Bayesian neural networks. In: International Conference on Learning Representations (2017a).

[33] Klein, A., Christiansen, E., Murphy, K., Hutter, F.: Towards reproducible neural architecture and hyperparameter search. In: ICML 2018 Workshop on Reproducibility in ML (RML 2018) (2018).

[34] Klein, A., Falkner, S., Bartels, S., Hennig, P., Hutter, F.: Fast Bayesian Optimization of Machine Learning Hyperparameters on Large Datasets. In: Singh, A., Zhu, J. (eds.) Proceedings of the 20th International Conference on Artificial Intelligence and Statistics. Proceedings of Machine Learning Research, vol. 54, pp. 528–536. PMLR, Fort Lauderdale, FL, USA, 20–22 (2017b).

[35] Li, L., Jamieson, K., DeSalvo, G., Rostamizadeh, A., Talwalkar, A.: Hyperband: bandit-based configuration evaluation for hyperparameter optimization. In: International Conference on Learning Representations (2017).

[36] Liang, J., Meyerson, E., Miikkulainen, R.: Evolutionary Architecture Search For Deep Multitask Networks. In: arXiv:1803.03745 (2018).

[37] Liu, C., Zoph, B., Neumann, M., Shlens, J., Hua, W., Li, L.J., Fei-Fei, L., Yuille, A., Huang, J., Murphy, K.: Progressive Neural Architecture Search. In: European Conference on Computer Vision (2018a).

[38] Liu, H., Simonyan, K., Vinyals, O., Fernando, C., Kavukcuoglu, K.: Hierarchical Representations for Efficient Architecture Search. In: International Conference on Learning Representations (2018b).

[39] Liu, H., Simonyan, K., Yang, Y.: Darts: Differentiable architecture search. In: International Conference on Learning Representations (2019).

[40] Loshchilov, I., Hutter, F.: Sgdr: Stochastic gradient descent with warm restarts. In: International Conference on Learning Representations (2017).

[41] Mendoza, H., Klein, A., Feurer, M., Springenberg, J., Hutter, F.: Towards Automatically-Tuned Neural Networks. In: International Conference on Machine Learning, AutoML Workshop (2016).

[42] Meyerson, E., Miikkulainen, R.: Pseudo-task Augmentation: From Deep Multitask Learning to Intratask Sharing and Back. In: arXiv:1803.03745 (2018).

[43] Miikkulainen, R., Liang, J., Meyerson, E., Rawal, A., Fink, D., Francon, O., Raju, B., Shahrzad, H., Navruzyan, A., Duffy, N., Hodjat, B.: Evolving Deep Neural Networks. In: arXiv:1703.00548 (2017).

[44] Miller, G., Todd, P., Hedge, S.: Designing neural networks using genetic algorithms. In: 3rd International Conference on Genetic Algorithms (ICGA'89) (1989).

[45] Negrinho, R., Gordon, G.: DeepArchitect: Automatically Designing and Training Deep Architectures.

arXiv:1704.08792 (2017).

[46] Pham, H., Guan, M.Y., Zoph, B., Le, Q.V., Dean, J.: Efficient neural architecture search via parameter sharing. In: International Conference on Machine Learning (2018).

[47] Ramachandran, P., Le, Q.V.: Dynamic Network Architectures. In: AutoML 2018 (ICML workshop) (2018).

[48] Rawal, A., Miikkulainen, R.: From Nodes to Networks: Evolving Recurrent Neural Networks. In: arXiv:1803.04439 (2018).

[49] Real, E., Aggarwal, A., Huang, Y., Le, Q.V.: Aging Evolution for Image Classifier Architecture Search. In: AAAI Conference on Artificial Intelligence (2019).

[50] Real, E., Moore, S., Selle, A., Saxena, S., Suematsu, Y.L., Le, Q.V., Kurakin, A.: Large-scale evolution of image classifiers. International Conference on Machine Learning (2017).

[51] Salimans, T., Ho, J., Chen, X., Sutskever, I.: Evolution strategies as a scalable alternative to reinforcement learning. arXiv preprint (2017).

[52] Saxena, S., Verbeek, J.: Convolutional neural fabrics. In: Lee, D.D., Sugiyama, M., Luxburg, U.V., Guyon, I., Garnett, R. (eds.) Advances in Neural Information Processing Systems 29, pp. 4053–4061. Curran Associates, Inc. (2016).

[53] Shahriari, B., Swersky, K., Wang, Z., Adams, R.P., de Freitas, N.: Taking the human out of the loop: A review of bayesian optimization. Proceedings of the IEEE 104(1), 148–175 (2016).

[54] Shin, R., Packer, C., Song, D.: Differentiable neural network architecture search. In: International Conference on Learning Representations Workshop (2018).

[55] Stanley, K.O., D'Ambrosio, D.B., Gauci, J.: A hypercube-based encoding for evolving large-scale neural networks. Artif. Life 15(2), 185–212 (Apr 2009), URL https://doi.org/10.1162/artl.2009.15.2.15202.

[56] Stanley, K.O., Miikkulainen, R.: Evolving neural networks through augmenting topologies. Evolutionary Computation 10, 99–127 (2002).

[57] Such, F.P., Madhavan, V., Conti, E., Lehman, J., Stanley, K.O., Clune, J.: Deep neuroevolution: Genetic algorithms are a competitive alternative for training deep neural networks for reinforcement learning. arXiv preprint (2017).

[58] Suganuma, M., Ozay, M., Okatani, T.: Exploiting the potential of standard convolutional autoencoders for image restoration by evolutionary search. In: Dy, J., Krause, A. (eds.) Proceedings of the 35th International Conference on Machine Learning. Proceedings of Machine Learning Research, vol. 80, pp. 4771–4780. PMLR, Stockholmsmässan, Stockholm Sweden, 10–15 (2018).

[59] Suganuma, M., Shirakawa, S., Nagao, T.: A genetic programming approach to designing convolutional neural network architectures. In: Genetic and Evolutionary Computation Conference (2017).

[60] Swersky, K., Duvenaud, D., Snoek, J., Hutter, F., Osborne, M.: Raiders of the lost architecture:

Kernels for bayesian optimization in conditional parameter spaces. In: NIPS Workshop on Bayesian Optimization in Theory and Practice (2013).

[61] Swersky, K., Snoek, J., Adams, R.P.: Freeze-thaw bayesian optimization (2014).

[62] Szegedy, C., Vanhoucke, V., Ioffe, S., Shlens, J., Wojna, Z.: Rethinking the Inception Architecture for Computer Vision. In: Conference on Computer Vision and Pattern Recognition (2016).

[63] Wei, T., Wang, C., Chen, C.W.: Modularized morphing of neural networks. arXiv:1701.03281 (2017).

[64] Wei, T., Wang, C., Rui, Y., Chen, C.W.: Network morphism. In: International Conference on Machine Learning (2016).

[65] Wistuba, M.: Finding Competitive Network Architectures Within a Day Using UCT. In: arXiv:1712.07420 (2017).

[66] Xie, L., Yuille, A.: Genetic CNN. In: International Conference on Computer Vision (2017).

[67] Yao, X.: Evolving artificial neural networks. Proceedings of the IEEE 87(9), 1423–1447 (Sept 1999).

[68] Yu, F., Koltun, V.: Multi-scale context aggregation by dilated convolutions (2016).

[69] Zela, A., Klein, A., Falkner, S., Hutter, F.: Towards automated deep learning: Efficient joint neural architecture and hyperparameter search. In: ICML 2018 Workshop on AutoML (AutoML 2018) (2018).

[70] Zhang, H., Cissé, M., Dauphin, Y.N., Lopez-Paz, D.: mixup: Beyond empirical risk minimization. arXiv preprint abs/1710.09412 (2017).

[71] Zhong, Z., Yan, J., Wu, W., Shao, J., Liu, C.L.: Practical block-wise neural network architecture generation. In: Proceedings of the IEEE Conference on Computer Vision and Pattern Recognition. pp. 2423–2432 (2018a).

[72] Zhong, Z., Yang, Z., Deng, B., Yan, J., Wu, W., Shao, J., Liu, C.L.: Blockqnn: Efficient blockwise neural network architecture generation. arXiv preprint (2018b).

[73] Zhou, Y., Ebrahimi, S., Arik, S., Yu, H., Liu, H., Diamos, G.: Resource-efficient neural architect. In: arXiv:1806.07912 (2018).

[74] Zoph, B., Le, Q.V.: Neural architecture search with reinforcement learning. In: International Conference on Learning Representations (2017).

[75] Zoph, B., Vasudevan, V., Shlens, J., Le, Q.V.: Learning transferable architectures for scalable image recognition. In: Conference on Computer Vision and Pattern Recognition (2018).

第二篇

自动机器学习系统

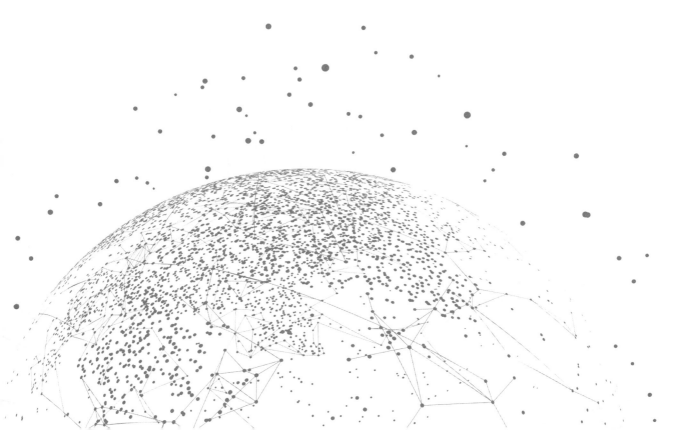

第 4 章 Auto-WEKA

拉斯·特霍夫[①]，克里斯·桑顿[②]，霍尔格·H. 胡斯[③]，
弗兰克·亨特[④]，凯文·莱顿-布朗[②]

概述：现有机器学习算法较多，考虑到每个算法的超参，总体上可能的备选方案数量是非常惊人的。考虑同时对学习算法进行选择和对其超参进行设置的问题，该问题可以利用贝叶斯优化中最新创新的完全自动化方法来求解。具体而言，本章主要考虑 WEKA 标准分布中所实现的特征选择技术和所有的机器学习方法，包括 2 个集成方法、10 个元方法、28 个基学习器及每个学习器相应的超参设置。在 21 个来自 UCI 存储库、KDD'09 竞赛、MNIST 和 CIFAR-10 变体的数据集上，本章所设计的算法性能通常明显优于使用标准选择和超参优化的方法。希望这些方法能够帮助非专家用户更为有效地找到适合他们自身应用的机器学习算法和超参设置方法，进而能够在实际任务中取得良好的算法性能表现。

4.1 引　言

越来越多的机器学习工具使用者是非专家用户，而他们所需要的是现成的解决方案。目前，机器学习社区通过开源包的形式（如 WEKA[15] 和 MLR[7]）提供了广泛的高级学习算法和特征选择方法，为这部分用户提供了非常大的帮助。这些开源包需要用户做出两种类型的选择，即选择学习算法和通过设定超参来对其进行定制化（如果适用，超参

[①] 拉斯·特霍夫（✉）
美国怀俄明大学
电子邮箱：larsko@uwyo.edu。
[②] 克里斯·桑顿，凯文·莱顿-布朗
加拿大不列颠哥伦比亚大学计算机科学系。
[③] 霍尔格·H. 胡斯
荷兰莱顿大学莱顿高级计算机科学研究所。
[④] 弗兰克·亨特
德国弗莱堡大学计算机科学系。

也会对特征选择进行控制）。当面临这些自由度时，让用户从中做出正确的选择是非常具有挑战性的。而这会导致用户基于名气或直觉来选择算法，并且会直接将超参设置为默认值。毫无疑问，基于这种方法所获得的算法性能会远远低于基于最佳方法和最佳超参设置的算法性能。

这为机器学习带来了一个较为自然的挑战：给定数据集，需要自动且同时选择一个学习算法和对其超参进行设置，以优化实际性能。这类问题称为算法选择和超参优化结合（CASH）问题，正式定义见 4.3 节。有相当多的已有工作单独处理了模型选择（如 [1，6，8，9，11，24，25，33]）和超参优化（如 [3–5，14，23，28，30]）问题。与之相反的是，虽然 CASH 问题非常重要，但是现有文献中只有很少一部分对 CASH 问题的变体进行了研究。另外，这些工作为每个算法都指定了一个固定且数量较少的参数配置空间，如文献 [22]。

一种可能的解释是搜索学习算法及其相应超参的组合空间是极具挑战性的。因为响应函数噪声较大，且搜索空间是高维的，除了含有类别型和连续性选择之外，还含有层次性依赖关系。举例而言，学习算法的超参只有该算法被选择后才有意义；同样，集成算法中的算法选择只有当集成算法被确定后才有意义。另一个与之相关的工作思路是利用数据集特性（如所谓的特征点算法的性能）来预测表现好的算法或超参配置的元学习过程 [2, 22, 26, 32]。虽然针对每个新数据集，本章所研究的 CASH 算法都会从头开始学习，不过这些元学习过程可以利用之前数据集的信息。需要注意的是，这些信息可能并不总是有用。

后续的研究工作证明了 CASH 问题可以被视为一个单一的层次化超参优化问题，甚至算法选择本身也可以看作一个超参。此外，基于该问题的形式化方式，近期的贝叶斯优化方法可以在合理的时间内以最小的人力成本取得高质量的结果。本章结构如下：在 4.2 节介绍完一些准备工作之后，4.3 节对 CASH 问题进行了定义并给出了若干个相应的解决方法。随后，4.4 节对一个开源包 WEKA 涵盖了广泛学习器和特征选择器的具体 CASH 问题进行定义。最后，4.5 节展示了基于算法和超参组合空间的搜索能够比标准的算法选择和超参优化方法生成表现更好的模型。更具体一点，近期贝叶斯优化方法 TPE[4] 和 SMAC[16] 能够经常找到表现优于已有基准方法的算法与超参组合，特别是在大型数据集上。

另外，本章的内容主要基于之前发表的两篇文献，分别是发表在 KDD 2013 的文献 [31] 和发表在 JMLR 的文献 [20]。

4.2 准备工作

形式化，对函数 $f: \mathcal{X} \mapsto \mathcal{Y}$ 进行学习，其中，$\mathcal{Y}$ 要么是有限的（针对分类任务），要么是连续的（针对回归任务）。而学习算法 A 主要是将训练数据 $d_i = (\mathbf{x}_i, y_i) \in \mathcal{X} \times \mathcal{Y}$ 的一个集合 $\{d_1, d_2, \cdots, d_n\}$ 映射到该函数上，该函数通常表示成模型参数的向量。大多数学习算法 A 会进一步揭示超参 $\lambda \in \Lambda$，而这会改变学习算法 A_λ 自身的工作方式。举例而言，超参可以用来表示描述长度惩罚项、隐藏层神经元的个数，以及决策树叶子节点必须含有的数据点个数以支持分割等。通常，这些超参会在一个使用交叉验证来评估每个超参配置性能的"外循环"中进行优化。

4.2.1 模型选择

给定学习算法的集合 $\mathcal{A}$ 和数量有限的训练数据 $\mathcal{D} = \{(\mathbf{x}_1, y_1), (\mathbf{x}_2, y_2), \cdots, (\mathbf{x}_n, y_n)\}$，模型选择的目标是找到具有最佳泛化性能的算法 $A^* \in \mathcal{A}$。泛化性能的具体评估方式为，首先将数据集 $\mathcal{D}$ 分割成两个不相交的训练数据集 $\mathcal{D}_{\text{train}}^{(i)}$ 和验证数据集 $\mathcal{D}_{\text{valid}}^{(i)}$，随后将算法 A^* 应用到数据集 $\mathcal{D}_{\text{train}}^{(i)}$ 上学习函数 f_i，最后在验证数据集 $\mathcal{D}_{\text{valid}}^{(i)}$ 上对这些函数的预测性能进行评估。基于此，可以将模型选择问题重写成

$$A^* \in \underset{A \in \mathcal{A}}{\arg\min} \frac{1}{k} \sum_{i=1}^{k} \mathcal{L}\left(A, \mathcal{D}_{\text{train}}^{(i)}, \mathcal{D}_{\text{valid}}^{(i)}\right)$$

其中，$\mathcal{L}\left(A, \mathcal{D}_{\text{train}}^{(i)}, \mathcal{D}_{\text{valid}}^{(i)}\right)$ 为算法 A 在数据集 $\mathcal{D}_{\text{train}}^{(i)}$ 上进行训练和在数据集 $\mathcal{D}_{\text{valid}}^{(i)}$ 上进行评估时所获得的损失值。

另外，本书采用的是 k 折交叉验证的方式[19]，即将训练数据均分成 k 份 $\mathcal{D}_{\text{valid}}^{(1)}, \mathcal{D}_{\text{valid}}^{(2)}, \cdots, \mathcal{D}_{\text{valid}}^{(k)}$，且对于每个 $i = 1, 2, \cdots, k$，训练集 $\mathcal{D}_{\text{train}}^{(i)}$ 都被设置为 $\mathcal{D}_{\text{train}}^{(i)} = \mathcal{D} / \mathcal{D}_{\text{valid}}^{(i)}$。①

4.2.2 超参优化

优化给定学习算法 A 的超参问题（$\lambda \in \Lambda$）概念上类似于模型选择。一些核心区别主要体现在超参通常是连续的，超参空间通常是高维的，以及可以利用不同超参设置

---

① 需要注意的是，也有其他的泛化性能评估方法，如基于重复随机下采样验证[19]也能取得相似的结果。

λ_1、$\lambda_2 \in \Lambda$ 结构上的关联性。给定 n 个域为 $\Lambda_1,\cdots,\Lambda_n$ 的超参数 $\lambda_1,\cdots,\lambda_n$，则超参空间 Λ 为这些域的叉积的一个子集：$\Lambda \subset \Lambda_1 \times \cdots \times \Lambda_n$。该子集通常是较为严格的，如某个超参的一些设置使得其他超参处于非活动状态。举例而言，如果网络的深度被设置为 1 或 2，决定深度信念网络第三层细节的参数就是不相关的。与之类似，如果使用不同的核函数，支持向量机的多项式核函数的参数也是不相关的。

更为正式地，参照文献 [17]，当只有超参 λ_j 从给定集合 $V_i(j) \subsetneq \Lambda_j$ 取值时，λ_i 才会被激活，则定义超参 λ_i 取决于超参 λ_j。其中，超参 λ_j 为超参 λ_i 的父参数。事实上，条件型超参又可以是其他条件型超参的父参数，进而生成树形结构空间[4]或者在某些情况下会生成一个有向无环图（DAG）[17]。进一步地，给定该结构化空间 Λ，（层次化）超参优化问题可以被重写成

$$\lambda^* \in \underset{\lambda \in \Lambda}{\operatorname{argmin}} \frac{1}{k} \sum_{i=1}^{k} \mathcal{L}\left(A_\lambda, \mathcal{D}_{\text{train}}^{(i)}, \mathcal{D}_{\text{valid}}^{(i)}\right)$$

4.3　算法选择与超参优化结合（CASH）

给定算法集合 $\mathcal{A} = \{A^{(1)},\cdots,A^{(k)}\}$ 及其相关的超参空间 $\Lambda^{(1)},\cdots,\Lambda^{(k)}$，定义算法选择和超参优化的结合问题（CASH）为

$$A_{\lambda^*}^* \in \underset{A^{(j)} \in \mathcal{A}, \lambda \in \Lambda^{(j)}}{\operatorname{argmin}} \frac{1}{k} \sum_{i=1}^{k} \mathcal{L}\left(A_\lambda^{(j)}, \mathcal{D}_{\text{train}}^{(i)}, \mathcal{D}_{\text{valid}}^{(i)}\right) \tag{4.1}$$

需要注意的是，CASH 问题可以被重新定义成一个具有参数空间 $\Lambda = \Lambda^{(1)} \cup \cdots \cup \Lambda^{(k)} \cup \{\lambda_r\}$ 的组合型层次化超参优化问题，其中 λ_r 是一个在算法 $A^{(1)},\cdots,A^{(k)}$ 之间进行选择的新的根级别超参。另外，每个子空间 $\Lambda^{(i)}$ 的根级别参数都取决于由 λ_r 所实例化的算法 A_i。

原则上，可以有多种方法来求解问题（4.1）。其中一种较为有潜力的方法是贝叶斯优化方法[10]，尤其是基于顺序模型的优化（SMBO）[16]。SMBO 是一个通用的随机优化框架，能够处理类别型超参和条件型超参，也能够利用由条件参数所生成的层次结构，其主要步骤如算法 1 所示。具体而言，SMBO 首先会构建一个模型 $\mathcal{M}_\mathcal{L}$，该模型能够刻画出损失函数 $\mathcal{L}$ 在超参设置 λ 的依赖性（算法 1 的第 1 行）。随后，迭代运行以下步骤：采用 $\mathcal{M}_\mathcal{L}$ 来决定下一个待评估的有潜力的候选超参配置 λ（算法 1 的第 3 行）；评估超参配置 λ 的损失 c（算法 1 的第 4 行）；用所获得的新数据点 (λ,c) 来更新模型 $\mathcal{M}_\mathcal{L}$（算

法 1 的 5、6 行）。

算法 1：SMBO

1: 初始化模型 $\mathcal{M}_{\mathcal{L}}$；$\mathcal{H} \leftarrow \varnothing$
2: **while** 优化的时间预算未使用完 **do**
3:     $\lambda \leftarrow \mathcal{M}_{\mathcal{L}}$ 中的候选配置
4:     计算 $c = \mathcal{L}\left(A_\lambda, \mathcal{D}_{\text{train}}^{(i)}, \mathcal{D}_{\text{valid}}^{(i)}\right)$
5:     $\mathcal{H} \leftarrow \mathcal{H} \cup \{(\lambda, c)\}$
6:     给定 $\mathcal{H}$ 更新 $\mathcal{M}_{\mathcal{L}}$
7: **end while**
8: **return** $\mathcal{H}$ 中具有最小 c 值的 λ

为了使模型 $\mathcal{M}_{\mathcal{L}}$ 选出下一个超参配置 λ，SMBO 使用了采集函数 $a_{\mathcal{M}_{\mathcal{L}}}: \Lambda \to \mathbb{R}$。该函数采用模型 $\mathcal{M}_{\mathcal{L}}$ 在任意超参配置 $\lambda \in \Lambda$ 的预测分布，以量化（以封闭的形式）λ 信息的有用程度。随后，SMBO 只需在 Λ 上最大化此采集函数，进而选择出下一个待评估的最为有用的配置 λ。目前有几个研究得较为深入的采集函数[18, 27, 29]，所有这些采集函数都致力于自动地平衡利用（在已知性能较好的区域中局部地优化超参）和探索（在一个相对未被探索的空间区域中尝试超参），以避免过早地收敛。在该工作中，会尽可能地最大化一个给定的损失 $c_{\min}$ 的正向期望提升（EI）[27]。另外，用 $c(\lambda)$ 来表示超参配置 λ 的损失值。那么，损失 $c_{\min}$ 的正向期望提升可以被定义成

$$I_{c_{\min}}(\lambda) := \max\{c_{\min} - c(\lambda), 0\}$$

需要注意的是，$c(\lambda)$ 是未知的。不过，可以计算出 $c(\lambda)$ 在当前模型 $\mathcal{M}_{\mathcal{L}}$ 上的期望值：

$$\mathbb{E}_{\mathcal{M}_{\mathcal{L}}}[I_{c_{\min}}(\lambda)] = \int_{-\infty}^{c_{\min}} \max\{c_{\min} - c, 0\} \cdot p_{\mathcal{M}_{\mathcal{L}}}(c|\lambda) \mathrm{d}c \tag{4.2}$$

本节对 SMBO 方法做了一个简要回顾。

基于顺序模型的算法配置（SMAC）

基于顺序模型的算法配置（SMAC）[16]可以支持各种能够刻画损失函数 c 在超参 λ 上依赖性的模型 $p(c|\lambda)$，包括近似高斯过程和随机森林。本章主要采用随机森林模型，因为它在处理离散数据和高维输入数据上往往表现良好。在处理模型训练和预测过程中的条件参数时，SMAC 主要通过将 λ 中非激活条件参数实例化为默认值，进而能够支持

单个决策树含有"超参λ_i是否是激活的"这类划分,使得它们能够专注于激活态的超参。虽然随机森林通常不被视为概率模型,SMAC 依然会获得 $p(c|\lambda)$ 的预测均值 μ_λ 和方差 σ_λ^2,并将其作为针对 λ 单个树的预测值的频率估计值。随后,将 $p_{\mathcal{ML}}(c|\lambda)$ 建模成一个高斯分布 $\mathcal{N}(\mu_\lambda, \sigma_\lambda^2)$。

SMAC 使用式(4.2)所定义的期望提升标准,将 $c_{\min}$ 实例化成目前所评估出的最好超参配置的损失值。在 SMAC 的预测分布 $p_{\mathcal{ML}}(c|\lambda) = \mathcal{N}(\mu_\lambda, \sigma_\lambda^2)$ 下,该期望的闭式表达式为

$$\mathbb{E}_{\mathcal{ML}}\left[I_{c_{\min}}(\lambda)\right] = \sigma_\lambda \cdot \left[\mu \cdot \Phi(\mu) + \varphi(\mu)\right]$$

其中,$\mu = \dfrac{c_{\min} - \mu_\lambda}{\sigma_\lambda}$;$\varphi$ 和 Φ 分别为标准正态分布的概率密度函数和累积分布函数[18]。

SMAC 是为有噪声的函数评估的鲁棒性优化而设计的,因此实现了特殊的机制来跟踪已知的最好配置,并且能够确保该配置性能评估的高可信度。这种能够对抗有噪声函数评估的鲁棒性也可用于算法选择和超参优化结合的问题中,因为式(4.1)所表示的待优化函数是一组损失项的均值。其中,每个损失项对应构建于训练集的一对 $\mathcal{D}_{\text{train}}^{(i)}$ 和 $\mathcal{D}_{\text{valid}}^{(i)}$。SMAC 的一个核心思想是通过每次评估一个损失项而逐渐获得该均值的更好估计,进而能够平衡准确度和计算成本。为了获得一个能够成为新在任者的新配置,必须确保其在每轮比较中都能够超越前一位任职者:只考虑一次折叠、两次折叠等,直到达到之前用来评估在任者的总折叠次数为止。另外,每当现任者在该比较中存活下来时,就会在一个新的折叠上对其进行评估,直至达到可用的总折叠次数为止,这意味着用于评估现任者的折叠次数会随着时间逐渐增多。因此,一个表现差的配置可能在一个折叠上评估之后就会被丢弃。

最后,SMAC 实现了一个多样化机制,该机制一方面能够在即使模型被误导的情况下也能取得稳健的性能,另一方面能够探索空间的新区域。间隔性的配置是以随机的方式进行选择的。基于刚刚介绍的评估过程,这里所需要的开销比我们可能想到的要少。

4.4 Auto-WEKA

为了验证求解 CASH 问题的自动化方法的可行性,我们建立了 Auto-WEKA,其在 WEKA 机器学习包中实现了求解该问题的学习器和特征选择器[15]。需要注意的是,虽

然我们在 WEKA 中主要关注分类算法，但是将我们的方法扩展到其他任务是非常容易的。除此之外，另一个使用相同基础技术的成功系统是 Auto-sklearn[12]。

图 4.1 展示了所有的可以支持的学习算法、特征选择器及对应的超参数量。元方法的输入为单个基分类器及其参数，而集成方法的输入可以是任意数量的基学习器。具体而言，允许元方法一次使用 1 个具有任意超参设置的基学习器，允许集成方法一次最多使用 5 个具有任意超参设置的学习器。由于各种各样的原因（如分类器难以应对缺失数据），并非所有学习器都适用于所有的数据集。对于一个给定的数据集，所实现的 Auto-WEKA 能够自动地只考虑适用的学习器子集。另外，在建立模型之前，特征选择会作为预处理阶段而运行。

基学习器			
BayesNet	2	NaiveBayes	2
DecisionStump*	0	NaiveBayesMultinomial	0
DecisionTable*	4	OneR	1
GaussianProcesses*	10	PART	4
IBk*	5	RandomForest	7
J48	9	RandomTree*	11
JRip	4	REPTree*	6
KStar*	3	SGD*	5
LinearRegression*	3	SimpleLinearRegression*	0
LMT	9	SimpleLogistic	5
Logistic	1	SMO	11
M5P	4	SMOreg*	13
M5Rules	4	VotedPerceptron	3
MultilayerPerceptron*	8	ZeroR*	0
集成方法			
Stagckin	2	Vote	2
元方法			
LWL	5	Bagging	4
AdaBoostM1	6	RandomCommittee	2
AdditiveRegression	4		
AttributeSelectedClassifier	2	RandomSubSpace	3
特征选择方法			
BestFirst	2	GreedyStepwise	4

图 4.1 Auto-WEKA 所支持的学习器和方法及其对应的超参数量 $|\Lambda|$

注: 每个学习器都支持分类任务，而标星的学习器也支持回归任务。

图 4.1 所示算法的超参取值范围较为广泛，可以从连续区间、整数范围和其他离散集合中进行取值。基于每个数值参数的语义，其与一个均匀先验或对数均匀先验进行关联。举例而言，对于岭回归惩罚项会设置一个对数均匀先验，而对于随机森林中树的最大深度会设置一个均匀先验。Auto-WEKA 可直接使用连续超参的值，直至机器的精度为止。需要强调的是，组合型超参空间会远远大于基学习器超参空间的简单结合，因为集成方法最多只支持 5 个独立的基学习器。另外，元方法、集成方法和特征选择方法都在一定程度上增加了 Auto-WEKA 超参空间的整体规模。

在 Auto-WEKA 中，主要使用 SMAC 优化器来求解 CASH 问题，大家可以直接通过 WEKA 包管理器来访问和使用 Auto-WEKA。另外，Auto-WEKA 的源代码网址为 https://github.com/automl/autoweka，官方项目网址为 http://www.cs.ubc.ca/labs/beta/Projects/autoweka。对于本章所介绍的相关实验，主要采用的版本是 Auto-WEKA v0.5。另外，最新版本的实验结果都是相似的，考虑到计算成本太大，本章没有完全复现整套实验。

4.5 实验评估

在 21 个重要的基准数据集（见表 4.1）上对 Auto-WEKA 进行评估：其中，15 个数据集来自 UCI 库[13]；Convex、MNIST Basic 和 Rot. MNIST+BI 来自参考文献 [5]；KDD09-Appentency 来自 KDD CUP'09 的关系预测任务；还有两个是 CIFAR-10 图像分类任务的两个版本[21]，其中 CIFAR-10-Small 是 CIFAR-10 的子集，只使用了前面的 10 000 个训练样本，而非完整的 50 000 个。需要注意的是，在实验评估中，主要专注于分类任务。对于已划分好训练集和测试集的数据集，直接采用已有的划分方式；否则，会以随机的方式将数据集划分成 70% 的训练数据和 30% 的测试数据。另外，会保留所有优化方法的测试数据，其只在离线分析阶段被使用一次，以对各种优化方法所找到的模型进行评估。

对于每个数据集，在给定的总时间预算（30h）下，为每个超参优化方法运行一次 Auto-WEKA。另外，对于每个方法，用不同的随机种子运行 25 次该过程。随后，为了仿真典型的工作站并行化机制，使用自采样方法来重复选择 4 次随机运行，并记录具有最佳交叉验证性能的那次运行的表现。

表 4.1 使用的数据集

名　　称	元素的离散属性数量	元素的连续属性数量	类别数量	训练次数	测试次数
Dexter	20 000	0	2	420	180
GermanCredit	13	7	2	700	300
Dorothea	100 000	0	2	805	345
Yeast	0	8	10	1 038	446
Amazon	10 000	0	49	1 050	450
Secom	0	591	2	1 096	471
Semeion	256	0	10	1 115	478
Car	6	0	4	1 209	519
Madelon	500	0	2	1 820	780
KR-vs-KP	37	0	2	2 237	959
Abalone	1	7	28	2 923	1 254
Wine Quality	0	11	11	3 425	1 469
Waveform	0	40	3	3 500	1 500
Gisette	5 000	0	2	4 900	2 100
Convex	0	784	2	8 000	50 000
CIFAR-10-Small	3 072	0	10	10 000	10 000
MNIST Basic	0	784	10	12 000	50 000
Rot. MNIST + BI	0	784	10	12 000	50 000
Shuttle	9	0	7	43 500	14 500
KDD09-Appentency	190	40	2	35 000	15 000
CIFAR-10	3 072	0	10	50 000	10 000

早期的实验中会出现一种情况，即 Auto-WEKA 的 SMBO 方法会选出一些具有极佳训练性能但泛化性能很弱的超参数。为了使 Auto-WEKA 具备检测此过拟合的能力，将训练集划分成两个子集：其中的 70% 用于 SMBO 方法内部，另外的 30% 作为 SMBO 方法完成之后才会被使用的验证数据。

4.5.1 对比方法

Auto-WEKA 旨在协助非专家型的机器学习技术使用者。这类用户通常会采用的一种方法是，对于每种未改变超参的技术在训练集上执行 10 折交叉验证，然后选择在所有交叉数据上具有最小误分类误差的分类器。将这种方法应用到 WEKA 学习器的集合中，记为 Ex-Def。需要注意的是，对于采用默认超参的 WEKA 而言，这是最好的选择。表 4.2 给出了 10 折交叉验证和测试数据上的性能结果。其中，Ex-Def 和网格搜索是确定性的，随机搜索的时间预算为 120 CPU 小时。对于 Auto-WEKA，总共执行 25 轮运算，每轮运算的时间预算为 30h。另外，具体的实验结果为模拟 4 个并行运算的 100 000 次自采样的平均损失。测试损失（误分类率）的计算方法为，首先在整个 70% 训练数据上对选出的模型/超参进行训练，然后计算之前未使用的 30% 测试数据的准确度，即测试损失。表 4.2 中的粗体部分表示一组对比方法中具有统计意义上的最小误差。

对于每个数据集，表 4.2 的第二列和第三列展示了给定所有训练数据及测试集评估后的默认学习器的最佳和最差"Oracle 性能"。基于实验结果可以发现，最佳学习器和最差学习器之间的性能差距非常大，如 Dorothea 数据集，误分类率分别为 4.93%、99.24%。这表明算法选择的某些方式对于获得良好的性能表现是非常关键的。

另外一种比较强的对比方法是除了选择学习器之外，基于一个预定义的集合优化学习器的超参数。更准确地说，该对比方法为每个基学习器都在超参设置的网格上执行彻底的搜索，其中会将数值参数离散成 3 个点。该对比方法称为网格搜索，需要注意的是，作为算法和超参设置联合空间中的一种优化方法，它是一种简单的 CASH 算法。然而，该对比方法的计算成本较为巨大，使得它难以在大多数实际应用中得以使用，如 Gisette、Convex、MNIST、Rot MNIST + BI 和两个 CIFAR 数据集，其都需要超过 10 000 CPU 小时。与之相反，Auto-WEKA 只需要 120 CPU 小时。

表 4.2 的第四列和第五列展示了基于网格搜索的分类器在测试集上的最佳和最差 Oracle 性能。与使用 Ex-Def 的默认性能相比，在大多数情况下，甚至是 WEKA 的最佳默认算法的性能都可以通过选择较好的超参而得以提升。有的时候，算法性能的提升效果会非常显著，如在 CIFAR-10-small 任务中，相比于 Ex-Def，网格搜索减少了 13% 的误差。

之前的工作[5]已表明，在保持总时间预算不变的情况下，网格搜索在超参空间上的表现性能优于随机搜索。本次实验的最后一个对比方法是基于随机搜索，即采用随机采样的方式选择算法和超参，然后在 10 个交叉验证折叠上计算它们的性能直到时间预算耗尽为止。对于每个数据集，首先使用 750 CPU 小时来计算基于随机采样的超参和算法组合的交叉验证性能。随后，通过从这些结果中以无替换的方式采样组合来模拟随机搜索的运行（该过程消耗 120 CPU 小时），并返回具有最佳性能的采样组合。

4.5.2 交叉验证性能

表 4.2 的中间部分给出了本次实验的主要结果。首先，在 17/21 个数据集上，所有基分类器超参上的网格搜索都获得了比 Ex-Def 更好的结果，这表明要想获得好的表现性能，不仅需要选择合适的算法，而且需要设置合适的算法超参。不过，需要注意的是，网格搜索需要非常多的时间预算（通常而言，每个数据集都需要超过 10 000 CPU 小时，整体上超过了 10 CPU 年），这意味着网格搜索在实际工作中通常是不可用的。

与之相反，其他方法在每个数据集上通常只需 4×30 CPU 小时。而且，它们在 14/21 个数据集上都取得了比网格搜索更佳的表现性能。另外，随机搜索在 9/21 个数据集上的表现性能优于网格搜索，突出了即使使用了更多时间预算的穷尽网格搜索也一定总是正确的（即总是取得好的表现性能）。需要注意的是，有时相比于对比方法，Auto-WEKA 的性能改进效果是非常显著的，如在 6/21 个数据集上，Auto-WEKA 带来的交叉验证损失（本实验中指误分类率）相对减少超过 10%。

4.5.3 测试性能

上文给出的结果表明 Auto-WEKA 能够高效地优化给定的目标函数，然而这还不足以证明它能够拟合具有良好泛化能力的模型。随着机器学习算法超参数量的增加，其过拟合的可能性也随之增加。虽然交叉验证能够显著提高 Auto-WEKA 抵抗过拟合的鲁棒性，但是它的超参空间远远大于标准分类算法的超参空间，使得仔细研究过拟合是否（或多大程度上）会造成问题显得尤为重要。

为了评估模型的泛化能力，首先采用类似于之前的方式运行 Auto-WEKA 以确定算法和超参设置的组合 A_λ，并在整个训练集上训练 A_λ。随后，在测试集上评估所得到的模型。其中，表 4.2 的右侧部分给出了所有方法的测试性能。

总的来说，测试性能的趋势与交叉验证性能的趋势大致相同：Auto-WEKA 的性能优于对比方法，网格搜索和随机搜索的性能优于 Ex-Def。不过，测试性能的差异没有交叉验证性能差异那么明显：网络搜索只在 15/21 个数据集上产生优于 Ex-Def 的结果，而随机搜索只在 7/21 个数据集上优于网格搜索。需要注意的是，在 12/13 个最大的数据集上，Auto-WEKA 都优于对比方法，主要原因在于数据集的规模能够降低过拟合的风险。有时，相比于其他方法，Auto-WEKA 的性能提升效果非常明显。例如，在 3/21 个数据

表 4.2 10 折交叉验证和测试数据上的算法性能结果

数据	Oracle 性能（%）				10 折交叉验证性能（%）				测试性能（%）			
	Ex-Def		网格搜索		Ex-Def	网格搜索	随机搜索	Auto-WEKA	Ex-Def	网格搜索	随机搜索	Auto-WEKA
	最好	最差	最好	最差								
Dexter	7.78	52.78	3.89	63.33	10.20	5.07	10.60	5.66	8.89	5.00	9.18	7.49
GermanCredit	26.00	38.00	25.00	68.00	22.45	20.20	20.15	17.87	27.33	26.67	29.03	28.24
Dorothea	4.93	99.24	4.64	99.24	6.03	6.73	8.11	5.62	6.96	5.80	5.22	6.21
Yeast	40.00	68.99	36.85	69.89	39.43	39.71	38.74	35.51	40.45	42.47	43.15	40.67
Amazon	28.44	99.33	17.56	99.33	43.94	36.88	59.85	47.34	28.44	20.00	41.11	33.99
Secom	7.87	14.26	7.66	92.13	6.25	6.12	5.24	5.24	8.09	8.09	8.03	8.01
Semeion	8.18	92.45	5.24	92.45	6.52	4.86	6.06	4.78	8.18	6.29	6.10	5.08
Car	0.77	29.15	0.00	46.14	2.71	0.83	0.53	0.61	0.77	0.97	0.01	0.40
Madelon	17.05	50.26	17.05	62.69	25.98	26.46	27.95	20.70	21.38	21.15	24.29	21.12
KR-vs-KP	0.31	48.96	0.21	51.04	0.89	0.64	0.63	0.30	0.31	1.15	0.58	0.31
Abalone	73.18	84.04	72.15	92.90	73.33	72.15	72.03	71.71	73.18	73.42	74.88	73.51
Wine Quality	36.35	60.99	32.88	99.39	38.94	35.23	35.36	34.65	37.51	34.06	34.41	33.95
Waveform	14.27	68.80	13.47	68.80	12.73	12.45	12.43	11.92	14.40	14.66	14.27	14.42
Gisette	2.52	50.91	1.81	51.23	3.62	2.59	4.84	2.43	2.81	2.40	4.62	2.24
Convex	25.96	50.00	19.94	71.49	28.68	22.36	33.31	25.93	25.96	23.45	31.20	23.17
CIFAR-10-Small	65.91	90.00	52.16	90.36	66.59	53.64	67.33	58.84	65.91	56.94	66.12	56.87
MNIST Basic	5.19	88.75	2.58	88.75	5.12	2.51	5.05	3.75	5.19	2.64	5.05	3.64
Rot. MNIST + BI	63.14	88.88	55.34	93.01	66.15	56.01	68.62	57.86	63.14	57.59	66.40	57.04
Shuttle	0.013 8	20.841 4	0.006 9	89.820 7	0.032 8	0.036 1	0.034 5	0.022 4	0.013 8	0.041 4	0.015 7	0.013 0
KDD09-Appentency	1.740 0	6.973 3	1.633 2	54.240 0	1.877 6	1.873 5	1.751 0	1.703 8	1.740 5	1.740 0	1.740 0	1.735 8
CIFAR-10	64.27	90.00	55.27	90.00	65.54	54.04	69.46	62.36	64.27	63.13	69.72	61.15

集上，Auto-WEKA 相对减少了超过 16% 的测试误分类率。

正如前面所说，在交叉验证性能优化过程中，Auto-WEKA 只使用了 70% 的训练集，剩余的 30% 用来评估过拟合的风险。在任何时间点上，Auto-WEKA 中的 SMBO 方法都会跟踪当前表现最好的超参配置（称为现任者），即到目前为止具有最小的交叉验证误分类率。在完成 SMBO 过程之后，Auto-WEKA 会从中提取这些现任者的轨迹，并在保留的 30% 验证数据上计算这些现任者的泛化性能。随后，计算训练性能（在交叉验证数据集上通过 SMBO 方法评估所得）和泛化性能序列之间的斯皮尔曼等级系数。

4.6 总　　结

本章证明了算法选择和超参优化结合这一令人生畏的问题可以通过一种实用且全自动的工具来解决。这是通过近期的贝叶斯优化技术所实现的，该技术主要通过迭代式地构建算法/超参视图的模型，并利用这些模型来识别空间中值得探究的新配置点。

另外，本章所介绍的 Auto-WEKA 工具，能够利用 WEKA 中的所有学习算法，并使得非专家用户能够更为容易地为给定的应用场景构建高质量的分类器。而在 21 个重要数据集上的广泛实验比较表明，Auto-WEKA 的表现性能通常优于标准的算法选择和超参优化方法，尤其是在大型数据集上。

Auto-WEKA 是第一个使用贝叶斯优化来自动实例化高度参数化的机器学习框架的工具。自发布以来，Auto-WEKA 已被工业界和学术界的大量用户所采用。而集成了 WEKA 包管理器的 2.0 系列的累积下载次数已超过 30 000 次，每周的平均下载次数超过 550 次。目前，Auto-WEKA 仍处于积极开发和拓展中，近期也增加了一些新的特性。

参考文献

[1] Adankon, M., Cheriet, M.: Model selection for the LS-SVM. application to handwriting recognition. Pattern Recognition 42(12), 3264–3270 (2009).
[2] Bardenet, R., Brendel, M., Kégl, B., Sebag, M.: Collaborative hyperparameter tuning. In: Proc. of ICML-13 (2013).

[3] Bengio, Y.: Gradient-based optimization of hyperparameters. Neural Computation 12(8), 1889–1900 (2000).

[4] Bergstra, J., Bardenet, R., Bengio, Y., Kégl, B.: Algorithms for Hyper-Parameter Optimization. In: Proc. of NIPS-11 (2011).

[5] Bergstra, J., Bengio, Y.: Random search for hyper-parameter optimization. JMLR 13, 281–305 (2012).

[6] Biem, A.: A model selection criterion for classification: Application to HMM topology optimization. In: Proc. of ICDAR-03. pp. 104–108. IEEE (2003).

[7] Bischl, B., Lang, M., Kotthoff, L., Schiffner, J., Richter, J., Studerus, E., Casalicchio, G., Jones, Z.M.: mlr: Machine Learning in R. Journal of Machine Learning Research 17(170), 1–5 (2016), http://jmlr.org/papers/v17/15-066.html.

[8] Bozdogan, H.: Model selection and Akaike's information criterion (AIC): The general theory and its analytical extensions. Psychometrika 52(3), 345–370 (1987).

[9] Brazdil, P., Soares, C., Da Costa, J.: Ranking learning algorithms: Using IBL and meta-learning on accuracy and time results. Machine Learning 50(3), 251–277 (2003).

[10] Brochu, E., Cora, V.M., de Freitas, N.: A tutorial on Bayesian optimization of expensive cost functions, with application to active user modeling and hierarchical reinforcement learning. Tech. Rep. UBC TR-2009-23 and arXiv:1012.2599v1, Department of Computer Science, University of British Columbia (2009).

[11] Chapelle, O., Vapnik, V., Bengio, Y.: Model selection for small sample regression. Machine Learning (2001).

[12] Feurer, M., Klein, A., Eggensperger, K., Springenberg, J., Blum, M., Hutter, F.: Efficient and robust automated machine learning. In: Cortes, C., Lawrence, N.D., Lee, D.D., Sugiyama, M., Garnett, R. (eds.) Advances in Neural Information Processing Systems 28, pp. 2962–2970. Curran Associates, Inc. (2015), http://papers.nips.cc/paper/5872-efficient-and-robustautomated-machine-learning.pdf.

[13] Frank, A., Asuncion, A.: UCI machine learning repository (2010), http://archive.ics.uci.edu/ml, uRL: http://archive.ics.uci.edu/ml. University of California, Irvine, School of Information and Computer Sciences.

[14] Guo, X., Yang, J., Wu, C., Wang, C., Liang, Y.: A novel LS-SVMs hyper-parameter selection based on particle swarm optimization. Neurocomputing 71(16), 3211–3215 (2008).

[15] Hall, M., Frank, E., Holmes, G., Pfahringer, B., Reutemann, P., Witten, I.: The WEKA data mining software: an update. ACM SIGKDD Explorations Newsletter 11(1), 10–18 (2009).

[16] Hutter, F., Hoos, H., Leyton-Brown, K.: Sequential model-based optimization for general algorithm configuration. In: Proc. of LION-5. pp. 507–523 (2011).

[17] Hutter, F., Hoos, H., Leyton-Brown, K., Stützle, T.: ParamILS: an automatic algorithm configuration framework. JAIR 36(1), 267–306 (2009).

[18] Jones, D.R., Schonlau, M., Welch, W.J.: Efficient global optimization of expensive black box functions. Journal of Global Optimization 13, 455–492 (1998).

[19] Kohavi, R.: A study of cross-validation and bootstrap for accuracy estimation and model selection. In: Proc. of IJCAI-95. pp. 1137–1145 (1995).

[20] Kotthoff, L., Thornton, C., Hoos, H.H., Hutter, F., Leyton-Brown, K.: Auto-WEKA 2.0: Automatic model selection and hyperparameter optimization in WEKA. Journal of Machine Learning Research 18(25), 1–5 (2017), http://jmlr.org/papers/v18/16-261.html.

[21] Krizhevsky, A., Hinton, G.: Learning multiple layers of features from tiny images. Master's thesis, Department of Computer Science, University of Toronto (2009).

[22] Leite, R., Brazdil, P., Vanschoren, J.: Selecting classification algorithms with active testing. In: Proc. of MLDM-12. pp. 117–131 (2012).

[23] López-Ibáñez, M., Dubois-Lacoste, J., Stützle, T., Birattari, M.: The irace package, iterated race for automatic algorithm configuration. Tech. Rep. TR/IRIDIA/2011-004, IRIDIA, Université Libre de Bruxelles, Belgium (2011), http://iridia.ulb.ac.be/IridiaTrSeries/IridiaTr2011-004.pdf.

[24] Maron, O., Moore, A.: Hoeffding races: Accelerating model selection search for classification and function approximation. In: Proc. of NIPS-94. pp. 59–66 (1994).

[25] McQuarrie, A., Tsai, C.: Regression and time series model selection. World Scientific (1998).

[26] Pfahringer, B., Bensusan, H., Giraud-Carrier, C.: Meta-learning by landmarking various learning algorithms. In: Proc. of ICML-00. pp. 743–750 (2000).

[27] Schonlau, M., Welch, W.J., Jones, D.R.: Global versus local search in constrained optimization of computer models. In: Flournoy, N., Rosenberger, W., Wong, W. (eds.) New Developments and Applications in Experimental Design, vol. 34, pp. 11–25. Institute of Mathematical Statistics, Hayward, California (1998).

[28] Snoek, J., Larochelle, H., Adams, R.P.: Practical bayesian optimization of machine learning algorithms. In: Proc. of NIPS-12 (2012).

[29] Srinivas, N., Krause, A., Kakade, S., Seeger, M.: Gaussian process optimization in the bandit setting: No regret and experimental design. In: Proc. of ICML-10. pp. 1015–1022 (2010).

[30] Strijov, V., Weber, G.: Nonlinear regression model generation using hyperparameter optimization. Computers & Mathematics with Applications 60(4), 981–988 (2010).

[31] Thornton, C., Hutter, F., Hoos, H.H., Leyton-Brown, K.: Auto-WEKA: Combined selection and hyperparameter optimization of classification algorithms. In: KDD (2013).

[32] Vilalta, R., Drissi, Y.: A perspective view and survey of meta-learning. Artif. Intell. Rev. 18(2), 77–95 (2002).

[33] Zhao, P., Yu, B.: On model selection consistency of lasso. JMLR 7, 2541–2563 (2006).

第 5 章 Hyperopt-sklearn

布伦特·科默[①]，詹姆斯·伯格斯特拉[①]，克里斯·埃利亚史密斯[①]

概述：Hyperopt-sklearn 是一个软件项目，其能够提供 Scikit-learn 机器学习库的自动算法配置。类似于 Auto-WEKA，分类器的选择和预处理模块的选择结合在一起时可以被视为一个大型的超参优化问题。本章采用 Hyperopt 来定义一个包含众多标准组件（如 SVM、RF、KNN、PCA、TFIDF）及能够组合它们的常见模式的搜索空间。另外，通过在 Hyperopt 和标准基准数据集（MNIST、20-Newsgroups、Convex Shapes）上使用搜索算法，证明了搜索该空间的实用性和有效性。特别地，Hyperopt-sklearn 提升了 MNIST 和 Convex Shapes 数据集上模型空间的已知最佳得分。

5.1 引　　言

相比于深度网络，像支持向量机（SVM）和随机森林（RF）一类的算法具有足够小的超参数量，能够通过手动调优和网格/随机搜索来获得满足预期的结果。不过退一步而言，当 SVM 和 RF 在计算上均可行的时候，通常没有特别的理由来使用它们。对一个模型未知的实践者，可能只是倾向于选择能够提供更高准确度的模型。由此可见，分类器的选择与 SVM 中的 C 值及 RF 中的最大树深度一样，也可以视为超参。事实上，预处理模块的选择和配置同样可以视为模型选择/超参优化问题的一部分。

Auto-WEKA 项目[19]是第一个表明整个机器学习方法库（WEKA[8]）可以在一次超参调优运行范围内被搜索的项目。然而，WEKA 是一个 GPL 许可的 Java 库并且在编写时没有考虑到可扩展性，因此有必要考虑 Auto-WEKA 的替代方案。Scikit-learn[16]是机器学习算法的另一个库，其主要基于 Python 语言（拥有很多速度更快的 C 语言模块）并且是 BSD 许可的。除此之外，Scikit-learn 支持众多机器学习应用领域，也已大范围

---

① 布伦特·科默 (✉)，詹姆斯·伯格斯特拉，克里斯·埃利亚史密斯
　加拿大滑铁卢大学，理论神经科学中心
　电子邮箱：bjkomer@uwaterloo.caL. Kotthoff。

地被科学 Python 社区所使用。

本章主要介绍 Hyperopt-sklearn，一个能够为 Python 和 Scikit-learn 用户带来自动算法配置益处的项目。Hyperopt-sklearn 采用 Hyperopt [3] 来描述 Scikit-learn 组件（主要包括预处理、分类和回归模块）的可能配置的搜索空间。该项目的一个主要设计特点是为 Scikit-learn 用户提供一个熟悉的操作界面。只需要很少的改动，超参搜索就可以被应用到现有的代码库中。具体而言，本章首先介绍 Hyperopt 的背景，随后介绍 Scikit-learn 所使用的配置空间，最后给出该软件的使用示例和实验结果。

另外，本章中介绍的内容是 Hyperopt-sklearn 的论文 [10]（发表于 ICML 2014 的 AutoML 研讨专题上）的扩展版本，感兴趣的读者可以参阅文献 [10]。

5.2　Hyperopt 背景

Hyperopt 库 [3] 为算法配置中出现的搜索空间提供了优化算法。可以采取多种方式对这些空间进行特征化，即不同类型的变量（连续型、序列型、类别型）、不同灵敏度的概述（如均匀与对数缩放）及条件结构（例如，当两个分类器之间存在选择时，若选择了其中一个分类器，那么另一个分类器的参数就不再相关）。为了使用 Hyperopt，用户需要定义/选择以下 3 个要素：搜索域、目标函数、优化算法。

搜索域通过随机变量来指定，不过随机变量的分布应是选定的，这样能够使得最具前景的组合具有较高的先验概率。另外，搜索域可以包含 Python 操作符和函数，这些操作符和函数能够针对目标函数将随机变量组合成更为便捷的数据结构。需要注意的是，任何条件结构都定义在此搜索域中。目标函数主要用于将这些随机变量的联合采样映射到一个标量值分数中，而优化算法主要致力于最小化该分数。

下面给出一个采用 Hyperopt 的搜索域示例，如图 5.1 所示。

```
from hyperopt import hp
space = hp.choice('my_conditional',
 [
    ('case 1', 1 + hp.lognormal('c1', 0, 1)),
    ('case 2', hp.uniform('c2', -10, 10)),
    ('case 3', hp.choice('c3', ['a', 'b', 'c']))
 ])
```

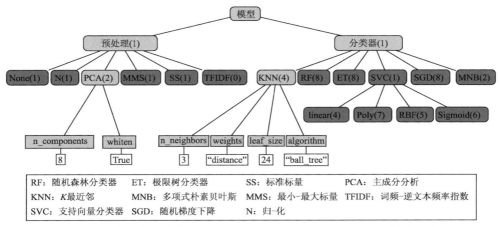

图 5.1　含有预处理步骤和分类器的 Hyperopt-sklearn 搜索空间示例

注：该示例主要包括 6 个可选的预处理模块和 6 个可选的分类器。在该配置空间中选择一个模型，意味着在祖先采样过程中选择路径。高亮的节点代表一个（PCA、KNN）模型，而底部的白色叶子节点描述了它们父超参的示例值。模型中活动的超参数量等于所选框中括号内数字的和。对于 PCA 和 KNN 的组合，活动的超参总数为 8 个。

这里有 4 个参数，1 个用于选择活动的实例，剩下 3 个则是每个实例 1 个：第一个实例含有 1 个敏感于对数缩放的正值参数；第二个实例含有 1 个有界的实值参数；第三个实例主要含有一个具有 3 个选项的类别型参数。

当选好搜索域、目标函数和优化算法后，Hyperopt 的 fmin 函数开始运行优化过程，并将搜索结果存储到数据库中（如简单的 Python 列表或 MongoDB 实例）。调用 fmin 函数执行简单分析以找到性能最佳的配置，并将其返回给调用者。当使用 MongoDB 后端时，调用 fmin 函数使用多个工作者（worker）以实现计算集群上的并行化模型选择。

5.3　Scikit-Learn 模型选择

模型选择是在一个可能无限的选项集合中评估哪个机器学习模型表现最好的过程。作为一个优化问题，搜索域为机器学习模型中配置参数（超参）的有效赋值的集合。目标函数通常为留存示例上成功性的度量，如准确度、F_1 分值等。一般而言，成功性的负面度量（即损失值）主要用于将任务设置为最小化问题，而交叉验证则被用于生成更为健壮的最终得分。在实际应用中,实践者通常采用手工、网格搜索或随机搜索的方式来解决该优化问题。本章主要讨论采用 Hyperopt 优化库来求解该优化问题。基本的方法是,首先建立具有随机变量超参的搜索空间,随后使用 Scikit-learn 来实现能够执行模型训练和模型验证的目标函数,最后采用 Hyperopt 优化超参。

Scikit-learn 含有众多能够从数据中进行学习的算法(如分类算法和回归算法),以及众多能够将数据预处理成这些学习算法所期望的向量的预处理算法。举例而言,分类器有 K 近邻、支持向量机及随机森林等算法;预处理算法含有变换过程,如逐成分的 Z 缩放(正规化)、主成分分析(PCA)等。一个完整的分类算法通常含有一系列的预处理步骤及后续的分类器。基于此,Scikit-learn 提供一个管道数据结构来表示和使用一系列的预处理步骤和一个分类器,使得它们如同一个组件(通常采用与分类器类似的 API)。虽然 Hyperopt-sklearn 没有正式使用 Scikit-learn 的管道对象,不过它提供了相关的功能。具体而言,Hyperopt-sklearn 支持管道上搜索空间的参数化,即预处理步骤和分类器/回归器的序列的参数化。

在撰写本章时,Hyperopt-sklearn 的配置空间主要包含 24 个分类器、12 个回归器及 7 个预处理方法。作为一个开源项目,相信随着更多用户的加入和贡献,该配置空间未来会越来越大。在最初的发布版本中,配置空间中只有一小部分是可用的,即 6 个分类器和 5 个预处理算法。该空间用于初始性能的分析,如图 5.1 所示。整体上,该参数化含有 65 个超参:15 个布尔变量、14 个类别型变量、17 个离散变量和 19 个实值变量。

虽然整个配置空间中的超参数量会非常多,但是用于描述任何一个模型的活动超参的数量相对而言会少很多。举例而言,一个包含 PCA 和随机森林的模型,只有 12 个活动的超参,即 1 个用于预处理选择的超参、2 个 PCA 内部超参、1 个用于分类器选择的超参和 8 个随机森林内部的超参。Hyperopt 描述语言能够区分条件超参(总是需要被赋值)和非条件超参(在未被使用时,可能未被赋值)。充分利用这一机制,可以使得 Hyperopt 搜索算法不会浪费时间来反复试错学习,如随机森林的超参对 SVM 算法的性能没有任何影响。即使在分类器内部,条件超参的情况也存在。例如,KNN 含有依赖于距离度量的条件参数,以及 LinearSVC 含有 3 个布尔参数(损失、惩罚和对偶),而这 3 个布尔参数只允许 4 个有效的联合赋值。另外,Hyperopt-sklearn 含有无法一起工作的(预处理,分类器)对的黑名单,如 PCA 和 MinMaxScaler 与 MultinomialNB 不兼容,TF-IDF 只能用于文本数据,以及基于树的分类器与由 TF-IDF 预处理器所产生的稀疏特征不兼容。考虑到实值超参的 10 种离散化方式和这些条件超参,在该搜索空间上所进行的网格搜索所需要的评估次数仍然是不甚实际的（在 10^{12} 量级左右）。

最后，当定义一个标量值搜索目标时，搜索空间就变成一个优化问题。默认情况下，Hyperopt-sklearn 采用 Scikit-learn 在验证数据上的得分方法来定义搜索标准。对于分类器而言，就是所谓的"0-1 损失"，即根据用于训练的数据集（以及在模型选择搜索过程后用于测试的数据集）所保留的数据上的正确的标签预测数量。

5.4 使用示例

按照 Scikit-learn 的约定，Hyperopt-sklearn 提供了一个带有拟合方法和预测方法的评估器（Estimator）类。具体而言，该类中的拟合方法首先执行超参优化过程。在拟合完成之后，预测方法将最好的模型应用到给定的测试数据上。而优化过程中的每次评估都会在大部分训练集上执行训练过程，并评估验证集上的测试集的准确性，随后将验证集得分返回给优化器。另外，在搜索结束时，Hyperopt-sklearn 会在整个数据集上重新训练最佳配置，以生成能够应对后续预测调用的分类器。

Hyperopt-sklearn 的一个重要目标是能够较为容易地学习和使用。为了便于实现这一目标，在分类器与数据进行拟合和执行预测的语法的设计上，其非常类似于 Scikit-learn 的语法。接下来，给出一个使用该软件的简单示例。

```
from hpsklearn import HyperoptEstimator
# 加载数据
train_data, train_label, test_data, test_label = load_my_data()
# 创建estimator对象
estim = HyperoptEstimator()
# 在Scikit-learn中搜索分类器、预处理步骤及相应的超参，以拟合模型和数据
estim.fit(train_data, train_label)
# 使用优化后的模型进行预测
prediction = estim.predict(test_data)
# 计算给定数据集上分类器的准确度
score = estim.score(test_data, test_label)
# 返回分类器和预处理步骤的实例
model = estim.best_model()
```

HyperoptEstimator 对象包含搜索什么样的空间及如何进行搜索的信息。另外，

HyperoptEstimator 可以被配置成使用多种超参搜索算法，同时支持使用多种算法的组合。任何支持 hyperopt 中相同接口的算法在这里都可以使用。除此之外，用户在这里也可以指定想要运行的最大的函数评估次数及每次运行的超时时长（以 s 为单位）。

```
from hpsklearn import HyperoptEstimator
from hyperopt import tpe
estim = HyperoptEstimator(algo=tpe.suggest, max_evals=150, trial_
    timeout=60)
```

实际任务中，每种搜索算法都会给搜索空间带来与其自身相关的偏差，而且很难明确某个特定的策略在所有情形下都是表现最好的。这也是为何有时使用混合搜索算法会大有裨益。

```
from hpsklearn import HyperoptEstimator
from hyperopt import anneal, rand, tpe, mix
# 定义一个算法：5%时间使用随机搜索，75%时间使用TPE，20%时间使用退火算法
mix_algo = partial(mix.suggest,
    p_suggest=[(0.05, rand.suggest), (0.75, tpe.suggest), (0.20, anneal.
        suggest)])
estim = HyperoptEstimator(algo=mix_algo, max_evals=150, trial_
    timeout=60)
```

在 Scikit-learn 中，有效地搜索整个空间上的可用分类器会使用大量的时间和计算资源。部分时候，用户可能会有一个特定的更加感兴趣的模型的子空间。而通过使用 **Hyperopt-sklearn**，可以指定一个更为狭窄的搜索空间，以便能够进行更为深入的探索。

```
from hpsklearn import HyperoptEstimator, svc
# 将搜索限制在SVC模型上
estim = HyperoptEstimator(classifier=svc('my_svc'))
```

另外，用户也可以对不同空间进行组合，如以下示例所示。

```
from hpsklearn import HyperoptEstimator, svc, knn
from hyperopt import hp
# 限制搜索空间只包含随机森林、K近邻和SVC模型
clf = hp.choice('my_name',
    [random_forest('my_name.random_forest'),
     svc('my_name.svc'),
     knn('my_name.knn')])
estim = HyperoptEstimator(classifier=clf)
```

Scikit-learn 中的支持向量机模型有多个不同核方法可供使用，如线性函数、径向基函数、多项式函数和 sigmoid 函数等。改变 SVM 的核方法会极大影响模型的表现性能，而且每个核方法都有其各自的独特超参。基于此，Hyperopt-sklearn 将每个核方法都视为搜索空间中的唯一模型。如果用户已知那个核方法在用户给定的数据集上表现最佳，或者用户只感兴趣于探索具有特定核方法的模型，那么用户可以直接指定相应的核方法而无须通过 SVC。

```
from hpsklearn import HyperoptEstimator, svc_rbf
estim = HyperoptEstimator(classifier=svc_rbf('my_svc'))
```

除此之外，用户也可以指定多个感兴趣的核方法，且以列表形式传递给 SVC。

```
from hpsklearn import HyperoptEstimator, svc
estim = HyperoptEstimator(classifier=svc('my_svc', kernels=['linear',
'sigmoid']))
```

与分类器类似，用户也可以微调预处理模块的空间。预处理的多个连续阶段可以通过一个有序列表来指定，而空列表则表示对数据不进行任何预处理。

```
from hpsklearn import HyperoptEstimator, pca
estim = HyperoptEstimator(preprocessing=[pca('my_pca')])
```

在这里，用户同样可以对不同预处理空间进行组合（与分类器类似）。

```
from hpsklearn import HyperoptEstimator, tfidf, pca
from hyperopt import hp
preproc = hp.choice('my_name', [[pca('my_name.pca')],
                [pca('my_name.pca'), normalizer('my_name.norm')],
                [standard_scaler('my_name.std_scaler')],
                []])
estim = HyperoptEstimator(preprocessing=preproc)
```

需要注意的是，部分预处理方法只在特定类型的数据上才能工作。举例而言，Scikit-learn 中的 TfidfVectorizer 是专门针对文本数据而设计的，无法适用于其他类型的数据。为了解决该问题，Hyperopt-sklearn 提供了一些预定义空间，该空间包含分类器和针对特定数据类型的预处理方法。

```
from hpsklearn import HyperoptEstimator, any_sparse_classifier, \
                any_text_preprocessing
from hyperopt import tpe
estim = HyperoptEstimator(algo=tpe.suggest,
                    classifier=any_sparse_classifier('my_clf'),
                    preprocessing=any_text_preprocessing('my_pp'),
                    max_evals=200,
                    trial_timeout=60)
```

在目前给出的所有示例中,模型中的每一个可用超参都会被搜索。事实上,可以指定特定超参的值,并且这些参数的值在整个搜索过程中保持不变,而该处理方法在实际任务中是非常有用的。举例而言,用户已经知道自己想要使用白化的 PCA 数据和一个 3 阶多项式核的 SVM,那么就可以直接指定相应的参数值。

```
from hpsklearn import HyperoptEstimator, pca, svc_poly
estim = HyperoptEstimator(preprocessing=[pca('my_pca', whiten=True)],
                    classifier=svc_poly('my_poly', degree=3))
```

另外,也可以指定单个参数的取值范围,这主要是通过使用标准 hyperopt 语法来实现的,而这些指定的值会覆盖 Hyperopt-sklearn 中定义的默认值。

```
from hpsklearn import HyperoptEstimator, pca, sgd
from hyperopt import hp
import numpy as np
sgd_loss = hp.pchoice('loss', [(0.50, 'hinge'), (0.25, 'log'), (0.25, 'huber')])
sgd_penalty = hp.choice('penalty', ['l2', 'elasticnet'])
sgd_alpha = hp.loguniform('alpha', low=np.log(1e-5), high=np.log(1) )
estim = HyperoptEstimator(classifier=sgd('my_sgd', loss=sgd_loss,
penalty=sgd_penalty,
                    alpha=sgd_alpha) )
```

所有对用户可用的组件都可以在 components.py 文件中找到。最后,给出使用 Hyperopt-sklearn 在 20-Newsgroups 数据集上找到一个合适模型的完整工作示例,具体代码如下所示。

```
from hpsklearn import HyperoptEstimator, tfidf, any_sparse_classifier
from sklearn.datasets import fetch_20newsgroups
from hyperopt import tpe
import numpy as np
# 下载数据,并将数据切分成训练数据集和测试数据集
train = fetch_20newsgroups(subset='train')
test = fetch_20newsgroups(subset='test')
X_train = train.data
y_train = train.target
X_test = test.data
y_test = test.target
estim = HyperoptEstimator(classifier=any_sparse_classifier('clf'),
                          preprocessing=[tfidf('tfidf')],
                          algo=tpe.suggest,
                          trial_timeout=180)
estim.fit(X_train, y_train)
print(estim.score(X_test, y_test))
print(estim.best_model())
```

5.5 实 验

本书在 3 个数据集中进行了实验,以验证 Hyperopt-sklearn 能够用较为合理的时间在一系列数据集中找到精确的模型,并在此 3 个数据集(MNIST、20-Newsgroups 和 Convex Shapes)中收集相应的实验结果。具体而言,MNIST 是一个较为有名的数据集,其主要含有 7 万张 28 × 28 的手写数字灰度图像[12];20-Newsgroups 是一个具有 20 个分类主题的数据集,主要包含 2 万个新闻组信息[13],需要注意的是,在本次实验中,并没有删除相应的标题;Convex Shapes 是一个二值分类任务,其主要识别黑白小图像(32 × 32)中的凸白色区域图像[11]。

图 5.2(a)表明广泛的搜索并不会带来明显的效果提升。该实验主要对图 5.1 所描述的空间子集进行搜索,总共执行了多达 300 次函数评估的优化运行。除此之外,本实验对解决方案的质量与特定分类器类型(包括最为著名的分类器)的专有型搜索进行了比较。

图 5.2（b）表明搜索可以找到不同的有效模型。该图的构建主要通过以不同的初始条件（评估次数、优化算法的选择及随机种子数）来运行 Hyperopt-sklearn，并记录每次运行后所选择的最终模型。虽然支持向量机在众多对比算法中总是表现最佳，但在不同数据集上，最佳支持向量机的参数看起来差别很大。举例而言，在图像数据集（MNIST 和 Convex Shapes）上，所选择的支持向量机从来不含有 sigmoid 或线性核函数。然而，在 20-Newsgroups 上，sigmoid 核函数和线性核函数却总是表现最佳。

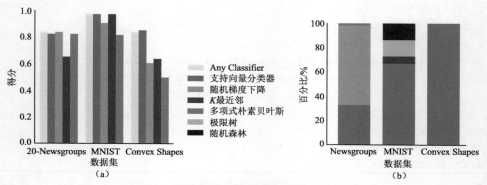

图 5.2　最佳的模型性能和模型的选择分布

注：（1）（a）图：最佳的模型性能。对于每个数据集，搜索整个配置空间（即 Any Classifier）所获得的性能与搜索限制在最佳分类器类型上的空间所获得的性能大致相当。每个颜色条表示搜索受限于特定分类器上的相应得分，而 Any Classifier 则表示对搜索空间不做任何限制。在所有情形下，超参的评估次数都为 300。另外，在 20-Newsgroups 数据集上，得分为 F_1 值。在 MNIST 和 Convex Shapes 上，得分为准确度；（2）（b）图：模型的选择分布。通过观察在完整搜索空间（Any Classifier，采用不同的初始条件和不同的优化算法）上进行优化所获得的最佳模型发现，不同的分类器适合于处理不同的数据集。由图可知，支持向量机模型是唯一的一个表现都较好的分类器，其在 Convex Shapes 数据集上是唯一的最佳模型，在 MNIST 和 20-Newsgroups 数据集上也是表现较好的模型之一。不过需要注意的是，在不同数据集上，支持向量机的参数会非常不同。

有时，不熟悉机器学习技术的研究者可能直接使用那些对他们可用的分类器的默认参数。为了观察 Hyperopt-sklearn 作为这种方法的替代方案的有效性，实验对默认 Scikit-learn 参数和默认 Hyperopt-sklearn 空间上的小范围搜索（25 次评估）的性能进行了比较。图 5.3 给出了 20-Newsgroups 数据集上的比较结果。由图 5.3 可知，在所有情况下，Hyperopt-sklearn 的性能都超过了对比方法（Scikit-learn），表明即使使用较少的计算预算，该搜索技术也是有价值的。

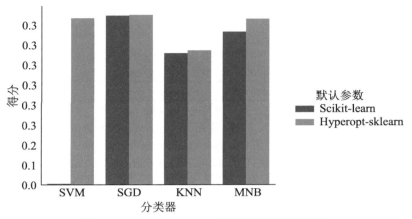

图 5.3　20-Newsgroups 数据集上的比较结果

在 20-Newsgroups 数据集上，对使用 Scikit-learn 默认参数和使用 Hyperopt-sklearn 默认搜索空间所获得的 F_1 值进行比较。其中，Hyperopt-sklearn 上的结果来自于只执行了一次具有 25 次参数评估的运行，并且搜索空间会被限定在支持向量机、随机梯度下降、K 近邻或多项式朴素贝叶斯中的一个。

5.6　讨论与展望

表 5.1 列出了由交叉验证所找到的最佳模型的测试集得分，以及之前工作的一些可供参考的实验结果。相对而言，Hyperopt-sklearn 在每个数据集上的表现都比较好，表明在使用 Hyperopt-sklearn 参数化的情况下，Hyperopt 优化算法可以与人类专家相媲美。

在 MNIST 数字数据集上，具有最佳性能的模型使用了深度人工神经网络。卷积（赢家通吃型的）神经元的小接受域构建了大网络。在该网络中，每一个神经列都成为由不同方式所预处理的输入上的专家，而 35 个深度神经列上的平均预测则构成单一的最终预测[4]。该模型比 Scikit-learn 中的那些可用模型都要更为先进。之前在 Scikit-learn 搜索空间中，已知的最佳模型为中心数据上的径向基支持向量机（得分为 98.6%），而 Hyperopt-sklearn 可以达到最佳性能[15]。

表 5.1　最佳模型的测试集得分及参考实验结果

MNIST		20-Newsgroups		Convex shapes	
方　　法	精度（%）	方　　法	F-Score	方　　法	精度（%）
Committee of convnets	99.8	CFC	0.928	hyperopt-sklearn	88.7
hyperopt-sklearn	98.7	hyperopt-sklearn	0.856	hp-dbnet	84.6
libSVM grid search	98.6	SVMTorch	0.848	dbn-3	81.4
Boosted trees	98.5	LibSVM	0.843		

注：在本次实验所用的 3 个数据集上，分别给出 Hyperopt-sklearn 和相关参考文献中算法的得分。在 MNIST 数据集上，Hyperopt-sklearn 是具有较佳得分的模型之一，尤为重要的是其没有使用任何图像相关的领域知识（这些得分可以参阅链接 http://yann.lecun.com/exdb/mnist/）。在 20-Newsgroups 数据集上，Hyperopt-sklearn 可以与参考文献中的类似方法（得分来自于参考文献 [7]）相媲美。具体而言，Hyperopt-sklearn 上的得分为来自 sklearn 的加权平均 F_1 分值，而这里的其他方法采用的是宏平均 F_1 分值。在 Convex Shapes 数据集上，Hyperopt-sklearn 优于之前的自动算法配置方法 [6] 和手动调优方法 [11]。

在 20 个新闻组文档分类数据集上表现较好的 CFC 模型是一个类-特征-质心的分类器。基于质心的分类方法通常不如支持向量机，因为其在训练过程中所找到的质心与最优点距离较远。而本次实验中的 CFC 方法所采用的质心主要构建于类间项索引和类内项索引，并使用了一个新的索引（即前面提到的类间项索引和类内项索引）组合方式和一个去正则化的余弦测量来计算质心和文本向量之间的相似度分值 [7]。这种风格的模型目前在 Hyperopt-sklearn 中还没有被实现，并且本次实验结果也表明现有的 Hyperopt-sklearn 组件还无法组装到与其性能相匹配的水准。当它被实现的时候，Hyperopt 有可能会找到一组甚至具有更高分类精度的参数。

在 Convex shapes 数据集上，Hyperopt-sklearn 的实验结果揭示了一个比之前存在于任何搜索空间中的更为精确的模型，更不用说这种标准组件上的搜索空间。另外，该结果也强调了超参搜索的难度和重要性。

Hyperopt-sklearn 提供了很多未来可以研究的方向：在搜索空间包含更多的分类器和预处理模块，以及更多的可以组合现有组件的方法。另外，不同类型的数据需要不同的预处理方法，并且除分类外还有其他的预测问题。在扩展搜索空间时，需要确保新模型所带来的益处要超过搜索更大空间所带来的困难。一些由 Scikit-learn 所揭示的参数比影响拟合结果的真实超参具有更多的实现细节，如 KNN 模型的算法和叶子规模（leaf_size）。需要注意的是，应识别每个模型中的这类参数，并在探索过程中可能需要以不同的方式来处理它们。

对于用户而言，可以将自定义的分类器添加到搜索空间中，只要该分类器符合

Scikit-learn 的接口即可。目前，这需要用户对 Hyperopt-sklearn 的代码结构有一定的了解，而如果能够提高这方面的支持，将是非常有价值的，因为这样用户只需花费较少的精力即可。除此之外，用户也可以指定除了默认的准确度和 F_1 值之外的其他评分方法。因为在有些情况下，这些默认的评分方法并不一定最适合于某个特定的问题。

在这里，实验结果表明 Hyperopt 的随机搜索、退火搜索和 TPE 算法都可以使 Hyperopt-sklearn 变得可用，但是图 5.4 中较慢的收敛性表明其他的优化算法可能具有更

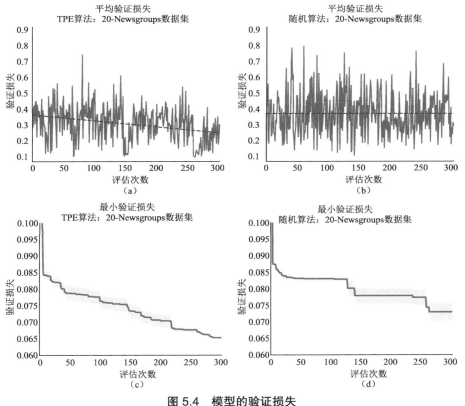

图 5.4　模型的验证损失

注：使用 20-Newsgroups 数据集和 Any Classifier 搜索域，为每个连续参数评估所找到的模型的验证损失：（a）图，TPE 算法在不同随机种子数上每一步的平均验证损失。下降趋势表明，随着时间的推移，更具潜力的区域被开发得越来越为频繁。（b）图，随机算法的平均验证损失平滑趋势表明算法没有从之前的尝试中学习到知识，而在评估性能上的较大变化则表明该问题敏感于超参优化。（c）图，TPE 算法目前为止所找到的模型的最小验证损失。在 20-Newsgroups 数据集上，超过 300 次迭代所取得的渐进进展并没有显示出收敛的迹象。（d）图，随机搜索所找到的模型的最小验证损失。具体而言，最初 40 个评估的进展很快，随后的较长时间都保持一个稳定的状态。虽然改善一直在持续，不过随着时间的推移，改善效果越来越小。

高的调用效率。贝叶斯优化算法的发展是一个十分活跃的研究领域，相信在未来会有更多的搜索算法与 Hyperopt-sklearn 的搜索空间进行交互和融合。尤为重要的是，超参优化开启了一个搜索空间的参数化与搜索算法的优势相匹配的新方向。

在搜索上所花费的计算时钟时间具有非常重要的实际意义，而目前的 Hyperopt-sklearn 在评估没有潜力的点上花费了大量的时间。毋庸置疑，能够较早识别较差表现者的技术将会极大地提升搜索的速度 [5, 18]。

5.7 总　　结

本章主要介绍了 Hyperopt-sklearn，它是一个用于对由 Scikit-Learn 所提供的标准机器学习算法进行自动算法配置的 Python 包。Hyperopt-sklearn 为 Scikit-learn 中可用的大量机器学习算法提供了一个统一的接口。凭借 Hyperopt 的优化功能，Hyperopt-sklearn 在算法配置上可以与人类专家相媲美，甚至能够超越人类专家。最后，希望 Hyperopt-sklearn 能够为实践者开发机器学习系统时提供一个有用的工具，为自动机器学习研究者在算法配置方面提供一个未来工作的基准。

致谢 感谢 NSERC Banting Fellowship 项目、NSERC Engage 项目和 D-Wave Systems 所提供的支持和资助。同时感谢赫里斯蒂扬·博戈耶夫斯基所提供的一个 Hyperopt 到 Scikit-learn 之间关联的早期草稿。

参考文献

[1] J. Bergstra, R. Bardenet, Y. Bengio and B. Kegl. Algorithms for hyper-parameter optimization, NIPS, 24:2546–2554, 2011.

[2] J. Bergstra, D. Yamins and D. D. Cox. Making a science of model search: Hyperparameter optimization in hundreds of dimensions for vision architectures, In Proc. ICML, 2013a.

[3] J. Bergstra, D. Yamins and D. D. Cox. Hyperopt: A Python library for optimizing the hyperparameters of machine learning algorithms, SciPy'13, 2013b.

[4] D. Ciresan, U. Meier and J. Schmidhuber. Multi-column Deep Neural Networks for Image Classification, IEEE Conference on Computer Vision and Pattern Recognition (CVPR), 3642–3649. 2012.

[5] T. Domhan, T. Springenberg, F. Hutter. Extrapolating Learning Curves of Deep Neural Networks, ICML AutoML Workshop, 2014.

[6] K. Eggensperger, M. Feurer, F. Hutter, J. Bergstra, J. Snoek, H. Hoos and K. Leyton-Brown. Towards an empirical foundation for assessing bayesian optimization of hyperparameters, NIPS workshop on Bayesian Optimization in Theory and Practice, 2013.

[7] H. Guan, J. Zhou and M. Guo. A class-feature-centroid classifier for text categorization, Proceedings of the 18th international conference on World wide web, 201–210. ACM, 2009.

[8] M. Hall, E. Frank, G. Holmes, B. Pfahringer, P. Reutemann and I. H. Witten. The weka data mining software: an update, ACM SIGKDD explorations newsletter, 11(1):10–18, 2009.

[9] F. Hutter, H. Hoos and K. Leyton-Brown. Sequential model-based optimization for general algorithm configuration, LION-5, 2011. Extended version as UBC Tech report TR-2010-10.

[10] B. Komer, J. Bergstra and C. Eliasmith. Hyperopt-sklearn: automatic hyperparameter configuration for Scikit-learn, ICML AutoML Workshop, 2014.

[11] H. Larochelle, D. Erhan, A. Courville, J. Bergstra and Y. Bengio. An empirical evaluation of deep architectures on problems with many factors of variation, ICML, 473–480, 2007.

[12] Y. LeCun, L. Bottou, Y. Bengio and P. Haffner. Gradient-based learning applied to document recognition, Proceedings of the IEEE, 86(11):2278–2324, November 1998.

[13] T. Mitchell. 20 newsgroups data set, http://qwone.com/jason/20Newsgroups/, 1996.

[14] J. Mockus, V. Tiesis and A. Zilinskas. The application of Bayesian methods for seeking the extremum, L.C.W. Dixon and G.P. Szego, editors, Towards Global Optimization, volume 2, pages 117–129. North Holland, New York, 1978.

[15] The MNIST Database of handwritten digits: http://yann.lecun.com/exdb/mnist/.

[16] F. Pedregosa, G. Varoquaux, A. Gramfort, V. Michel, B. Thirion, O. Grisel, M. Blondel, P. Prettenhofer, R. Weiss, V. Dubourg, J. Vanderplas, A. Passos, D. Cournapeau, M. Brucher, M. Perrot, and E. Duchesnay. Scikit-learn: Machine Learning in Python, Journal of Machine Learning Research, 12:2825–2830, 2011.

[17] J. Snoek, H. Larochelle and R. P. Adams. Practical Bayesian optimization of machine learning algorithms, Neural Information Processing Systems, 2012.

[18] K. Swersky, J. Snoek, R.P. Adams. Freeze-Thaw Bayesian Optimization, arXiv:1406.3896, 2014.

[19] C. Thornton, F. Hutter, H. H. Hoos and K. Leyton-Brown. AutoWEKA: Automated selection and hyper-parameter optimization of classification algorithms, KDD 847–855, 2013.

第 6 章 Auto-sklearn

马蒂亚斯·费勒[1]，亚伦·克莱因[1]，卡塔琳娜·埃根斯珀格[1]，
约斯特·托比亚斯·斯普林根贝格[1]，曼努埃尔·布卢姆[1]，弗兰克·亨特[1]

概述：机器学习在众多应用上的成功，使得机器学习系统能够直接被非专家用户所使用的需求日益增长。想要在实践中真正产生效用，就需要该系统能够为一个新数据集自动选择合适的算法和特征预处理流程，并且能够同时设置它们各自的超参。而近期的工作已经开始采用有效的贝叶斯优化方法来解决该自动机器学习（AutoML）问题。在此基础上，本章会介绍一个基于 Python 机器学习包（Scikit-learn）的健壮的新 AtuoML 系统——Auto-sklearn，其使用了 15 个分类器、14 个特征预处理方法和 4 个数据预处理方法，并生成了一个具有 110 个超参的结构化假设空间。Auto-sklearn 通过自动考虑类似数据集上的过往性能和自动集成优化过程中所评估的模型，改进了已有的 AutoML 方法。该系统赢得了第一届 ChaLearn 自动机器学习挑战赛 10 个阶段中的 6 个阶段，并且通过在 100 个不同数据集上的综合性分析表明该系统能够显著超越当前 AutoML 中最为先进的技术。与此同时，本章也揭示了该系统中的每项贡献所能带来的性能收益，并深入讲解了 Auto-sklearn 中各个组件的有效性。

6.1 引　言

近期，机器学习在很多应用领域都取得了长足的进展，这也推动了对能够被机器学习新手有效使用的机器学习系统的需求不断增长。相应地，越来越多的商业企业致力于满足这一需求，如 BigML.com、Wise.io、H2O.ai、Feedzai.com、RapidMiner.com、Prediction.io、DataRobot.com、微软的 Azure 机器学习解决方案、谷歌的云机器学习引

---

[1] 马蒂亚斯·费勒（✉），亚伦·克莱因，卡塔琳娜·埃根斯珀格，约斯特·托比亚斯·斯普林根贝格，曼努埃尔·布卢姆，弗兰克·亨特
德国弗莱堡大学计算机科学系
电子邮箱：feurerm@informatik.uni-freiburg.de。

擎和亚马逊的机器学习解决方案。最为核心的是，每个有效的机器学习服务都需要解决其中的基础性问题，即如何为给定的数据集选择合适的机器学习算法、是否需要及如何对特征进行预处理，还有如何对所有的超参进行设置。而这就是本章所介绍的着重要解决的问题。

更为具体一点，本章对自动机器学习进行了研究，即能够在固定计算预算的前提下为新数据集自动生成测试集预测的问题。该 AutoML 问题可以被形式化为如下内容。

定义 1（AutoML 问题）：对于 $i=1,\cdots,n+m$，设 $\boldsymbol{x}_i$ 为特征向量，y_i 为对应的目标值。给定训练集 $D_{\text{train}}=\{(\boldsymbol{x}_1,y_1),\cdots,(\boldsymbol{x}_n,y_n)\}$ 和来自相同底层数据分布的测试集 $D_{\text{test}}=\{(\boldsymbol{x}_{n+1},y_{n+1}),\cdots,(\boldsymbol{x}_{n+m},y_{n+m})\}$ 的特征向量 $\boldsymbol{x}_{n+1},\cdots,\boldsymbol{x}_{n+m}$，以及资源预算 b 和损失测量函数 $\mathcal{L}(\cdot,\cdot)$，AutoML 问题的目标是能够（自动）生成准确的测试集预测 $\hat{y}_{n+1},\cdots,\hat{y}_{n+m}$。而对预测结果 $\hat{y}_{n+1},\cdots,\hat{y}_{n+m}$ 的评估方式为计算相应的损失值，即 $\frac{1}{m}\sum_{j=1}^{m}\mathcal{L}(\hat{y}_{n+j},y_{n+j})$。

实际上，预算 b 主要包含计算资源，如 CPU 时间/挂钟时间及内存使用量。该问题的定义反映了第一届 ChaLearn 自动机器学习挑战赛的设置情况[23]，另外该竞赛的具体介绍和分析可以参阅第 10 章。这里所介绍的 AutoML 系统赢得了该竞赛 10 个阶段中的 6 个。

本章遵循并扩展了首次由 Auto-WEKA[42] 所引入的 AutoML 方法，得到 Auto-sklearn。而 Auto-sklearn 的核心是将一个高度参数化的机器学习框架 F 与贝叶斯优化方法[7, 40] 进行结合，从而能够为一个给定的数据集实例化一个合适的框架 F。

Auto-sklearn 的主要贡献为基于能够适用到广泛的机器学习框架（如上文所提到的机器学习服务提供者中所用到的那些框架）的原则，采用各种方法扩展了 AutoML 方法，并极大地提高了 AutoML 方法的效率和鲁棒性。首先，参考之前在低维优化问题上表现较好的相关研究工作[21, 22, 38]，通过跨数据集推理来识别在新数据集上表现良好的机器学习框架的实例，并用这些实例来热启动贝叶斯优化模型（具体内容见 6.3.1 节）。随后，对由贝叶斯优化所得出的模型进行自动集成（具体内容见 6.3.2 节）。接下来，使用机器学习框架 Scikit-learn[36] 中所实现的高性能分类器和预处理器，精心设计了一个高度参数化的机器学习框架（具体内容见 6.4 节）。最后，在大量不同的数据集上进行了一个较为全面的实验分析，实验结果表明本章所提出的 Auto-sklearn 系统优于先前最好的 AutoML 方法（具体内容见 6.5 节）。除此之外，实验结果也展示了每项改进为性能所带来的显著提升（6.6 节），以及深入了解了 Auto-sklearn 中所使用的各个分类器和预处理器的性能表现（6.7 节）。

另外，本章主要为 2015 年发表于 NeurIPS 2015 的介绍 Auto-sklearn 的论文 [20] 的扩展版本，感兴趣的读者可以阅读该论文。

6.2 CASH 问题

本节首先回顾 Auto-WEKA 中的 AutoML 方法，其将自动机器学习问题形式化成算法选择和超参优化的结合问题（CASH）。在自动机器学习中，两个非常重要的问题需要注意：①没有单一的机器学习算法能够在所有的数据集上都表现得最好；②很多机器学习算法（如非线性支持向量机）极度依赖超参优化。不过第二个问题目前通过使用贝叶斯优化得以成功解决 [7, 40]，现在也是很多自动机器学习系统的核心组成部分。至于第一个问题，其与第二个问题是交织在一起的，因为算法的排序依赖于它们的超参是否得到了合适的调优。幸运的是，可以将这两个问题有效地处理成一个单一结构化的联合优化问题，如下所示。

定义 2（CASH 问题）：设 $A = \{A^{(1)}, \cdots, A^{(R)}\}$ 为算法的集合，每个算法 $A^{(j)}$ 超参的域为 $\Lambda^{(j)}$。再者，设训练集为 $D_{\text{train}} = \{(x_1, y_1), \cdots, (x_n, y_n)\}$，并对其进行 K 折交叉验证划分，记为 $\{D_{\text{valid}}^{(1)}, \cdots, D_{\text{valid}}^{(K)}\}$ 和 $\{D_{\text{train}}^{(1)}, \cdots, D_{\text{train}}^{(K)}\}$。其中，对于每一个划分的数据集 $i = 1, \cdots, K$，$D_{\text{train}}^{(i)} = D_{\text{train}} / D_{\text{valid}}^{(i)}$。最后，以 $\mathcal{L}\left(A_\lambda^{(j)}, D_{\text{train}}^{(i)}, D_{\text{valid}}^{(i)}\right)$ 来表示训练于数据集 $D_{\text{train}}^{(i)}$ 的算法 $A^{(j)}$（超参数为 λ）在验证数据集 $D_{\text{valid}}^{(i)}$ 上的损失。总结而言，算法选择和超参优化的结合问题（CASH）就是求解能够最小化该损失的算法和超参的联合设置，如式（6.1）所示。

$$A^*, \lambda_* \in \underset{A^{(j)} \in A, \lambda \in \Lambda^{(j)}}{\operatorname{argmin}} \frac{1}{K} \sum_{i=1}^{K} \mathcal{L}\left(A_\lambda^{(j)}, D_{\text{train}}^{(i)}, D_{\text{valid}}^{(i)}\right) \tag{6.1}$$

CASH 问题最早是由桑顿等 [42] 在 Auto-WEKA 系统中采用机器学习框架 WEKA[25] 和基于树的贝叶斯优化方法来解决的 [5, 27]。简单来说，贝叶斯优化 [7] 会拟合一个概率模型，以刻画超参设置和对应的测量性能之间的关系。随后，采用该模型来选择最具潜力的超参设置（会对空间中新区域的探索和已知最好区域的利用进行权衡），并对该超参设置进行评估及使用评估后的结果来更新该模型，重复迭代该运算过程。虽然基于高斯过程模型的贝叶斯优化（如斯诺克等的工作 [41]）在数值型超参的低维问题上表现最好，但在高维、结构化和部分离散的问题上（如 CASH 问题）基于树的模型表现会更好[15]。另外，在 AutoML 系统 Hyperort-sklearn[30] 中，目前采用的也是基于树的贝叶斯优化方法。而在基于树的贝叶斯优化方法中，桑顿等[42]发现基于随机森林的 SMAC[27] 优于树形 Parzen 估计器（TPE[5]），故而本章主要采用 SMAC 方法来求解 CASH 问题。再者，除了使用随机森林[6]之外，SMAC 的另一个主要区别是其通过一次评估一个折叠并较早地丢弃性能较差的超参设置以支持更快的交叉验证。

6.3 改　　进

本节主要讨论针对 AutoML 方法所做出的两项改进：①在 AutoML 方法中加入元学习步骤以热启动贝叶斯优化方法，使得效率得到较大幅度的提升；②在 AutoML 方法中加入自动的集成构建步骤，使得用户可以使用由贝叶斯优化所找到的所有分类器。

图 6.1 给出了 AutoML 的整体工作流程，包括上面所提到的两项改进。需要注意的是，对于那些能够提供更多自由度（如更多的算法、超参和预处理方法）的灵活的机器学习框架，预计它们的效率会更高一些。

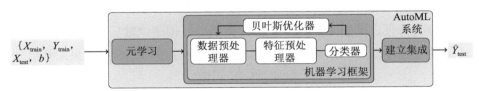

图 6.1　改进的 AutoML 方法

注：主要在机器学习框架的贝叶斯超参优化中增加了两个组件：用于贝叶斯优化器初始化的元学习和对优化过程中所评估过的配置的集成进行自动构建。

6.3.1　元学习步骤

领域专家会从以前的任务中获得知识，即他们会对机器学习算法的性能进行学习，而元学习（具体内容见第 2 章）通过推理跨数据集上学习算法的性能来模仿领域专家的这种策略。本章中，通过应用元学习来选择给定机器学习框架上很可能会在新数据集上表现良好的实例。更具体一点，对于大量的数据集，会同时收集性能数据和一组元特征，即能够高效计算和有助于确定新数据集上相应算法的数据集特征。

该元学习方法是对机器学习框架进行优化的贝叶斯优化方法的补充。元学习可以快速地找到一些表现可能会十分良好的机器学习框架实例，不过它无法提供性能的细粒度信息。与之相反，对于像整个机器学习框架那样大的超参空间，贝叶斯优化的启动速度会比较慢，不过它可以随着时间对性能进行微调。本章通过基于元学习选择 k 个配置的方式来利用这种互补性，并使用它们的结果来初始化贝叶斯优化方法。这种通过元学习来热启动贝叶斯优化的方法在之前的工作中 [21, 22, 38] 得以成功应用，但是还没有遇到像搜索成熟 ML 框架的实例化空间那样复杂的优化问题。与之类似，跨数据集上的学习也已被应用于协同贝叶斯优化方法中 [4, 45]。虽然这些方法都很有潜力，但是到目前为止，它们仍受限于非常少的元特征，并且还无法处理 AutoML 所面临的高维的部分离散的配置空间。

接下来，给出本章所使用的元学习方法的具体工作流程。在离线阶段，对于数据仓库中（本章使用了来自 OpenML[43] 仓库中的 140 个数据集）的每一个机器学习数据集，评估一组元特征（后文会具体阐述），并使用贝叶斯优化来确定和存储一个在该数据集上具有很强经验性能的给定 ML 框架的实例。具体而言，本章在 2/3 的数据上使用 10 折交叉验证运行 SMAC[27] 方法 24h，并储存剩余 1/3 数据上具有最佳性能表现的 ML 框架实例。随后，对于给定的新数据集 $\mathcal{D}$，计算该数据集的元特征。然后，基于之前数据集与新数据集 $\mathcal{D}$ 元特征之间的距离 L_1 对之前数据集进行排序。最后，根据排序选择 $k = 25$ 个用于评估的最近数据集所存储的 ML 框架的实例，并使用它们的结果来热启动贝叶斯优化。

为了特征化数据集，本书基于参考文献总共实现了 38 个元特征，包括简单的、信息论的和统计的元特征 [29, 33]，如数据点数量、特征和类别的统计，以及数据偏度和目标值的熵。想要了解这些元特征的具体信息，可以参阅补充材料 [20] 的表 1。需要注意的是，本书剔除了显著而有效的标记型元特征 [37]（用于衡量简单的基学习器性能），因为它们的计算代价过于巨大，对在线评估没有什么帮助。另外，在实际任务中发现，元学习方法的能力主要来自数据集仓库的可用性。随着近期的一些新举措（如 OpenML[43]），预计随着时间的推移，可用数据集的数量会越来越多，使得元学习的重要性进一步得到提升。

6.3.2 集成的自动构建

虽然贝叶斯超参优化在寻找最佳性能的超参设置方面可以高效地利用数据，不过当目标仅仅是做出好的预测时，该优化过程会非常浪费资源：因为搜索过程中训练的所有模型都被丢弃了，通常会包括那些与最佳模型性能较为接近的模型。与直接丢弃这些模型不同，本文会对这些模型进行存储，并采用一个高效的后处理方法（可以在第二个过程中动态运行）对它们进行集成的构建。集成的自动构建避免了最后只使用单个超参设置，因此比标准超参优化方法所生成的单点估计更为鲁棒且不容易产生过拟合。据我们所知，本书是第一篇做出这种简单观察的工作，该观察可用于改进任何贝叶斯超参优化方法。①

众所周知，集成的性能通常优于单个模型的性能[24, 31]，并且有效的集成可以从模型库中创建[9, 10]。而当模型具有较强的独立性及能够产生不相关的误差时，集成的性能会更好。由于单个模型本质上较为不同是更有可能发生的，所以集成的构建特别适合于组合灵活机器学习框架的强实例。

然而，简单建立一个由贝叶斯优化发现的所有模型的均匀加权集成，在实际任务中并不能很好地工作。相反，使用所有单个模型在保留数据集上的预测值来调整它们各自的权重是至关重要的。本书尝试了多种优化这些权重的方法，如叠加[44]、免梯度的数值优化和方法集成选择[10]。在实际任务中发现，数值优化和叠加方法都很容易在验证集上产生过拟合，并且计算开销较大，而方法集成选择的计算速度快且更为健壮。简单来说，集成选择（具体内容见卡鲁阿纳等的工作[10]）是一种贪婪算法，即从空的集成开始，随后迭代地增加能够使得集成验证损失最小的模型（采用相同的权重，但允许重复）。本书的所有实验都使用了该技术，即使用有替换的选择法[10]来构建一个规模为50的集成。另外，使用与贝叶斯优化相同的验证集来计算集成的损失。

6.4 Auto-sklearn 系统

为了设计一个健壮的 AutoML 系统，本章选择 Scikit-learn[36] 作为底层的机器学习

---

① 在本章[20]发表时，埃斯卡兰特等的工作[16]和比格尔及保利的工作[8]也将集成作为 AutoML 系统的一个后处理步骤，以改进模型的泛化能力。然而，这两项工作只是将学习模型和一个预定义的策略进行结合，并没有基于单个模型的性能来自动构建集成。

框架，Scikit-learn 是较为著名且被广泛使用的机器学习库之一。它提供了大量建立良好且有效实现的机器学习算法，而且易于专家和新手使用。由于本文所设计的 AutoML 系统与 Auto-WEKA 非常相似，且类似于基于 Scikit-learn 的 Hyperort-sklearn，所以称为 Auto-sklearn。

图 6.2 为 Auto-sklearn 的机器学习管道和相应组件的示意图，其包含了 15 个分类算法、14 个特征预处理方法和 4 个数据预处理方法。对它们每个方法都进行参数化，最终获得一个具有 110 个超参的搜索空间。其中的大多数超参是条件型超参，即只有当对应的组件被选中时才会激活相应的超参，而 SMAC [27] 方法可以很好地处理这些条件型超参。

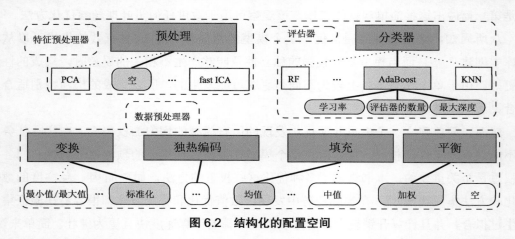

图 6.2　结构化的配置空间

注：其中，方框表示父超参，圆角框表示叶子超参。灰色框主要表示活动的超参，这些超参组成示例性的配置和机器学习管道。每一条管道都含有 1 个特征预处理器、1 个分类器和至多 3 个数据预处理器，外加这些方法的超参。

表 6.1 列出了 Auto-sklearn 中的 15 个分类算法，它们属于不同的类别：一般线性模型，2 个；支持向量机，2 个；判别分析，2 个；最近邻方法，1 个；朴素贝叶斯，3 个；决策树，1 个；集成方法，4 个。与 Auto-WEKA[42]（具体内容可参阅第 4 章）不同的是，Auto-sklearn 将配置空间集中在基分类器上，并排除了自身可通过一个或更多基分类器来参数化的元模型和集成方法。然而这样的集成会使得 Auto-WEKA 的超参数量增加近 5 倍（达到 786 个），但是在 Auto-sklearn 中仅仅只有 110 个超参。本章主要采用 6.3.2 节中所设计的后续方法来构建复杂的集成。相比于 Auto-WEKA，该方法在数据利用上会更加高效。具体而言，在 Auto-WEKA 中，评估一个含有 5 个组件的集成的性能，需要构建和评估

5个模型；而在 Auto-sklearn 中，集成的自由度非常大，可以混合和匹配优化过程中任意时间所评估模型。

另外，表 6.1 也列出了 Auto-sklearn 中针对稠密二分类数据集的预处理方法，主要由数据预处理器（用于更改特征值，并总是在适用时被使用）和特征预处理器（用于改变实际的特征集，并且只使用其中的一个或者一个都不用）所组成。数据预处理包含输入值缩放、缺失值填充、独热编码以及目标类别的平衡。而 13 个可用的特征预处理方法可以被分成以下几组：不进行任何处理，1 个；特征选择，2 个；核近似，2 个；矩阵分解，3 个；嵌入，1 个；特征聚类，1 个；特征多项式扩展，1 个；使用分类器进行特征选择的方法，2 个。举例而言，拟合数据的 L_1 正则化线性支持向量机可以通过消除零值模型系数所对应的特征来实现特征选择。

表 6.1 稠密表示的二分类数据集中，每个分类器和每个特征预处理方法的超参数量

分类器类型	#λ	类别型超参（条件）	连续型超参（条件）
AdaBoost（AB）	4	1（—）	3（—）
伯努利朴素贝叶斯	2	1（—）	1（—）
决策树（DT）	4	1（—）	3（—）
极限随机树	5	2（—）	3（—）
高斯朴素贝叶斯	—	—	—
梯度提升（GB）	6	—	6（—）
K 最近邻（KNN）	3	2（—）	1（—）
线性判别分析（LDA）	4	1（—）	3（—）
线性 SVM	4	2（—）	2（—）
核 SVM	7	2（—）	5（2）
多项式朴素贝叶斯	2	1（—）	1（—）
被动攻击	3	1（—）	2（—）
二次判别分析（QDA）	2	—	2（—）
随机森林（RF）	5	2（—）	3（—）
线性分类器（SGD）	10	4（—）	6（3）
预处理方法	#λ	类别型超参（条件）	连续型超参（条件）
极限随机树预处理	5	2（—）	3（—）
快速 ICA	4	3（—）	1（1）
特征凝聚	4	3（—）	1（—）
核 PCA	5	1（—）	4（3）
随机尝试法	2	—	2（—）

续表

预处理方法	#λ	类别型超参（条件）	连续型超参（条件）
线性 SVM 预处理	3	1（—）	2（—）
不做预处理	—	—	—
Nystroem 采样器	5	1（—）	4（3）
主成分分析（PCA）	2	1（—）	1（—）
多项式	3	2（—）	1（—）
随机树嵌入	4	—	4（—）
选择百分位	2	1（—）	1（—）
选择比例	3	2（—）	1（—）
独热编码	2	1（—）	1（1）
插值	1	1（—）	—
平衡	1	1（—）	—
缩放	1	1（—）	—

注：—表示无。针对稀疏二分类和稀疏/稠密多分类数据集的相关表格（即表 2a、3a、4a、2b、3b 和 4b）可以参阅材料 [20] 的 E 部分。表格对具有离散值的类别型超参（简写为 cat）和连续型的数值超参（简写为 cont）进行了区分。括号内的数值主要表示条件型超参（简写为 cond），只有当另一个超参具有特定值时才会相关。

关于 Auto-sklearn 中所使用的机器学习算法的具体描述，主要参考了补充材料 [20] 的 A.1 节和 A.2 节，以及 Scikit-learn 文档 [36] 和里面的引用文献。

为了最大程度地利用计算能力，以及避免陷入某个预处理和机器学习算法特定组合的长时运行，本章实现了几个措施。首先，限制机器学习框架实例每次评估的时间，同时限制评估的内存使用空间，以防止操作系统的交换和冻结。当评估不满足这些限制条件的某一个时，该评估会自动终止，并返回给定评价指标上的最差可能分数。对于一些模型，本章会采用迭代式训练方法。在这些模型达到限制条件终止之前，持续监测这些模型并返回这些模型的当前性能值。为了进一步降低过长运行的总量，Auto-sklearn 会禁止一些预处理器和分类算法的组合。特别地，Auto-sklearn 会禁止核近似方法与非线性方法、基于树的方法及 KNN 算法进行结合。在 SMAC 方法中，Auto-sklearn 会对这类禁止的组合进行处理。出于同样的原因，Auto-sklearn 省去了特征学习算法，如字典学习。

超参优化的另一个问题是过拟合和数据重采样，因为需要将 AutoML 系统中的训练数据分成两个数据集：一个数据集用于训练机器学习管道，即训练集；另一个数据集用于计算贝叶斯优化的损失函数，即验证集。在这里，需要权衡是运行一个更为健壮的交叉验证（其在 SMAC 中只需要很少的额外开销）还是评估模型在所有交叉验证折叠上的效果，以更好地基于这些模型进行集成的构建。因此，对于 6.6 节中时间严格限制为 1h 的任务，直接采用简单的训练/测试集划分。而对于 6.5 节和 6.7 节中时间限制为 24h 和 30h 的任务，采用 10 折交叉验证的方式对数据集进行划分。

最后，需要注意的是，并非所有的有监督学习任务（如多目标分类任务）都能通过 Auto-sklearn 中的可用算法来求解。因此，对于一个给定的新数据集，Auto-sklearn 首先会预选适合该数据集属性的方法。由于 Scikit-learn 方法仅限于数值型输入值，所以总是会在类别型特征上应用独热编码技术来转换数据。为了保持较低数量的虚拟特征，在 Auto-sklearn 中配置了一个百分比阈值，并将出现频率低于该百分比阈值的值转换成一个特殊的其他值 [35]。

6.5　Auto-sklearn 的对比试验

作为一个基准实验，本节对普通 Auto-sklearn（即没有采用元学习和集成自动构建）、Auto-WEKA（具体内容见第 4 章）及 Hyperopt-sklearn（具体内容见第 5 章）之间的性能进行比较，即采用介绍 Auto-WEKA 那篇论文 [42] 中的 21 个数据集复现了实验过程（数据集的具体介绍见第 4 章的表 4.1）。参照 Auto-WEKA 论文的实验设置方式，本章采用相同的数据集划分方式 [1]、30h 的挂钟时间限制、10 折交叉验证（其中在每个折叠上的评估时间限制为 15min），以及在每个数据集上使用 SMAC 运行 10 次独立的优化。正如在 Auto-WEKA 中一样，通过 SMAC 的增强过程可以加快评估的速度。具体而言，只有当正在被评估的配置有可能优于目前为止的最佳配置时，才会安排在新交叉验证折叠上的运行 [27]。本章没有修改 Hyperopt-sklearn 系统，其总是使用 80/20 的训练集/测试集划分方式。另外，所有的实验都运行在主频为 2.6 GHz、内存为 4 GB 的 Intel Xeon E5-2650 v2 8 核处理器上，并且采用的都是 Auto-WEKA 0.5 和 Scikit-learn 0.16.1。在实验中，允许机器学习框架使用 3 GB 的内存，并将剩余部分留给 SMAC。

表 6.2 展示了本节的实验结果。由于本次实验的设置严格遵从了原 Auto-WEKA 论文中的步骤，作为完整性检查，本节对由本章 Auto-WEKA 实验所获得的数值（表 6.2 的第二行）与 Auto-WEKA 作者所给出的数值（见第 4 章）进行比较，发现整体上实验结果是合理的。此外，由表 6.2 可知，在 6 个实例上，Auto-sklearn 的表现明显优于 Auto-WEKA，在 12 个实例上与之持平，在 3 个实例上劣于 Auto-WEKA。进一步分析发现，

表 6.2 实验结果

数据集	Abalone	Amazon	Car	Cifar-10	Cifar-10small	Convex	Dexter	Dorothea	Germancredit	Gisette	KDD09 appetency
AS	73.50	16.00	0.39	51.70	54.81	17.53	5.56	5.51	27.00	1.62	1.74
AW	73.50	30.00	0.00	56.95	56.20	21.80	8.33	6.38	28.33	2.29	1.74
HS	76.21	16.22	0.39	—	57.95	19.18	—	—	27.67	2.29	—

数据集	KR-vs-KP	Madelon	MNISTbasic	MRBI	Secom	Semeion	Shuttle	Waveform	Winequality	Yeast	
AS	0.42	12.44	2.84	46.92	7.87	5.24	0.01	14.93	33.76	40.67	
AW	0.31	18.21	2.84	60.34	8.09	5.24	0.01	14.13	33.36	37.75	
HS	0.42	14.74	2.82	55.79	—	5.87	0.05	14.07	34.72	38.45	

注：Auto-WEKA（AW），普通 Auto-sklearn（AS）和 Hyperopt-sklearn（HS）在测试集上的分类误差，与 Auto-WEKA [42] 的最初评估类似（具体内容见 4.5 节）。该表主要展示了在 100 000 个（基于 10 次运行）有放回采样上测试误差率的中位数，每个采样模拟 4 个并行运算，并总是根据交叉验证性能选择最好的那个。其中，粗体数字表示最好的结果。另外，加下画线的结果表示与最佳结果不具有统计意义上的差异性。根据 $p = 0.05$ 的自展检验，加下画线的结果表示与最佳结果不具有统计意义上的差异性。

对于 Auto-WEKA 表现最好的 3 个数据集，它在超过 50% 的运行中所选择的最佳分类器（带有剪枝单元的树）在 Scikit-learn 中还没有被实现。目前为止，Hyperopt-sklearn 更多的是一种概念验证（邀请用户根据他们自身的需要来调整配置空间），而非一个完整的自动机器学习系统。当出现稀疏数据和缺失值时，目前的 Hyperopt-sklearn 版本会出现崩溃情况。除此之外，它在 Cifar-10 数据集上由于内存限制的原因也会出现崩溃情况，设置内存限制主要是为了公平地比较所有的优化器。在 16 个 Hyperopt-sklearn 可以运行的数据集上，它在其中 9 个数据集上的表现持平于最具竞争力的 AutoML 系统，在剩下的 7 个实例中劣于最佳 AutoML 系统。

6.6 Auto-sklearn 改进项的评估

为了评估 Auto-sklearn 系统在大范围数据集上的鲁棒性和一般适用性，本节从 OpenML 存储库[43]中收集了 140 个二分类数据集和多分类数据集。需要注意的是，只选择那些至少具有 1 000 个数据点的数据集，以便进行鲁棒性评估。这些数据集涵盖了多种不同类型的应用，如文本分类、数字和字母识别、基因序列和 RNA 分类、广告、望远镜数据的粒子分类及组织样本中的癌症检测。论文 [20] 补充材料的表 7 和表 8 列出了所有数据集，并给出了它们的唯一 OpenML 标识符，以便于复现。在本章中，将每个数据集随机划分成 2/3 的训练集和 1/3 的测试集。Auto-sklearn 只能访问训练集，并进一步对训练集进行划分：2/3 用于训练；剩下的 1/3 用于计算 SMAC 的验证损失。总结而言，4/9 的数据用于训练机器学习模型，2/9 的数据用于计算它们的验证损失，剩下的 3/9 用于生成待比较的不同 AutoML 系统的测试性能。由于很多数据集上的类别分布十分不均衡，所以会采用一个称为平衡分类错误率（BER）的指标来评估所有的 AutoML 方法。平衡分类错误率的计算方式为每个类上错误分类比例的均值。与标准分类错误相比（即整体错误的均值），该指标（类上错误的均值）能够平等对待每一个类别。实际上，在机器学习竞赛中，会经常使用平衡错误或准确度指标，如 AutoML 挑战赛[23]（会在第 10 章进行具体介绍）。

在每个数据集上，对于采用元学习和不采用元学习的 Auto-sklearn 分别执行 10 次运行，对于采用集成构建和不采用集成构建的 Auto-sklearn 同样分别执行 10 次运行。为了研究它们在严格时间约束下的性能，同时由于受到计算资源的限制，本章将每次运行的

CPU 时间限制在 1h，评估单个模型的运行时间限制在 6min。

为了不评估已用于元学习的数据集上的性能，本章会采用留一验证法，即当评估数据集 D 时，只使用 139 个其他数据集上的元信息。

图 6.3 展示了随着时间的推移，4 个不同 Auto-sklearn 测试版本平均排序的变化趋势。由图 6.3 可知，采用了改进项（即元学习和集成自动构建）的版本的性能明显优于普通

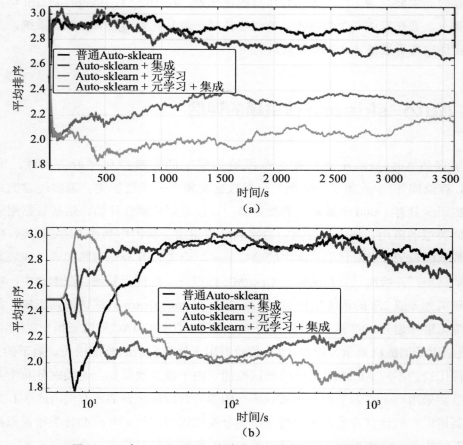

图 6.3　4 个 Auto-sklearn 变体在 140 个数据集上的平均排序

注： 该排序主要基于测试集上的平衡错误率（BER）。需要注意的是，排序是性能的一个相对指标（这里，所有方法的排序相加之和为 10），因此一个方法在 BER 上的提升会弱化另一个方法的 BER 结果。具体而言，（a）图为在线性的 x 尺度上绘制数据点，（b）图的数据点与（a）图的数据点相同，不同的是在对数的 x 尺度上绘制数据点。由于元学习和集成选择需要少量的额外运算开销，所以普通 Auto-sklearn 能够在最初 10s 内取得最好的排序结果，因为它能够在其他 Auto-sklearn 变体完成第一个模型的训练之前进行预测。在此之后，元学习很快就展示出性能优势。

Auto-sklearn。令人印象最为深刻的是元学习在它所选择的第一个配置上就获得了很好的性能，一直持续到实验结束。值得注意的是，在开始阶段性能提升的效果最为明显。另外，随着时间的推移，普通 Auto-sklearn 也能够在不使用元学习的前提下找到好的解决方案，使得它在一些数据集上取得较好的性能，进而整体上提升排名。

除此之外，由实验结果可知本章所提出的两项改进彼此之间可以相互补充，因为集成的自动构建同时提升了普通的 Auto-sklearn 和具有元学习的 Auto-sklearn 的性能。有趣的是，集成对性能的影响在元学习版本中会开始得更早。一个主要的原因在于，元学习能够较早地产生更好的机器学习模型，这些模型可以直接被组合成一个较强的集成。随着运行时间的增加，不具有元学习的 Auto-sklearn 也能受益于自动集成构建。

6.7 Auto-sklearn 组件的详细分析

本节着重研究 Auto-sklearn 中的单个分类器和预处理器，并与这些方法的联合优化进行比较，以了解这些方法的峰值性能和鲁棒性。理想情况下，更倾向于独立地研究单个分类器和单个预处理器的所有组合，然而 Auto-sklearn 具有 15 个分类器和 14 个预处理器时，在实际环境中优化已经变得难以实行。取而代之的是，在研究单个分类器的性能时，仍会在所有的预处理器上进行优化；在研究单个预处理器的性能时类似，即仍会在所有的分类器上进行优化。为了获得一个更为详细的分析，本节实验会集中在部分数据集上，但是将用于优化所有方法的配置预算时间从 1h 延长到 1d，对于完整 Auto-sklearn，则延长到 2d。具体而言，基于数据集的元特征采用 g-means[26] 方法将 140 个数据集聚成 13 类，并从每个聚类中选择一个代表性数据集以供使用。另外，所有这些实验总共需要的运算时间为 10.7 CPU 年。表 6.3 给出了所选数据集的基本信息。

表 6.3　从 13 个聚类结果中所选择出的代表性数据集的具体信息

ID	名称	连续属性数量	名义属性数量	类别数	稀疏	缺失值	训练样本数量	测试样本数量
38	Sick	7	22	2	—	×	2527	1245
46	Splice	0	60	3	—	—	2137	1053
179	Adult	2	12	2	—	×	32 724	16 118
184	KROPT	0	6	18	—	—	18 797	9259

续表

ID	名称	连续属性数量	名义属性数量	类别数	稀疏	缺失值	训练样本数量	测试样本数量
554	MNIST	784	0	10	—	—	46 900	23 100
772	Quake	3	0	2	—	—	1459	719
917	fri_c1_1000_25(binarized)	25	0	2	—	—	670	330
1049	pc4	37	0	2	—	—	976	482
1111	KDDCup09 Appetency	192	38	2	—	×	33 500	16 500
1120	Magic Telescope	10	0	2	—	—	12 743	6277
1128	OVA Breast	10 935	0	2	—	—	1035	510
293	Covertype(binarized)	54	0	2	×	—	389 278	191 734
389	fbis_wc	2000	0	17	×	—	1651	812

注：—表示默认值，× 表示未知值。

表 6.4 比较了不同分类算法和 Auto-sklearn 的实验结果。结果整体上比较符合预期，随机森林、极限随机树、AdaBoost 和梯度提升具有最强的鲁棒性，支持向量机在部分数据集上具有最佳的峰值性能。除了这些较强的分类器之外，还存在一些效果欠佳的模型：在大部分数据集上，决策树、被动攻击方法、KNN、高斯朴素贝叶斯、LDA 和 QDA 都明显差于最佳分类器。根据表 6.4 中的结果可以发现，没有哪个方法在所有的数据集上都能取得最佳表现。另外，基于表 6.4 的结果和图 6.4 两个示例数据集的可视化可知，优化 Auto-sklearn 的联合配置空间能够取得最强的鲁棒性。基于时间的排序变化图（补充材料 [20] 中的图 2 和图 3）量化了 Auto-sklearn 在 13 个数据集上的性能变化趋势，表明 Auto-sklearn 能够以一个合理但并非最优的性能开始优化，并且可以随着时间的推移，有效地搜索到能收敛到最佳全局性能的更为一般化的配置空间。

表 6.5 对比了不同预处理器和 Auto-sklearn 的实验结果。如前面在分类器上的比较类似，Auto-sklearn 同样具有最强的鲁棒性。具体而言，它在其中的 3 个数据集上表现最佳，在另外 8/13 个数据集上与最佳预处理的性能不具有统计意义上的差异。

表 6.4 不同分类算法和 Auto-sklearn 的实验结果

OpenML 数据集 ID	Auto-sklearn	Ada-Boost	伯努利朴素贝叶斯	决策树	极限随机树	高斯朴素贝叶斯	梯度提升	KNN	LDA	线性 SVM	核 SVM	多项式朴素贝叶斯	被动攻击	QDA	随机森林	线性分类器 (SGD)
38	2.15	2.68	50.22	2.15	18.06	11.22	1.77	50.00	8.55	16.29	17.89	46.99	50.00	8.78	2.34	15.82
46	3.76	4.65	—	5.62	4.74	7.88	3.49	7.57	8.67	8.31	5.36	7.55	9.23	7.57	4.20	7.31
179	16.99	17.03	19.27	18.31	17.09	21.77	17.00	22.23	18.93	17.30	17.57	18.97	22.29	19.06	17.24	17.01
184	10.32	10.52	—	17.46	11.10	64.74	10.42	31.10	35.44	15.76	12.52	27.13	20.01	47.18	10.98	12.76
554	1.55	2.42	—	12.00	2.91	10.52	3.86	2.68	3.34	2.23	1.50	10.37	100.00	2.75	3.08	2.50
772	46.85	49.68	47.90	47.75	45.62	48.83	48.15	48.00	46.74	48.38	48.66	47.21	48.75	47.67	47.71	47.93
917	10.22	9.11	25.83	11.00	10.22	33.94	10.11	11.11	34.22	18.67	6.78	25.50	20.67	30.44	10.83	18.33
1049	12.93	12.53	15.50	19.31	17.18	26.23	13.38	23.80	25.12	17.28	21.44	26.40	29.25	21.38	13.75	19.92
1111	23.70	23.16	28.40	24.40	24.47	29.59	22.93	50.30	24.11	23.99	23.56	27.67	43.79	25.86	28.06	23.36
1120	13.81	13.54	18.81	17.45	13.86	21.50	13.61	17.23	15.48	14.94	14.17	18.33	16.37	15.62	13.70	14.66
1128	4.21	4.89	4.71	9.30	3.89	4.77	4.58	4.59	4.58	4.83	4.59	4.46	5.65	5.59	3.83	4.33
293	2.86	4.07	24.30	5.03	3.59	32.44	24.48	4.86	24.40	14.16	100.00	24.20	21.34	28.68	2.57	15.54
389	19.65	22.98	—	33.14	19.38	29.18	19.20	30.87	19.68	17.95	22.04	20.04	20.14	39.57	20.66	17.99

注: 13 个数据集上的测试平衡错误率（BER）中值，主要包含两个部分：一个是优化每个分类方法的 Auto-sklearn 子空间；另一个是优化 Auto-sklearn 的整个配置空间。针对单个分类方法的优化运行时间限制为 24h（此时包含所有的预处理器）的 Auto-sklearn 的优化运行时间限制为 48h。其中，粗体数字表示最好的结果。另外，加下画线的结果表示在与表 6.2 采用相同的设置时，该结果与最佳结果不具有统计意义上的差异性。

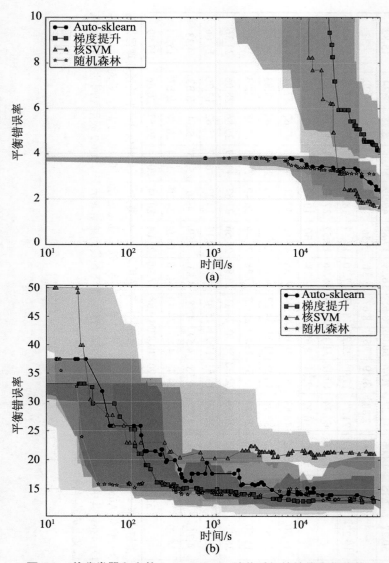

图 6.4 单分类器和完整 Auto-sklearn 随着时间的性能变化趋势

注：其中，（a）图为 MNIST 数据集上的实验结果（OpenML 的数据集 ID 为 554），（b）图为 pc4 数据集上的实验结果（OpenML 的数据集 ID 为 1049）。图中展示了分别优化 3 个分类器和优化联合空间的各自测试误差率的中位数、第 5 百分位数及第 95 百分位数。另外，可以参阅补充材料 [20] 的图 4 以查看所有分类器的实验结果。虽然 Auto-sklearn 在一开始表现较差，但最终它的性能可以接近最佳方法的性能。

第 6 章 Auto-sklearn 133

表 6.5 单个预处理器和完整 Auto-sklearn 上的测试平衡错误率

OpenML 数据集 ID	Auto-sklearn	增密器	极限随机树预处理	快速 ICA	特征凝聚	核 PCA	随机尝试法	线性 SVM 预处理	无预处理	采样器	PCA	多项式	随机森林嵌入	选择分类百分比	选择率	截断式 SVD
38	2.15	—	4.03	7.27	2.24	5.84	8.57	2.28	2.28	7.70	7.23	2.90	18.50	2.20	2.28	—
46	3.76	—	4.98	7.95	4.40	8.74	8.41	4.25	4.52	8.48	8.40	4.21	7.51	4.17	4.68	—
179	16.99	—	17.83	17.24	16.92	100.00	17.34	16.84	16.97	17.30	17.64	16.94	17.05	17.09	16.86	—
184	10.32	—	55.78	19.96	11.31	36.52	28.05	9.92	11.43	25.53	21.15	10.54	12.68	45.03	10.47	—
554	1.55	—	1.56	2.52	1.65	100.00	100.00	2.21	1.60	2.21	1.65	100.00	3.48	1.46	1.70	—
772	46.85	—	47.90	48.65	48.62	47.59	47.68	47.72	48.34	48.06	47.30	48.00	47.84	47.56	48.43	—
917	10.22	—	8.33	16.06	10.33	20.94	35.44	8.67	9.44	37.83	22.33	9.11	17.67	10.00	10.44	—
1049	12.93	—	20.36	19.92	13.14	19.57	20.06	13.28	15.84	18.96	17.22	12.95	18.52	11.94	14.38	—
1111	23.70	—	23.36	24.69	23.73	100.00	25.25	23.43	22.27	23.95	23.25	26.94	26.68	23.53	23.33	—
1120	13.81	—	16.29	14.22	13.73	14.57	14.82	14.02	13.85	14.66	14.23	13.22	15.03	13.65	13.67	—
1128	4.21	—	4.90	4.96	4.76	4.21	5.08	4.52	4.59	4.08	4.59	50.00	9.23	4.33	4.08	—
293	2.86	24.40	3.41	—	—	100.00	19.30	3.01	2.66	20.94	—	—	8.05	2.86	2.74	4.05
389	19.65	20.63	21.40	—	—	17.50	19.66	19.89	20.87	18.46	—	—	44.83	20.17	19.18	21.58

注：与表 6.4 类似，只是将分类器换成了预处理器。

6.8 讨论与总结

介绍完本章的实验验证之后，本节对本章内容做一个总结，主要包括简要的讨论、简单的 Auto-sklearn 使用示例、近期扩展的简短回顾及未来工作的展望。

6.8.1 讨论

实验部分已证明本章所设计的新 AutoML 系统 Auto-sklearn 能够优于先前最好的 AutoML 系统，并且针对 AutoML 所提出的两项改进（元学习和集成构建）能够进一步提高系统的效率和健壮性。除此之外，Auto-sklearn 在 ChaLearn 的首届自动机器学习挑战赛中，赢得了自动任务 5 个阶段中的 3 个（包括最后两个），进一步证明了 Auto-sklearn 的有效性和健壮性。在本章中，并没有采用循环和数周 CPU 能力来与专家一起评估 Auto-sklearn 在交互式机器学习中的使用情况。但值得注意的是，这种模式在首届 ChaLearn 自动机器学习挑战赛的人类阶段（又称为终局阶段）中取得了 3 次第一名（除了自动阶段之外，特别是表 10.5 中的终局阶段 0-4）。基于此，我们有理由相信 Auto-sklearn 对于机器学习新手和专家都是一个有前途的 AutoML 系统。

自原 NeurIPS 论文 [20] 发表以来，Auto-sklearn 已经成为自动机器学习新方法的标准基线，如 Flash[46]、Rectpe[39]、Hyperband[32]、AutoPrognosis[3]、MLPlan[34]、Auto-Stacker[11] 和 AlphaD3M[13]。

6.8.2 使用示例

Auto-sklearn 这篇研究工作的一个重要成果是 auto-sklearn python 包。它可以替代任何 Scikit-learn 中的分类器或回归器，类似于由 Hyperopt-sklearn[30] 所提供的分类器。使用示例如下：

```
import autosklearn.classification
cls = autosklearn.classification.AutoSklearnClassifier()
cls.fit(X_train, y_train)
predictions = cls.predict(X_test)
```

可以在 Auto-sklearn 中使用任意的损失函数和重采样策略来评估验证损失。除此之外，还可以扩展 Auto-sklearn 所能选择的分类器和预处理器。如自 Auto-sklearn 最初发布以来，增加了回归运算的支持。另外，Auto-sklearn 包的开发网址为 https://github.com/automl/auto-sklearn，可以通过 Python 打包索引 pypi.org 来获得。具体文档请参阅网址 automl.github.io/auto-sklearn。

6.8.3 Auto-sklearn 的扩展

虽然本章所描述的 Auto-sklearn 会受限于只能处理规模相对较小的数据集，但在近期的 AutoML 挑战赛上（运行于 2018 年的 AutoML 2，具体内容参阅第 10 章），Auto-sklearn 已经能够有效处理大型数据集。举例而言，Auto-sklearn 可以使用一个具有 25 个 CPU 的集群在两天之内处理几十万个数据点的数据集，不过这超出了 AutoML 2 挑战赛所限制的时间预算（20min）。正如在近期的研讨论文文献 [18] 中所详细描述的，这预示着开放的方法也可以考虑包括极端梯度提升（特别是 XGBoost[12]）、采用连续减半[28]（在第 1 章中做了具体介绍）的多保真度方法来求解 CASH 问题，以及改变元学习方法。接下来着重介绍其中的代表性系统 PoSH Auto-sklearn，其在 2018 挑战赛中取得了最佳成绩。另外，PoSH 为组合连续减半（Portfolio Successive Halving）的缩写。

开始时，PoSH Auto-sklearn 会在具有 16 个机器学习管道配置的固定组合上运行连续减半。如果还有剩余时间，它将采用这些运行结果来热启动一个贝叶斯优化和连续减半的组合。这 16 个管道的固定组合的获取方式如下，通过运行贪婪子模块函数最大化来选择一个彼此之间可以互补的配置集合，该配置集合能够很好地优化 421 个数据集上的性能。其中，配置该优化的候选配置为运行于此 421 个数据集上的 SMAC[27] 方法所找到的 421 个配置，即在每个数据集上都会得到一个配置。

这里所使用的能够在更短的时间窗口内产生健壮结果的贝叶斯优化和连续减半的组合方法是第 1 章所讨论的多保真度超参优化方法 BOHB（贝叶斯优化与超带）[17] 的改进版。考虑到多保真度方法的预算，这里将所有迭代算法的迭代次数作为预算，而支持向量机则是将数据集的规模作为预算。

另一个处理大型数据集的 Auto-sklearn 版本是本章作者目前正在进行的自动深度学习方面的工作，会在接下来的 Auto-Net 章节中进行具体讨论。

6.8.4 总结与展望

在 Atuo-WEKA 的自动机器学习方法之后，本章介绍了 Auto-sklearn，其性能优于之前最好的 AutoML 方法。同时，本章所设计的元学习和集成机制进一步提升了 AutoML 方法的效率和鲁棒性。

虽然 Auto-sklearn 能够为用户处理超参调优过程，但是 Auto-sklearn 自身也拥有一些在给定时间预算内影响 Auto-sklearn 性能的超参，如 6.5 节、6.6 节和 6.7 节所讨论的时间限制及用于计算损失函数的重采样策略。本章作者在之前的工作 [19] 中已经证明，重采样策略的选择和时间限制自身就可以作为一个元学习问题。但是，本章更倾向于将其扩展到 Auto-sklearn 用户可决策的其他设计选项中。

自撰写文献 [20] 以来，元学习领域所取得的巨大进展为 Auto-sklearn 提供了更多能够将元信息包含到贝叶斯优化中的新方法。预计使用第 2 章所讨论的新方法都有可能较大幅度地改进优化过程。

最后，拥有一个能够测试数百个超参配置的全自动过程会较大程度提高验证集中过拟合的风险。为了避免出现这种情况，建议将 Auto-sklearn 与第 1 章所讨论的技术、来自差分隐私的技术 [14] 或其他仍在开发的技术进行结合。

致谢 感谢德国研究基金会（DFG）所提供的支持，相关的项目有优先项目自主学习（SPP 1527, HU 1900/3-1）、Emmy Noether 基金项目（HU 1900/2-1）和卓越 BrainLinks-BrainTools 集群项目（基金号为 EXC 1086）。

参考文献

[1] Auto-WEKA website, http://www.cs.ubc.ca/labs/beta/Projects/autoweka.

[2] Proc. of NeurIPS'15 (2015).

[3] Ahmed, A., van der Schaar, M.: AutoPrognosis: Automated clinical prognostic modeling via Bayesian optimization with structured kernel learning. In: Proc. of ICML'18. pp. 139–148 (2018).

[4] Bardenet, R., Brendel, M., Kégl, B., Sebag, M.: Collaborative hyperparameter tuning. In: Proc. of ICML'13. pp. 199–207 (2014).

[5] Bergstra, J., Bardenet, R., Bengio, Y., Kégl, B.: Algorithms for hyper-parameter optimization. In: Proc.

of NIPS'11. pp. 2546–2554 (2011).

[6] Breiman, L.: Random forests. MLJ 45, 5–32 (2001).

[7] Brochu, E., Cora, V., de Freitas, N.: A tutorial on Bayesian optimization of expensive cost functions, with application to active user modeling and hierarchical reinforcement learning. arXiv:1012.2599v1 [cs.LG] (2010).

[8] Bürger, F., Pauli, J.: A holistic classification optimization framework with feature selection, preprocessing, manifold learning and classifiers. In: Proc. of ICPRAM'15. pp. 52–68 (2015).

[9] Caruana, R., Munson, A., Niculescu-Mizil, A.: Getting the most out of ensemble selection. In: Proc. of ICDM'06. pp. 828–833 (2006).

[10] Caruana, R., Niculescu-Mizil, A., Crew, G., Ksikes, A.: Ensemble selection from libraries of models. In: Proc. of ICML'04. p. 18 (2004).

[11] Chen, B., Wu, H., Mo, W., Chattopadhyay, I., Lipson, H.: Autostacker: A compositional evolutionary learning system. In: Proc. of GECCO'18 (2018).

[12] Chen, T., Guestrin, C.: XGBoost: A scalable tree boosting system. In: Proc. of KDD'16. pp. 785–794 (2016).

[13] Drori, I., Krishnamurthy, Y., Rampin, R., Lourenco, R., One, J., Cho, K., Silva, C., Freire, J.: AlphaD3M: Machine learning pipeline synthesis. In: ICML AutoML workshop (2018).

[14] Dwork, C., Feldman, V., Hardt, M., Pitassi, T., Reingold, O., Roth, A.: Generalization in adaptive data analysis and holdout reuse. In: Proc. of NIPS'15 [2], pp. 2350–2358.

[15] Eggensperger, K., Feurer, M., Hutter, F., Bergstra, J., Snoek, J., Hoos, H., Leyton-Brown, K.: Towards an empirical foundation for assessing Bayesian optimization of hyperparameters. In: NIPS Workshop on Bayesian Optimization in Theory and Practice (2013).

[16] Escalante, H., Montes, M., Sucar, E.: Ensemble particle swarm model selection. In: Proc. of IJCNN'10. pp. 1–8. IEEE (2010).

[17] Falkner, S., Klein, A., Hutter, F.: BOHB: Robust and Efficient Hyperparameter Optimization at Scale. In: Proc. of ICML'18. pp. 1437–1446 (2018).

[18] Feurer, M., Eggensperger, K., Falkner, S., Lindauer, M., Hutter, F.: Practical automated machine learning for the automl challenge 2018. In: ICML AutoML workshop (2018).

[19] Feurer, M., Hutter, F.: Towards further automation in automl. In: ICML AutoML workshop (2018).

[20] Feurer, M., Klein, A., Eggensperger, K., Springenberg, J., Blum, M., Hutter, F.: Efficient and robust automated machine learning. In: Proc. of NIPS'15 [2], pp. 2962–2970.

[21] Feurer, M., Springenberg, J., Hutter, F.: Initializing Bayesian hyperparameter optimization via meta-learning. In: Proc. of AAAI'15. pp. 1128–1135 (2015).

[22] Gomes, T., Prudêncio, R., Soares, C., Rossi, A., Carvalho, A.: Combining meta-learning and search techniques to select parameters for support vector machines. Neurocomputing 75(1), 3–13 (2012).

[23] Guyon, I., Bennett, K., Cawley, G., Escalante, H., Escalera, S., Ho, T., N.Macià, Ray, B., Saeed, M., Statnikov, A., Viegas, E.: Design of the 2015 ChaLearn AutoML Challenge. In: Proc. of IJCNN'15 (2015).

[24] Guyon, I., Saffari, A., Dror, G., Cawley, G.: Model selection: Beyond the Bayesian/Frequentist divide. JMLR 11, 61–87 (2010).

[25] Hall, M., Frank, E., Holmes, G., Pfahringer, B., Reutemann, P., Witten, I.: The WEKA data mining software: An update. ACM SIGKDD Exploratians Newsletter 11(1), 10–18 (2009).

[26] Hamerly, G., Elkan, C.: Learning the k in k-means. In: Proc. of NIPS'04. pp. 281–288 (2004).

[27] Hutter, F., Hoos, H., Leyton-Brown, K.: Sequential model-based optimization for general algorithm configuration. In: Proc. of LION'11. pp. 507–523 (2011).

[28] Jamieson, K., Talwalkar, A.: Non-stochastic best arm identification and hyperparameter optimization. In: Proc. of AISTATS'16. pp. 240–248 (2016).

[29] Kalousis, A.: Algorithm Selection via Meta-Learning. Ph.D. thesis, University of Geneve (2002).

[30] Komer, B., Bergstra, J., Eliasmith, C.: Hyperopt-sklearn: Automatic hyperparameter configuration for Scikit-learn. In: ICML workshop on AutoML (2014).

[31] Lacoste, A., Marchand, M., Laviolette, F., Larochelle, H.: Agnostic Bayesian learning of ensembles. In: Proc. of ICML'14. pp. 611–619 (2014).

[32] Li, L., Jamieson, K., DeSalvo, G., Rostamizadeh, A., Talwalkar, A.: Hyperband: A novel bandit-based approach to hyperparameter optimization. JMLR 18(185), 1–52 (2018).

[33] Michie, D., Spiegelhalter, D., Taylor, C., Campbell, J.: Machine Learning, Neural and Statistical Classification. Ellis Horwood (1994).

[34] Mohr, F., Wever, M., Hüllermeier, E.: Ml-plan: Automated machine learning via hierarchical planning. Machine Learning (2018).

[35] Niculescu-Mizil, A., Perlich, C., Swirszcz, G., Sindhwani, V., Liu, Y., Melville, P., Wang, D., Xiao, J., Hu, J., Singh, M., Shang, W., Zhu, Y.: Winning the KDD cup orange challenge with ensemble selection. The 2009 Knowledge Discovery in Data Competition pp. 23–34 (2009).

[36] Pedregosa, F., Varoquaux, G., Gramfort, A., Michel, V., Thirion, B., Grisel, O., Blondel, M., Prettenhofer, P., Weiss, R., Dubourg, V., Vanderplas, J., Passos, A., Cournapeau, D., Brucher, M., Perrot, M., Duchesnay, E.: Scikit-learn: Machine learning in Python. JMLR 12, 2825–2830 (2011).

[37] Pfahringer, B., Bensusan, H., Giraud-Carrier, C.: Meta-learning by landmarking various learning algorithms. In: Proc. of ICML'00. pp. 743–750 (2000).

[38] Reif, M., Shafait, F., Dengel, A.: Meta-learning for evolutionary parameter optimization of classifiers. Machine Learning 87, 357–380 (2012).

[39] de Sá, A., Pinto, W., Oliveira, L., Pappa, G.: RECIPE: a grammar-based framework for automatically evolving classification pipelines. In: Proc. of ECGP'17. pp. 246–261 (2017).

[40] Shahriari, B., Swersky, K., Wang, Z., Adams, R., de Freitas, N.: Taking the human out of the loop: A review of Bayesian optimization. Proceedings of the IEEE 104(1), 148–175 (2016).

[41] Snoek, J., Larochelle, H., Adams, R.: Practical Bayesian optimization of machine learning algorithms. In: Proc. of NIPS'12. pp. 2960–2968 (2012).

[42] Thornton, C., Hutter, F., Hoos, H., Leyton-Brown, K.: Auto-WEKA: combined selection and hyperparameter optimization of classification algorithms. In: Proc. of KDD'13. pp. 847–855 (2013).

[43] Vanschoren, J., van Rijn, J., Bischl, B., Torgo, L.: OpenML: Networked science in machine learning. SIGKDD Explorations 15(2), 49–60 (2013).

[44] Wolpert, D.: Stacked generalization. Neural Networks 5, 241–259 (1992).

[45] Yogatama, D., Mann, G.: Efficient transfer learning method for automatic hyperparameter tuning. In: Proc. of AISTATS'14. pp. 1077–1085 (2014).

[46] Zhang, Y., Bahadori, M., Su, H., Sun, J.: FLASH: Fast Bayesian Optimization for Data Analytic Pipelines. In: Proc. of KDD'16. pp. 2065–2074 (2016).

第 7 章 Auto-Net

赫克托·门多萨[①]，亚伦·克莱因[①]，马蒂亚斯·费勒[①]，
约斯特·托比亚斯·斯普林根贝格[①]，马蒂亚斯·厄本[①]，
迈克尔·布尔卡特[①]，马克西米利安·迪佩尔[①]，
马吕斯·林道尔[①]，弗兰克·亨特[①]

概述：AutoML 的最新进展所产生的一些自动化工具在有监督学习任务上可以与人类专家相媲美。本章主要介绍两个版本的 Auto-Net，它们提供了无须人工干预的能自动调优的深度神经网络。其中，第一个版本 Auto-Net 1.0 主要建立在采用贝叶斯优化方法 SMAC 的竞赛获胜系统 Auto-sklearn 的基础之上，并采用 Lasagne 作为它的底层深度学习（DL）库。而较近的 Auto-Net 2.0 则主要建立在近期的 BOHB 方法（即贝叶斯优化和超带的组合方法）之上，并采用 PyTorch 作为它的 DL 库。据我们所知，Auto-Net 1.0 是第一个在竞赛数据集（第一届 AutoML 挑战赛的一部分）上赢过人类专家的自动调优的神经网络。进一步的实验结果表明，集成了 Auto-sklearn 的 Auto-Net 1.0 的表现优于只使用其中的某一个，而 Auto-Net 2.0 可以表现得更好。

7.1 引言

近年来，神经网络极大地改进了各种基准测试的性能水平，并且开辟了很多极具潜力的新研究路径 [22, 27, 36, 39, 41]。然而，对于非专家用户而言，神经网络并非那么容易上手，因为它们的性能极度依赖于大量超参（如学习率和权重衰减）的正确设置及架构（如网络层数和激活函数类型）的合理选择。本章主要介绍现成有效的基于自动机器学习方法的神经网络方面的工作。

[①] 赫克托·门多萨，亚伦·克莱因，马蒂亚斯·费勒，约斯特·托比亚斯·斯普林根贝格，马蒂亚斯·厄本，迈克尔·布尔卡特，马克西米利安·迪佩尔，马吕斯·林道尔，弗兰克·亨特（✉）
德国弗莱堡大学计算机科学系。
电子邮箱：fh@informatik.uni-freiburg.de。

AutoML旨在免费为专家和非专家用户提供现成有效的学习系统，使他们脱离那些需要花费大量时间和精力的任务，即为手头的数据集选择合适的算法、预处理方法及为这些所涉及的组件设置合理的超参值。在文献[43]中，桑顿等将AutoML问题形式化成算法选择和超参优化的组合（CASH）问题，即需要识别出具有最佳（交叉）验证性能的算法成员组合。

解决CASH问题的一个有效方法是将交叉验证性能看成昂贵的黑盒函数，并使用贝叶斯优化[4, 35]来搜索其优化器。然而贝叶斯优化通常会使用高斯过程[32]，使得在遇到CASH问题的特殊属性（高维；同时具有类别型超参和连续型超参；较多条件型超参，即只在其他超参取某些实例时才会相关）时往往会存在问题。调整高斯过程以应对这些特殊属性是一个十分活跃的研究领域[40, 44]，但到目前为止，使用基于树的模型[2, 17]的贝叶斯优化方法在CASH问题中仍是表现最好的[9, 43]。

Auto-Net是基于Auto-WEKA[43]和Auto-sklearn[11]这两个主流AutoML系统所构建的，这两个系统的具体内容请参阅本书的第4章和第6章。这两个系统都使用了基于随机森林的贝叶斯优化方法SMAC[17]来求解CASH问题，即分别在WEKA[16]和Scikit-learn[30]中找到分类器的最佳实例化。而在Auto-sklearn中，使用了两个额外的方法来提升性能：①采用基于之前数据集上经验的元学习[3]，进而能够从好的超参配置[12]中热启动SMAC方法；②由于最终的目标是做出好的预测，所以尝试几十个机器学习模型后只使用其中最好的一个是非常浪费的。相反，Auto-sklearn存储了SMAC评估过的所有模型，并使用集成选择技术[5]来构建这些模型的集成。尽管Auto-WEKA和Auto-sklearn都包含了广泛的有监督学习方法，但是它们都还没有包含现代的神经网络技术。

本章将介绍Auto-Net系统的两个不同版本，以填补这一空白。其中，Auto-Net 1.0主要基于Theano来实现并含有一个相对简单的搜索空间，而较近期的Auto-Net 2.0则是基于PyTorch来实现的，并且使用了一个更为复杂的空间及更多深度学习的近期进展。它们之间另外一个较大的不同是搜索过程：Auto-Net 1.0采用SMAC[17]来自动配置神经网络，与Auto-WEKA和Auto-sklearn中的AutoML方法相同；而Auto-Net 2.0则采用BOHB[10]来配置神经网络，BOHB为贝叶斯优化（BO）和基于超带(HB)的高效挑选策略[23]的组合。

在最近的ChaLearn自动机器学习挑战赛[14]上，Auto-Net 1.0在人类专家竞赛部分的两个数据集上取得了最佳性能。据我们所知，这是全自动调优的神经网络首次在竞赛数据集上胜过人类专家。Auto-Net 2.0 在大型数据集上进一步改进了 Auto-Net 1.0，展现了该领域的最新进展。

本章内容结构如下：7.2 节介绍 Auto-Net 1.0 的配置空间和实现细节；7.3 节介绍 Auto-Net 2.0 的配置空间和实现细节；随后，7.4 节具体研究它们的性能表现；最后，7.5 节对本章内容进行总结。需要注意的是，本章省略了相关工作的详细讨论，读者可以直接阅读本书第 3 章以整体了解神经网络架构搜索这一极其活跃的研究领域。另外，近期也出现了一些其他遵循 Auto-Net 目标（即对深度学习进行自动化）的工具，如 AutoKeras[20]、Photon-AI、H2O.ai、Devol 和谷歌云 AutoML 服务。

此外，本章主要为 2016 年发表于 ICML 自动机器学习专题讨论会上介绍 Auto-Net 的论文[26]的扩展版本，感兴趣的读者可以阅读该论文。

7.2　Auto-Net 1.0

本节主要对 Auto-Net 1.0 和它的实现细节进行介绍：主要通过扩展 Auto-sklearn[11] 来实现 Auto-Net 的第一个版本，即在 Auto-sklearn 中增加了一个新的分类（和回归）组件。之所以会选择 Auto-sklearn，是因为它支持直接利用机器学习管道中的已有部分：特征预处理、数据预处理和集成构建。本章将 Auto-Net 限制在全连接前馈神经网络上，因为它们适用于广泛的不同数据集。至于扩展到其他类型的神经网络（如卷积或循环神经网络），将在后续研究中着重考虑。为了获得神经网络技术，Auto-Net 1.0 使用了围绕 Theano[42] 而建的 Python 深度学习库 Lasagne[6]。需要注意的是，本章所提出的方法通常与神经网络的实现相独立。

类似于文献 [2，7]，本章也对控制网络结构及训练过程中与层无关的网络超参以及用于设置每层的与层相关的超参进行了区分。最终，需要对 63 个超参（如表 7.1 所示）进行优化。需要注意的是，对所有类型（二分类、多类别分类、多标签分类及回归任务）的有监督学习任务都采用相同的配置空间。另外，稀疏数据集也会共享相同的配置空间。由于神经网络无法直接处理稀疏表示的数据集，所以在将数据输入神经网络之前，会按批次地将数据转换成稠密表示。

第 k 个网络层的超参数，条件依赖于前 k 层的网络。出于实际考虑，本章将网络层

表 7.1 Auto-Net 的配置空间

	名称	范围	默认值	对数缩放	类型	条件型
网络超参	批大小	[32, 4096]	32	√	float	—
	更新数量	[50, 2500]	200	√	int	—
	层级数量	[1, 6]	1	—	int	—
	学习率	[10^{-6}, 1.0]	10^{-2}	√	float	—
	L_2正则化	[10^{-7}, 10^{-2}]	10^{-4}	√	float	—
	输出层丢弃率	[0.0, 0.99]	0.5	—	float	—
	求解器类型	{SGD, Momentum, Adam, Adadelta, Adagrad, smorm, Nesterov}	smorm3s	—	cat	—
	lr-策略	{Fixed, Inv, Exp, Step}	Fixed	—	cat	—
优化方法相关超参	β_1	[10^{-4}, 10^{-1}]	10^{-1}	√	float	√
	β_2	[10^{-4}, 10^{-1}]	10^{-1}	√	float	√
	ρ	[0.05, 0.99]	0.95	—	float	√
	动量	[0.3, 0.999]	0.9	—	float	√
学习率策略相关超参	γ	[10^{-3}, 10^{-1}]	10^{-2}	√	float	√
	k	[0.0, 1.0]	0.5	—	float	√
	s	[2, 20]	2	—	int	√
网络层相关超参	激活函数类型	{Sigmoid, TanH, ScaledTanH, ELU, ReLU, Leaky, Linear}	ReLU	—	cat	√
	单元数量	[64, 4096]	128	√	int	√
	网络层上的丢弃率	[0.0, 0.99]	0.5	—	float	√
	权重初始化	{Constant, Normal, Uniform, Glorot-Uniform, Glorot-Normal, He-Normal, He-Uniform, Orthogonal, Sparse}	He-Normal	—	cat	√
	标准正规初始化	[10^{-7}, 0.1]	0.0005	—	float	√
	数据泄露	[0.01, 0.99]	1/3	—	float	√
	内向扩展	[0.5, 1.0]	2/3	—	float	√
	外向扩展	[1.1, 3.0]	1.7159	√	float	√

注：预处理方法的配置空间请参阅文献[11]。√表示进行了 log-scale（对数缩放）处理；—表示没有进行 log-scale（对数缩放）处理。

数限制在 1～6 之间：第一，旨在保证单个配置的训练时间较短 [①]；第二，每层向网络空间增加 8 个与层相关的超参，进而能够支持附加层进一步复杂化配置过程。

优化神经网络内部权重最为常用的方法是通过反向传播计算的偏导数来进行随机梯度下降（SGD），而标准 SGD 方法的效果极度依赖于学习率超参的正确设置。为了减缓这种依赖性，研究者提出了各种各样的随机梯度下降方法。Auto-Net 的配置空间包含了参考文献中较为著名的方法：普通随机梯度下降（SGD）、动量随机梯度下降（Momentum）、Adam[21]、Adadelta[48]、Nesterov 动量[28] 和 Adagrad[8]。此外，在 Auto-Net 配置空间中，还采用了一个称为"smorm"的 vSGD 优化器[33] 的变体，其中的海森估计值被平方梯度（在 RMSprop 过程中被计算）估计值所替代。需要注意的是，每个方法都具有一个学习率 α 和一个自身相关的超参集合，如 Adam 的动量向量 β_1 和 β_2。另外，每个求解方法的超参只有在该方法被选择时才会被激活。

为了更好地提高学习的效果，本章采用如下策略让学习率 α 随着时间的推移进行衰减（即在每轮 $t = 0, \cdots, T$ 迭代后，将最初的学习率乘以衰减因子 α_{decay}）：①固定策略，$\alpha_{decay} = 1$；②倒置策略，$\alpha_{decay} = (1 + \gamma t)^{(-k)}$；③指数策略，$\alpha_{decay} = \gamma t$；④逐步策略，$\alpha_{decay} = \gamma^{t/s}$。其中，超参 k、s 和 γ 条件性地依赖于策略的选择。

为了在 Auto-Net 1.0 的条件搜索空间中找到表现良好的实例，类似于 Auto-WEKA 和 Auto-sklearn，本章也采用了基于随机森林的贝叶斯优化方法 SMAC[17]。SMAC 是一种随时方法，能够记录到目前为止所看到的最佳超参配置，并能够在终止时输出该最佳配置。

7.3　Auto-Net 2.0

Auto-Net 2.0 与 Auto-Net 1.0 的不同主要体现在以下 3 个方面，后文会对这 3 个方面进行具体介绍。

- 首先，深度学习库使用的是 PyTorch[29] 而非 Lasagne；
- 其次，它使用了更大的配置空间 [包括最新的深度学习技术、新的神经网络结构（如 ResNets）] 和更为紧凑的搜索空间表示；

---

① 主要目的在于能够在 2 天的时间预算内在单个 CPU 上完成几十个配置的评估过程。

- 最后，使用 BOHB[10] 方法取代 SMAC 方法，进而能更加高效地获得性能良好的神经网络。

由于目前停止了 Lasagne 库的开发和维护，所以 Auto-Net 2.0 选择了一个不同的 Python 库。目前，较为流行的两个深度学习库分别是 PyTorch[29] 和 Tensorflow[1]。整体上，两者具有非常相似的功能，主要的区别是它们所提供的详细信息的级别。举例而言，PyTorch 可以支持用户追踪训练期间的所有计算过程。这两个库各有优缺点，考虑到 PyTorch 动态构建计算图的能力，本文决定采用 PyTorch 作为 Auto-Net 2.0 的深度学习库。出于这个选择，也会用 Auto-PyTorch 来指代 Auto-Net 2.0。

Auto-Net 2.0 的搜索空间包含用于模块选择的超参（如调度程序类型、网络结构等）和每个特定模块自身的超参两个部分。它支持不同的深度学习模块，如网络类型、学习率规划器、优化器和正则化技术，后面会具体介绍。另外，在设计 Auto-Net 2.0 时，考虑到它的易扩展性，用户可以将自己的模块添加到后面所列的模块中。

目前，Auto-Net 2.0 主要提供了 4 种不同的网络类型。

- 多层感知机（MLP）。这是扩展了丢弃（dropout）层[38]的传统多层感知机的标准实现。与 Auto-Net 1.0 类似，MLP 的每一层都进行了参数化（如神经元个数和丢弃概率）。
- 残差神经网络。这些深度神经网络能够对残差函数[47]进行学习，所不同的是本章采用全连接层来替代卷积层。与 ResNets 标准相同，该网络结构含有 M 个组，每个组按顺序堆叠 N 个残差块。虽然每个块的结构是固定的，但是组的数量 M、每组含有的块数量 N 和每组的宽度是通过超参来决定的，如表 7.2 所示。
- 成形多层感知机。为了避免每一个网络层都有其自身的超参（这种表示对于搜索而言效率很低），在成形多层感知机中，网络层的整体形状是预先确定的，如漏斗形、长漏斗形、六角形、砖形或三角形。本文主要参考网址 https://mikkokotila.github.io/slate/#shapes 所给出的相应形状，伊利亚·洛斯基洛夫之前也向本章作者提出采用这些形状进行参数化[25]。
- 成形残差网络。与成形多层感知机类似，残差网络中的网络层整体形状也是预先确定的，如漏斗形、长漏斗形、六角形、砖形或三角形。

残差神经网络和成形残差网络的网络类型也可以使用 Shake-Shake[13] 和 ShakeDrop[46] 的任一正则化方法，而 MixUp[49] 可以用于所有网络。

Auto-Net 2.0 目前所支持的优化器主要是 Adam[21] 和动量 SGD。除此之外，Auto-

表 7.2 Auto-Net 2.0 的配置空间（总共有 112 个超参）

配置空间		名称	范围	默认值	对数缩放	类型	条件型
通用超参		Batch size	[32, 500]	32	√	int	—
		Use mixup	{True, False}	True	—	bool	—
		Mixup alpha	[0.0, 1.0]	1.0	—	float	√
		Network	{MLP, ResNet, ShapedMLP, ShapedResNet}	MLP	—	cat	—
		Optimizer	{Adam, SGD}	Adam	—	cat	—
		Preprocessor	{nystroem, kernel pca, fast ica, kitchen sinks, truncated svd}	Nystroem	—	cat	—
		Imputation	{most frequent, median, mean}	Most frequent	—	cat	—
		Use loss weight strategy	{True, False}	True	—	cat	—
		Learning rate scheduler	{Step, Exponential, OnPlateau, Cyclic, CosineAnnealing}	Step	—	cat	—
预处理器	Nystroem	Coef	[−1.0, 1.0]	0.0	—	float	√
		Degree	[2, 5]	3	—	int	√
		Gamma	[0.00003, 8.0]	0.1	√	float	√
		Kernel	{poly, rbf, sigmoid, cosine}	rbf	—	cat	√
		Num components	[50, 10 000]	100	√	int	√
	Kitchen sinks	Gamma	[0.000 03, 8.0]	1.0	√	float	√
		Num components	[50, 10 000]	100	√	int	√
	Truncated SVD	Target dimension	[10, 256]	128	—	int	√
	核 PCA	Coef	[−1.0, 1.0]	0.0	—	float	√
		Degree	[2, 5]	3	—	int	√
		Gamma	[0.000 03, 8.0]	0.1	√	float	√
		Kernel	{poly, rbf, sigmoid, cosine}	rbf	—	cat	√
		Num components	[50, 10 000]	100	√	int	√

续表

配置空间		名 称	范 围	默 认 值	对数缩放	类型	条件型
预处理器	快速ICA	Algorithm	{parallel, deflation}	Parallel	—	cat	√
		Fun	{logcosh, exp, cube}	Logcosh	—	cat	√
		Whiten	{True, False}	True	—	cat	√
		Num components	[10, 2 000]	1005	—	int	√
网络	MLP	Activation function	{Sigmoid, Tanh, ReLu}	Sigmoid	—	cat	√
		Num layers	[1, 15]	9	—	int	√
		Num units(for layer i)	[10, 1 024]	100	√	int	√
		Dropout(for layer i)	[0.0, 0.5]	0.25	—	int	√
	ResNet	Activation function	{Sigmoid, Tanh, ReLu}	Sigmoid	—	cat	√
		Residual block groups	[1, 9]	4	—	int	√
		Blocks per group	[1, 4]	2	—	int	√
		Num units(for group i)	[128, 1 024]	200	√	int	√
		Use dropout	{True, False}	True	—	bool	√
		Dropout(for group i)	[0.0, 0.9]	0.5	—	int	√
		Use shake drop	{True, False}	True	—	bool	√
		Use shake shake	{True, False}	True	—	bool	√
		Shake drop β max	[0.0, 1.0]	0.5	—	float	√
	ShapedMLP	Activation function	{Sigmoid, Tanh, ReLu}	Sigmoid	—	cat	√
		Num layers	[3, 15]	9	—	int	√
		Max units per layer	[10, 1 024]	200	√	int	√
		Network shape	{Funnel, LongFunnel, Diamond, Hexagon, Brick, Triangle, Stairs}	Funnel	—	cat	√
		Max dropout per layer	[0.0, 0.6]	0.2	—	float	√
		Dropout shape	{Funnel, LongFunnel, Diamond, Hexagon, Brick, Triangle, Stairs}	Funnel	—	cat	√

续表

配置空间		名称	范围	默认值	对数缩放	类型	条件型
网络	Shaped ResNet	Activation function	{Sigmoid, Tanh, ReLu}	Sigmoid	—	cat	√
		Num layers	[3, 9]	4	—	int	√
		Blocks per layer	[1, 4]	2	—	int	√
		Use dropout	{True, False}	True	—	bool	√
		Max units per layer	[10, 1024]	200	√	int	√
		Network shape	{Funnel, LongFunnel, Diamond, Hexagon, Brick, Triangle, Stairs}	Funnel	—	cat	√
		Max dropout per layer	[0.0, 0.6]	0.2	—	float	√
		Dropout shape	{Funnel, LongFunnel, Diamond, Hexagon, Brick, Triangle, Stairs}	Funnel	—	cat	√
		Use shake drop	{True, False}	True	—	bool	√
		Use shake shake	{True, False}	True	—	bool	√
		Shake drop β_{max}	[0.0, 1.0]	0.5	—	float	√
优化器	Adam	Learning rate	[0.0001, 0.1]	0.003	√	float	√
		Weight decay	[0.0001, 0.1]	0.05	—	float	√
	SGD	Learning rate	[0.0001, 0.1]	0.003	√	float	√
		Weight decay	[0.0001, 0.1]	0.05	—	float	√
		Momentum	[0.1, 0.9]	0.3	√	float	√
调度器	Step	γ	[0.001, 0.9]	0.4505	—	float	√
		Step size	[1, 10]	6	—	int	√
	Exponential	γ	[0.8, 0.9999]	0.89995	—	float	√
	OnPlateau	γ	[0.05, 0.5]	0.275	—	float	√
		Patience	[3, 10]	6	—	int	√

续表

配置空间		名称	范围	默认值	对数缩放	类型	条件型
调度器	Cyclic	Cycle length	[3, 10]	6	—	int	√
		Max factor	[1.0, 2.0]	1.5	—	float	√
		Min factor	[0.001, 1.0]	0.5	—	float	√
	Cosine annealing	T_0	[1, 20]	10	—	int	√
		T_{mult}	[1.0, 2.0]	1.5	—	float	√

注：√表示进行了对数缩放处理；—表示未进行对数缩放处理。

Net 2.0 还提供了 5 种不同的能够随着时间改变优化器学习率的调度器（也就是一个基于训练轮数的函数）。

- **指数型**。每一轮迭代都对学习率乘以一个常数因子。
- **逐步型**。每隔一定数量的步骤后，都通过一个乘积因子来对学习率进行衰减。
- **循环型**。在一定范围内修改学习率，即在增加和减少之间进行交替[37]。
- **采用热启动的余弦退火法**[24]。该学习率调度实现了多个阶段的收敛。首先采用余弦衰减[24]的方式将学习率冷却到 0，接下来在每个收敛阶段之后对其重新进行加热以开启下一个收敛阶段，这种方法通常能够获得一个更佳的最优值。需要注意的是，在加热学习率时不对网络权重做任何修改，这样就能够热启动下一个收敛阶段。
- **OnPlateau**。每当一个指标停止增长时，该调度器①就会对学习率进行修改。具体而言，如果经过 p 轮运算指标没有任何提升，它就会将当前学习率乘以因子 γ。

与 Auto-Net 1.0 类似，Auto-Net 2.0 也可以对预处理技术进行搜索。目前而言，Auto-Net 2.0 支持的预处理方法有 Nyström[45]、核主成分分析[34]、快速独立成分分析[18]、径向基函数近似核构造方法[31]及有截断的奇异值分解[15]。在实际任务中，用户可以指定待考虑的预处理技术列表，也可以选择不同的平衡和标准化策略。需要注意的是，对于平衡策略而言，目前只有对损失值进行加权的方法是可用的；对于标准化策略，Auto-Net 2.0 可以支持 min-max 标准化和常用标准化。与 Auto-Net 1.0 不同的是，Auto-Net 2.0 并没有在最后构建集成，尽管该功能很快就会被加入 Auto-Net 2.0 中。另外，表 7.2 也给出了 Auto-Net 2.0 所有超参的取值范围和默认值。

考虑到这个高度条件化空间上的优化器效率，Auto-Net 2.0 采用 BOHB 方法[10]，该方法通过结合传统贝叶斯优化和基于 bandit 策略的超带方法[23]，大幅度提升了算法的运行效率。类似于超带方法，BOHB 采用了连续减半[19]的重复运行，进而能够将大部分时间投入到有潜力的神经网络，并能够较早地停止训练性能较差的神经网络。就像在贝叶斯优化中那样，BOHB 能够学习出可以产生好结果的神经网络。具体而言，类似于贝叶斯优化方法 TPE[2]，BOHB 使用核密度估计器（KDE）来描述神经网络空间（网络结构和超参设置）中的高性能区域，并采用该 KDE 对探索和利用进行平衡。另外，BOHB

---

① 基于 PyTorch 实现。

还具有易并行化的优势，即随着工作机数量的增加，可以实现近乎线性的加速[10]。

在 BOHB 中，预算单位可以被设置成轮数（epoch）或（挂钟）时间（以 min 为单位）。默认情况下，采用的是运行时间，不过用户可以自由地调整不同的预算参数。与 Auto-sklearn 类似，Auto-Net 被构建成 Scikit-learn 的一个插件式估计器，用户只需提供训练集和性能度量指标（如准确度）。另外，用户也可以指定验证集和测试集，验证集的主要作用是获得训练过程中神经网络的性能度量及对 BOHB 的 KDE 模型进行训练。算法 1 给出了 Auto-Net 2.0 的具体使用示例。

算法 1 Auto-Net 2.0 的使用示例

```
from autonet import AutoNetClassification
cls = AutoNetClassification(min_budget=5, max_budget=20, max_
runtime=120)
cls.fit(X_train, Y_train)
predictions = cls.predict(X_test)
```

7.4 实　　验

本节主要对 Auto-Net 的性能进行实验评估。本次实验分别实现了基于 CPU 运行和基于 GPU 运行的 Auto-Net 版本。由于神经网络使用了大量的矩阵操作，所以其在 GPU 上的运行速度会明显超过其在 CPU 上的运行速度。具体而言，基于 CPU 的实验主要运行在一个计算集群上，每个节点都含有两个 8 核的 Intel Xeon E5-2650 v2 CPU，运行频率为 2.6 GHz，共享内存为 64GB。而基于 GPU 的实验同样运行在一个计算集群上，每个节点含有 4 个 GeForce GTX TITAN X GPU。

7.4.1 基线评估

本节的第一个实验对 Auto-Net 1.0 的不同实例在 AutoML 挑战赛阶段 0 的 5 个数据集上的表现进行了比较。首先，使用基于 CPU 的版本和基于 GPU 的版本来研究在不同硬件上运行神经网络的差异。其次，允许神经网络和来自 Auto-sklearn 中的模型进行组合。最后，运行不具有神经网络的 Auto-sklearn 作为另一个对比试验。在每个数据集上，对每种方法执行 10 次为期 1 天的运行，而其中单个配置评估（采用训练集上的 5 折交叉验证来进行评估）的时间则限制为100min。对于每次运行的每个时间步，类似于文献[11]会对目前已评估过的模型进行集成，并绘制出集成随着时间而变化的测试误差。在实际任务中，可以采用一个单独的过程来并行计算这些集成，也可以在优化完成之后来计算它们。

图7.1展示了其中两个数据集上的实验结果。由图7.1可知，基于GPU的Auto-Net版本始终比基于CPU的版本快一个数量级。另外，在给定的计算预算内，基于CPU的版本始终表现最差，而基于GPU的版本在newsgroups数据集上表现最佳（如图7.1（a）所示），在其中3个数据集上与Auto-sklearn性能持平，在其中一个数据集上表现较差。尽管基于CPU的Auto-Net版本的运行速度非常慢，但是在3/5的实例上，基于CPU的Auto-Net与Auto-sklearn的组合仍然优于Auto-sklearn的性能，如在dorothea数据集上就可以观察到这一点（如图7.1（b）所示）。

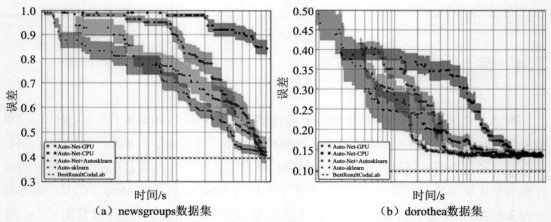

图7.1　4个方法在两个数据集（来自于AutoML挑战赛的Tweakathon0）上的实验结果

注： 需要注意的是，由于本章方法只对训练集进行访问，所以误差为竞赛验证集上的误差而非测试集上的误差（因为在测试集上真实标签不可用）。为了展示更为清晰，图中绘制出了每个方法运行10次的平均误差±1/4标准差。

7.4.2　AutoML竞赛上的表现

在第一届AutoML挑战赛期间开发出了Auto-Net 1.0，而在竞赛的最后两个阶段对Auto-sklearn和基于GPU的Auto-Net进行了组合，并在相应的人类专家任务中获得了胜利。由于 Auto-sklearn 已经开发了较长时间，所以它的鲁棒性明显强于 Auto-Net。这也是为何 Auto-sklearn 在第 3 个阶段的 4/5 数据集上和第 4 个阶段的 3/5 数据集上的表现最好，因而只提交了 Auto-sklearn 自身的结果。接下来，重点讨论用于 Auto-Net 的 3 个数据集。图 7.2 展示了 AutoML 人类专家任务中使用 Auto-Net 的 3 个数据集上的正式竞赛结果。其中，alexis 数据集是竞赛第三个阶段（即"高级阶段"）的一部分。为此，在 5 个 GPU 上并行（使用共享模式下的 SMAC）运行了 Auto-Net 18h。提交的结果包括针对 39 个模型所进行的自动集成构建，并且明显优于所有的人类专家：AUC 分值达到 90%，而最佳人类参赛者（Ideal Intel Analytics）的 AUC 分值只达到 80%。据我们所知，这是自动构建的神经网络首次在竞赛数据集上取得胜利。至于 yolanda 数据集和 tania 数据集，其是竞赛第四个阶段（即"专家阶段"）的一部分。对于 yolanda 数据集，在 8 个 GPU 上运行了 Auto-Net 48h，并自动构建了 5 个神经网络的集成，最终取得了接近第 3 名的成绩。对于 tania 数据集，在 8 个 GPU 上运行 Auto-Net 48h，且在 25 个 CPU 上运行 Auto-sklearn。最终，自动集成脚本构建了一个由 8 个单层神经网络、2 个双层神经网络和一个采用 SGD 训练而得的逻辑斯蒂回归模型组合而成的集成。该集成在 tania 数据集上取得了第一名。

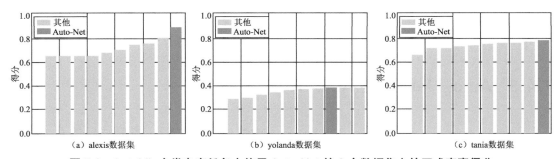

图 7.2　AutoML 人类专家任务中使用 Auto-Net 的 3 个数据集上的正式竞赛得分

注：需要注意的是，这里只给出了排名前 10 的结果。

另外，对于 tania 数据集，重复 7.4.1 节中的实验。由图 7.3 可知，即使是只运行在 CPU 上，Auto-Net 在该数据集上也要明显优于 Auto-sklearn，而基于 GPU 的 Auto-Net 版本则在该数据集上表现最好。

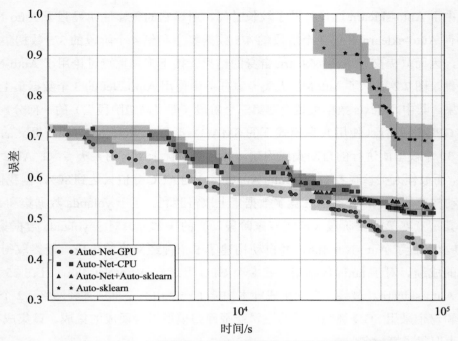

图 7.3　在 tania 数据集上不同方法随着时间的性能变化趋势

注：由于竞赛验证集和测试集的真实标签无法获得，所以这里给出训练集上的交叉验证性能。同样为了展示得更为清晰，图中绘制出了每个方法运行 10 次的平均误差 ±1/4 标准差。

7.4.3　Auto-Net 1.0 与 Auto-Net 2.0 的对比

下面对 Auto-Net 1.0 和 Auto-Net 2.0 之间的性能进行比较。需要注意的是，相比 Auto-Net 1.0，Auto-Net 2.0 具有一个更为全面的搜索空间。因此，有理由预期当给定足够的时间时，Auto-Net 2.0 会在大型数据集上有着更好的表现。同样可以预计，相比搜索 Auto-Net 1.0 的较小空间，在更大的空间上进行搜索会更加困难。不过由于 Auto-Net 2.0 使用了高效的多保真度优化器 BOHB，能够较早地终止表现较差的神经网络，因此它仍有可能获得很强的随时性能。另外，到目前为止，Auto-Net 2.0 还没有实现自动集成构建部分，以及由于它的较大假设空间和缺乏正则化组件，Auto-Net 2.0 可能会比 Auto-Net 1.0 更容易出现过拟合。

为了测试不同规模数据集上的预期性能，本章采用了一个中等规模的数据集 newsgroups（拥有 13 000 个训练数据点）和一个小型数据集 dorothea（拥有 800 个训练数据点），实验结果如表 7.3 所示。

表 7.3 以不同的时间运行在 CPU 上的不同 Auto-Net 版本的误差度量

Auto-Net 版本	newsgroups			dorothea		
	10^3s	10^4s	1 天	10^3s	10^4s	1 天
Auto-Net 1.0	0.99	0.98	0.85	0.38	0.30	0.13
Auto-sklearn + Auto-Net 1.0	0.94	0.76	0.47	0.29	0.13	0.13
Auto-Net 2.0：1 个工作机	1.0	0.67	0.55	0.88	0.17	0.16
Auto-Net 2.0：4 个工作机	0.89	0.57	0.44	0.22	0.17	0.14

注：主要版本有 Auto-Net 1.0、Auto-Net 1.0 与 Auto-sklearn 的集成、具有 1 个工作机的 Auto-Net 2.0 和具有 4 个工作机的 Auto-Net 2.0。所有方法的结果都是运行 10 次的均值。与图 7.1 类似，由于本章方法只对训练集进行访问，所以误差为竞赛验证集上误差而非测试集上误差（因为测试集上的真实标签不可用）。

由表 7.3 可知，在中等规模数据集 newsgroups 上，Auto-Net 2.0 的性能明显优于 Auto-Net 1.0 的性能。在此基础上，采用 4 个工作机的 Auto-Net 2.0 能够带来明显的速度提升，使得 Auto-Net 2.0 的性能表现与 Auto-sklearn、Auto-Net 1.0 的集成不相上下。虽然 Auto-Net 2.0 的搜索空间较大，但是它的随时性能（使用多保真度方法 BOHB）仍然强于 Auto-Net 1.0（使用黑盒优化方法 SMAC）。而在小型数据集 dorothea 上，Auto-Net 2.0 在早期还是会优于 Auto-Net 1.0。不过当训练时间足够时，Auto-Net 1.0 的性能略微优于 Auto-Net 2.0 的性能。本章推测，主要原因在于 Auto-Net 2.0 缺乏集成机制及搜索空间较大。

7.5 总　　结

本章对 Auto-Net 进行了介绍，Auto-Net 提供了无须人工干预的自动调优的神经网络。尽管神经网络在很多数据集上都表现出了优越性，但是对于那些具有手动定义特征的数据集，它们的性能并不总是最好的。不过基于本章实验可以发现，即使在其他方法表现很好的情况下，通过将 Auto-Net 与 Auto-sklearn 进行组合所获得的性能通常都会持平或优于只使用其中一个的性能。

最后，本章给出了 AutoML 挑战赛人类专家任务中 3 个数据集上的实验结果，其中 Auto-Net 取得了一个第三名和两个第一名。尤为重要的是，Auto-sklearn 与 Auto-Net 的组合可以让用户充分地利用这两个系统的优势,而且通常可以改进单个系统的性能。另外,新 Auto-Net 2.0 的首次实验表明,使用更为全面的搜索空间及采用 BOHB 作为优化器能够产生更具潜力的结果。

在未来的工作中,将致力于拓展 Auto-Net 到更为一般的神经网络架构,如卷积神经网络和循环神经网络。

参考文献

[1] Abadi, M., Barham, P., Chen, J., Chen, Z., Davis, A., Dean, J., Devin, M., Ghemawat, S., Irving, G., Isard, M., Kudlur, M., Levenberg, J., Monga, R., Moore, S., Murray, D., Steiner, B., Tucker, P., Vasudevan, V., Warden, P., Wicke, M., Yu, Y., Zheng, X.: Tensorflow: A system for large-scale machine learning. In: 12th USENIX Symposium on Operating Systems Design and Implementation (OSDI 16). pp. 265–283 (2016), https://www.usenix.org/system/files/conference/osdi16/osdi16-abadi.pdf.

[2] Bergstra, J., Bardenet, R., Bengio, Y., Kégl, B.: Algorithms for hyper-parameter optimization. In: Shawe-Taylor, J., Zemel, R., Bartlett, P., Pereira, F., Weinberger, K. (eds.) Proceedings of the 25th International Conference on Advances in Neural Information Processing Systems (NIPS'11). pp. 2546–2554 (2011).

[3] Brazdil, P., Giraud-Carrier, C., Soares, C., Vilalta, R.: Metalearning: Applications to Data Mining. Springer Publishing Company, Incorporated, 1 edn. (2008).

[4] Brochu, E., Cora, V., de Freitas, N.: A tutorial on Bayesian optimization of expensive cost functions, with application to active user modeling and hierarchical reinforcement learning. Computing Research Repository (CoRR) abs/1012.2599 (2010).

[5] Caruana, R., Niculescu-Mizil, A., Crew, G., Ksikes, A.: Ensemble selection from libraries of models. In: In Proceedings of the 21st International Conference on Machine Learning. pp. 137–144. ACM Press (2004).

[6] Dieleman, S., Schlüter, J., Raffel, C., Olson, E., Sønderby, S., Nouri, D., Maturana, D., Thoma, M., Battenberg, E., Kelly, J., Fauw, J.D., Heilman, M., diogo149, McFee, B., Weideman, H., takacsg84, peterderivaz, Jon, instagibbs, Rasul, K., CongLiu, Britefury, Degrave, J.: Lasagne: First release. (Aug 2015), https://doi.org/10.5281/zenodo.27878.

[7] Domhan, T., Springenberg, J.T., Hutter, F.: Speeding up automatic hyperparameter optimization of deep neural networks by extrapolation of learning curves. In: Yang, Q., Wooldridge, M. (eds.) Proceedings of the 25th International Joint Conference on Artificial Intelligence (IJCAI'15). pp. 3460–3468 (2015).

[8] Duchi, J., Hazan, E., Singer, Y.: Adaptive subgradient methods for online learning and stochastic optimization. J. Mach. Learn. Res. 12, 2121–2159 (2011).

[9] Eggensperger, K., Feurer, M., Hutter, F., Bergstra, J., Snoek, J., Hoos, H., Leyton-Brown, K.: Towards an empirical foundation for assessing Bayesian optimization of hyperparameters. In: NIPS Workshop on Bayesian Optimization in Theory and Practice (BayesOpt'13) (2013).

[10] Falkner, S., Klein, A., Hutter, F.: Combining hyperband and bayesian optimization. In: NIPS 2017 Bayesian Optimization Workshop (2017).

[11] Feurer, M., Klein, A., Eggensperger, K., Springenberg, J.T., Blum, M., Hutter, F.: Efficient and robust automated machine learning. In: Cortes, C., Lawrence, N., Lee, D., Sugiyama, M., Garnett, R. (eds.) Proceedings of the 29th International Conference on Advances in Neural Information Processing Systems (NIPS'15) (2015).

[12] Feurer, M., Springenberg, T., Hutter, F.: Initializing Bayesian hyperparameter optimization via meta-learning. In: Bonet, B., Koenig, S. (eds.) Proceedings of the Twenty-ninth National Conference on Artificial Intelligence (AAAI'15). pp. 1128–1135. AAAI Press (2015).

[13] Gastaldi, X.: Shake-shake regularization. CoRR abs/1705.07485 (2017).

[14] Guyon, I., Bennett, K., Cawley, G., Escalante, H.J., Escalera, S., Ho, T.K., Macià, N., Ray, B., Saeed, M., Statnikov, A., Viegas, E.: Design of the 2015 chalearn automl challenge. In: 2015 International Joint Conference on Neural Networks (IJCNN). pp. 1–8 (2015).

[15] Halko, N., Martinsson, P., Tropp, J.: Finding structure with randomness: Stochastic algorithms for constructing approximate matrix decompositions (2009).

[16] Hall, M., Frank, E., Holmes, G., Pfahringer, B., Reutemann, P., Witten, I.: The WEKA data mining software: An update. SIGKDD Explorations 11(1), 10–18 (2009).

[17] Hutter, F., Hoos, H., Leyton-Brown, K.: Sequential model-based optimization for general algorithm configuration. In: Coello, C. (ed.) Proceedings of the Fifth International Conference on Learning and Intelligent Optimization (LION'11). Lecture Notes in Computer Science, vol. 6683, pp. 507–523. Springer-Verlag (2011).

[18] Hyvärinen, A., Oja, E.: Independent component analysis: algorithms and applications. Neural networks 13(4–5), 411–430 (2000).

[19] Jamieson, K., Talwalkar, A.: Non-stochastic best arm identification and hyperparameter optimization. In: Gretton, A., Robert, C. (eds.) Proceedings of the 19th International Conference on Artificial Intelligence and Statistics, AISTATS. JMLR Workshop and Conference Proceedings, vol. 51, pp. 240–248. JMLR.org (2016).

[20] Jin, H., Song, Q., Hu, X.: Efficient neural architecture search with network morphism. CoRR abs/1806.10282 (2018).

[21] Kingma, D., Ba, J.: Adam: A method for stochastic optimization. In: Proceedings of the International

Conference on Learning Representations (2015).

[22] Krizhevsky, A., Sutskever, I., Hinton, G.: ImageNet classification with deep convolutional neural networks. In: Bartlett, P., Pereira, F., Burges, C., Bottou, L., Weinberger, K. (eds.) Proceedings of the 26th International Conference on Advances in Neural Information Processing Systems (NIPS'12). pp. 1097–1105 (2012).

[23] Li, L., Jamieson, K., DeSalvo, G., Rostamizadeh, A., Talwalkar, A.: Hyperband: A novel bandit-based approach to hyperparameter optimization. Journal of Machine Learning Research 18, 185:1–185:52 (2017).

[24] Loshchilov, I., Hutter, F.: Sgdr: Stochastic gradient descent with warm restarts. In: International Conference on Learning Representations (ICLR) 2017 Conference Track (2017).

[25] Loshchilov, I.: Personal communication (2017).

[26] Mendoza, H., Klein, A., Feurer, M., Springenberg, J., Hutter, F.: Towards automatically-tuned neural networks. In: ICML 2016 AutoML Workshop (2016).

[27] Mnih, V., Kavukcuoglu, K., Silver, D., Rusu, A.A., Veness, J., Bellemare, M.G., Graves, A., Riedmiller, M., Fidjeland, A.K., Ostrovski, G., Petersen, S., Beattie, C., Sadik, A., Antonoglou, I., King, H., Kumaran, D., Wierstra, D., Legg, S., Hassabis, D.: Human-level control through deep reinforcement learning. Nature 518, 529–533 (2015).

[28] Nesterov, Y.: A method of solving a convex programming problem with convergence rate $O[1/sqr(k)]$. Soviet Mathematics Doklady 27, 372–376 (1983).

[29] Paszke, A., Gross, S., Chintala, S., Chanan, G., Yang, E., DeVito, Z., Lin, Z., Desmaison, A., Antiga, L., Lerer, A.: Automatic differentiation in pytorch. In: Autodiff Workshop at NIPS (2017).

[30] Pedregosa, F., Varoquaux, G., Gramfort, A., Michel, V., Thirion, B., Grisel, O., Blondel, M., Prettenhofer, P., Weiss, R., Dubourg, V., Vanderplas, J., Passos, A., Cournapeau, D., Brucher, M., Perrot, M., Duchesnay, E.: Scikit-learn: Machine learning in Python. Journal of Machine Learning Research 12, 2825–2830 (2011).

[31] Rahimi, A., Recht, B.: Weighted sums of random kitchen sinks: Replacing minimization with randomization in learning. In: Advances in neural information processing systems. pp. 1313–1320 (2009).

[32] Rasmussen, C., Williams, C.: Gaussian Processes for Machine Learning. The MIT Press (2006).

[33] Schaul, T., Zhang, S., LeCun, Y.: No More Pesky Learning Rates. In: Dasgupta, S., McAllester, D. (eds.) Proceedings of the 30th International Conference on Machine Learning (ICML'13). Omnipress (2014).

[34] Schölkopf, B., Smola, A., Müller, K.: Kernel principal component analysis. In: International Conference on Artificial Neural Networks. pp. 583–588. Springer (1997).

[35] Shahriari, B., Swersky, K., Wang, Z., Adams, R., de Freitas, N.: Taking the human out of the loop: A Review of Bayesian Optimization. Proc. of the IEEE 104(1) (12/2015 2016).

[36] Silver, D., Huang, A., Maddison, C.J., Guez, A., Sifre, L., van den Driessche, G., Schrittwieser, J., Antonoglou, I., Panneershelvam, V., Lanctot, M., Dieleman, S., Grewe, D., Nham, J., Kalchbrenner, N., Sutskever, I., Lillicrap, T., Leach, M., Kavukcuoglu, K., Graepel, T., Hassabis, D.: Mastering the game of go with deep neural networks and tree search. Nature 529, 484–503 (2016).

[37] Smith, L.N.: Cyclical learning rates for training neural networks. In: Applications of Computer Vision (WACV), 2017 IEEE Winter Conference on. pp. 464–472. IEEE (2017).

[38] Srivastava, N., Hinton, G., Krizhevsky, A., Sutskever, I., Salakhutdinov, R.: Dropout: a simple way to prevent neural networks from overfitting. The Journal of Machine Learning Research 15(1), 1929–1958 (2014).

[39] Sutskever, I., Vinyals, O., Le, Q.V.: Sequence to sequence learning with neural networks. CoRR abs/1409.3215 (2014), http://arxiv.org/abs/1409.3215.

[40] Swersky, K., Duvenaud, D., Snoek, J., Hutter, F., Osborne, M.: Raiders of the lost architecture: Kernels for Bayesian optimization in conditional parameter spaces. In: NIPS Workshop on Bayesian Optimization in Theory and Practice (BayesOpt'13) (2013).

[41] Taigman, Y., Yang, M., Ranzato, M., Wolf, L.: Deepface: Closing the gap to human-level performance in face verification. In: Proceedings of the International Conference on Computer Vision and Pattern Recognition (CVPR'14). pp. 1701–1708. IEEE Computer Society Press (2014).

[42] Theano Development Team: Theano: A Python framework for fast computation of mathematical expressions. Computing Research Repository (CoRR) abs/1605.02688 (2016).

[43] Thornton, C., Hutter, F., Hoos, H., Leyton-Brown, K.: Auto-WEKA: combined selection and hyperparameter optimization of classification algorithms. In: I.Dhillon, Koren, Y., Ghani, R., Senator, T., Bradley, P., Parekh, R., He, J., Grossman, R., Uthurusamy, R. (eds.) The 19th ACM SIGKDD International Conference on Knowledge Discovery and Data Mining (KDD'13). pp. 847–855. ACM Press (2013).

[44] Wang, Z., Hutter, F., Zoghi, M., Matheson, D., de Feitas, N.: Bayesian optimization in a billion dimensions via random embeddings. Journal of Artificial Intelligence Research 55, 361–387 (2016).

[45] Williams, C., Seeger, M.: Using the nyström method to speed up kernel machines. In: Advances in neural information processing systems. pp. 682–688 (2001).

[46] Yamada, Y., Iwamura, M., Kise, K.: Shakedrop regularization. CoRR abs/1802.02375 (2018).

[47] Zagoruyko, S., Komodakis, N.: Wide residual networks. CoRR abs/1605.07146 (2016).

[48] Zeiler, M.: ADADELTA: an adaptive learning rate method. CoRR abs/1212.5701 (2012), http://arxiv.org/abs/1212.5701.

[49] Zhang, H., Cissé, M., Dauphin, Y., Lopez-Paz, D.: mixup: Beyond empirical risk minimization. CoRR abs/1710.09412 (2017).

第 8 章　TPOT

兰达尔·奥尔森[①]，杰森·摩尔[②]

概述：数据科学日益成为主流，对更易用、更灵活和更具弹性的数据科学工具的需求也在不断增长。为了满足这一需求，AutoML 研究者已经开始构建能够自动化机器学习管道的设计和优化过程的系统。本章将会重点介绍一个基于基因编程的开源 AutoML 系统——TPOT v0.3，其能够对一系列的特征预处理器和机器学习模型进行优化，以最大化有监督分类任务上的分类精度。为了解 TPOT 的性能，在 150 个有监督分类任务上对 TPOT 进行了基准测试，结果表明，在 21 个任务中，TPOT 明显优于基本的机器学习分析，而在其中的 4 个任务中，TPOT 的准确性有着一定程度的降低。不过需要注意的是，所有这些任务 TPOT 都不需要任何领域知识和人工输入。由此可知，基于基因编程的 AutoML 系统在自动机器学习领域极具潜力。

8.1　引　　言

机器学习通常被描述成：让计算机具备学习的能力而无须对计算机进行明确规划的研究领域[19]。尽管该定义看上去很简单，但有经验的机器学习实践者都了解，设计有效的机器学习管道往往是一项十分冗长且乏味的工作，而且通常需要大量的机器学习算法经验、问题领域的专家知识和时间密集型的暴力搜索才能完成这一任务[13]。换言之，与机器学习爱好者想让我们所相信的相反，机器学习仍需要十分明确的规划。

为应对这一挑战，近年来从业者已经相继开发出了若干种自动机器学习方法[10]。在过去的几年里，本章作者一直在开发一种基于树的管道优化工具（TPOT），该工具能够在没有任何人类干预的情况下，对一个给定的问题域自动设计和优化机器学习管道[16]。

[①]　兰达尔·奥尔森（✉）
　　美国明尼苏达州，生命表观遗传学
　　电子邮箱：rso@randalolson.com。

[②]　杰森·摩尔
　　美国宾夕法尼亚大学，生物医学信息研究所。

简言之，TPOT 采用基因编程（GP）来优化机器学习管道，而基因编程 [1] 则是一个常见的能够自动构建计算机程序的进化计算技术。在之前的工作 [13] 中，本章作者已证明结合了帕累托的基因编程可以使得 TPOT 自动构建高精度且紧密的管道，其性能上能够持续优于基本的机器学习分析。本章将基准测试扩展到 150 个有监督分类任务，并在广泛的应用领域（如遗传分析、图像分类等）对 TPOT 进行了评估。

另外，本章主要为 2016 年发表于 ICML 自动机器学习专题讨论会上介绍 TPOT 的论文 [15] 的扩展版本，有兴趣的读者可以阅读该论文。

8.2 方　　法

接下来将会对 TPOT v0.3 进行介绍，主要包括作为基因编程（GP）原语的机器学习算子、构建基于树的管道（用于将原语组合成一个工作的机器学习管道），以及用于优化这些基于树的管道的 GP 算法。随后，会介绍本章中用来评估 TPOT 最新版本的数据集。另外，TPOT 是 GitHub 上的一个开源项目，底层 Python 代码的访问网址为 https://github.com/rhiever/tpot。

8.2.1　机器学习管道算子

TPOT 的核心是 Python 机器学习包 Scikit-learn [17] 的一个封装。因此，TPOT 中的每个机器学习管道算子（即 GP 原语）都对应一个机器学习算法，如有监督分类模型或标准特征缩放器。下面列出的所有机器学习算法的实现都基于 Scikit-learn（除了 XGBoost），并且本章参考了 Scikit-learn 文档 [17] 和 [9] 来详细介绍 TPOT 中所使用的机器学习算法。

- **有监督分类算子**：决策树、随机森林、极度梯度提升分类器（来自 XGBoost [3]）、逻辑斯蒂回归，以及 KNN 分类器。分类算子对分类器的预测值进行存储，并将其作为管道分类的新特征。
- **特征预处理算子**：标准缩放器、鲁棒缩放器、最小—最大缩放器、最大绝对值缩放器、随机主成分分析 [12]、二值化，以及多项式特征。预处理算子会以某种方式修改数据集，并返回修改后的数据集。

- **特征选择算子**：方差阈值、K 最佳特征选择、分位数选择、总体错误率选择，以及递归特征淘汰（RFE）。特征选择算子以某种标准对数据集中的特征进行删减，并返回修改后的数据集。

此外，TPOT 还包含了一个可以对不同数据集进行组合的算子（如图 8.1 所示），其能够将数据集的多个修改变体组合成单个数据集。需要注意的是，TPOT v0.3 没有缺失数据填充算子，因此不支持含有缺失值的数据集。最后，本章提供了整数型和浮点型终端来参数化各种算子，如 k 近邻分类器中的邻居数量 k。

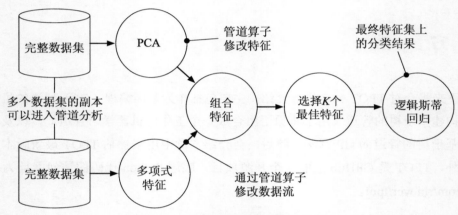

图 8.1 TPOT 中基于树的管道示例

注：其中，每个圆对应一个机器学习算子，箭头代表数据的流向。

8.2.2 构建基于树的管道

为了将这些算子组合成一个机器学习管道，本章将它们视为基因编程的原语，并从中构建基因编程树。图 8.1 展示了一个基于树的管道示例。其中，首先将数据集的两个副本提供给管道，并依次被相应的算子进行修改，随后将它们合并成一个数据集，最后用于逻辑斯蒂回归进行分类。除了每个管道必须拥有一个分类器作为它的最终算子这个限制，在 TPOT 中，可以构建任意形状的能够作用于数据集多个副本的机器学习管道。由此可知，GP 树事实上提供了一种天生灵活的机器学习管道表示。

为了运行这些基于树的管道，本章为数据集中的每条记录存储了 3 个额外的变量。其中，"类"变量表示每条记录的真实标签，并用于评估每条管道的准确度。"猜测"

变量表示管道对每条记录的最新猜测结果，即管道中最后的分类算子所作出的预测存储为"猜测"。最后的"组"变量表示某条记录是被用作内部训练集的一部分还是测试集的一部分，进而可以使得基于树的管道只在训练集上进行训练并在测试集上进行评估。值得注意的是，提供给 TPOT 的数据集按照 3:1 的比例被进一步划分为内部分层的训练集和测试集。

8.2.3 优化基于树的管道

为了自动生成和优化这些基于树的管道，本章采用 Python 包 DEAP[7] 中所实现的基因编程算法[1]。TPOT 中的 GP 算法遵循标准的 GP 过程。起初，GP 算法会随机生成 100 个基于树的管道，并评估它们在数据集上的平衡交叉验证精度。对于 GP 算法的每一代，该算法都会根据 NSGAII 选择方案[4]挑选种群中表现最好的前 20 个管道。其中，管道的选择需要同时考虑两方面，一方面是最大化数据集上的分类精度，另一方面是最小化管道中的算子数量。随后，前 20 被选管道中的每一个都会为下一代种群产生 5 个副本（即后代），其中 5% 的后代采用单点交叉的方式与另一个后代进行杂交，剩下未受影响的 90% 后代会通过单点修改、插入或缩小的变异方式（各有 1/3 的概率）被随机改变。每一代，算法都会更新发现于 GP 运行过程中任意点的非支配解[4]的帕累托前沿。该算法会重复评估—选择—交叉—变异过程 100 代（在该过程中，会增加和调整能够提高分类精度的管道算子，并修剪那些会降低分类精度的算子），直到算法从帕累托前沿中选择出了最高精度的管道，并将其作为来自运行中的代表性"最佳"管道。

8.2.4 基准测试数据

本章从各种数据源整理了 150 个有监督的数据集[①]，包括 UCI 机器学习库[11]、大型预存的基准测试库[18] 及仿真的遗传分析数据集[20]。这些基准数据集的记录条数从 60 到 60 000 不等，少量数据集的特征能够达到数百个。另外，这些数据集会同时包含有监督的二值分类和多类别分类问题。本次所挑选的数据集涵盖的应用领域较广，包括遗传分析、图像分类和时序分析等。因此，该基准数据集（命名为宾州机器学习基准数据集，PMLB[14]）代表了一套能够用于评估自动机器学习系统的全面测试数据集。

---

① 数据集网址为 https://github.com/EpistasisLab/penn-ml-benchmarks。

8.3 实验结果

为了评估 TPOT，本章在 150 个基准数据集上各运行了 30 个 TPOT 的副本，其中每个副本都有 8h 的时间来完成 100 代的优化（即有 100×100=10 000 次管道评估）。在每个副本中，数据集被划分为分层的训练集（75%）和测试集（25%），并为每次划分和后续的 TPOT 运行采用不同的随机数生成器种子。

为了提供一个合理的参照对比实验，类似于 TPOT，本章在 150 个基准数据集上对具有 500 棵树的随机森林的 30 个副本进行了评估，主要用来表示一个新手通常会采用的基本机器学习分析方法。此外，还运行了一个随机生成和评估同等数量（10 000）管道的 TPOT 版本的 30 个副本，用来表示 TPOT 管道空间中的随机搜索。在所有评估中，本章会采用平衡准确度[21]来测量获得的管道或模型的精度。平衡准确度主要用于纠正数据集中类上样本数量不均衡的问题，其首先计算单个类的精度，随后对单个类的精度进行平均。简单起见，在后文中将用"准确度"来指代"平衡准确度"。

如图 8.2 所示，在大多数数据集上，TPOT 和随机森林的平均性能较为相似。具体而言，由 TPOT 所找到的管道在 21 个基准数据集上明显优于随机森林的结果，在 4 个基准数据集上显著劣于随机森林的结果，而在 125 个基准数据集上与随机森林的结果不具有统计意义上的显著差异（本文采用威尔科克森秩和检验来确定统计显著性，而显著性的确定方式为 Bonferroni 校正 p 值阈小于 $0.000\overline{333}$。）图 8.3 展示了 25 个具有显著差异的基准数据集上的准确度分布，而其中的基准数据集则是根据两个实验上准确度的中位数差异来排序的。

值得注意的是，TPOT 在基准测试上的大部分改进十分明显，与随机森林的结果相比，若干个数据集上准确度中位数的提升都在 10%～60%。与之相反，在 TPOT 表现较差的 4 个数据集上，准确度中位数的退化只在 2%～5%。在一些实例中，TPOT 的提升主要来自它找到了能够支持模型对数据进行更准确分类的特征预处理器[①]。举例而言，TPOT 发现，在建模"Hill_valley"数据集之前采用随机主成分分析这一特征预处理器，可以使得随机森林在分类数据时取得近乎完美的准确度。在其他实例中，TPOT 的提升主要来自于在基准数据集上应用了不同的模型。如 TPOT 发现，一个具有 $k=10$ 个邻居的 k 近邻分类器能够对"parity5"数据集进行分类，而在该数据集上，随机森林所取得

---

① 完整列表见 https://gist.github.com/rhiever/578cc9c686ffd873f46bca29406dde1d。

的准确度始终为 0%。

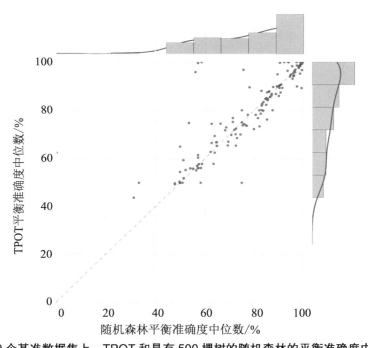

图 8.2 在 150 个基准数据集上，TPOT 和具有 500 棵树的随机森林的平衡准确度中位数的散点图

注：其中，单个数据点表示单个数据集上的精度，对角线为同等线（即两个算法取得了相同的精度）。同等线以上的点表示在该数据集上，TPOT 的性能优于随机森林；而同等线以下的点则表示在该数据集上，随机森林的性能优于 TPOT。

在将 TPOT 与使用随机搜索的 TPOT 版本（图 8.3 中的 TPOT Random）进行比较时发现，随机搜索往往能够找到与 TPOT 性能相当的管道，除了在 "dis" 基准数据集上 TPOT 的性能始终优于随机搜索。在其中的 17 个数据集上，没有一个随机搜索能够在 24h 之内完成运行，即图 8.3 中方框留空部分所在的数据集。观察发现，随机搜索会为基准测试数据集生成一个不必要的复杂管道，即使在使用一个调优模型的简单管道就足以对基准数据进行分类时仍会如此。虽然部分时候随机搜索在准确度上的表现与 TPOT 一样良好，但执行有引导的管道搜索能够用尽可能少的管道操作获得较高的分类精度，因此 TPOT 在降低搜索时间、模型复杂度和提高模型可解释性方面仍具有相当大的优势。

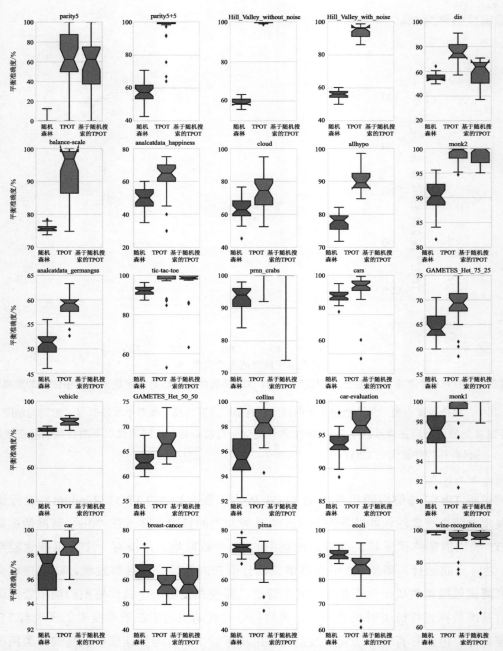

图 8.3　TPOT 和随机森林性能有显著差异的 25 个数据集上的平衡精度分布的箱形图

注：其中，每个箱形图都表示 30 个副本，内线表示中位数，凹口表示中位数的 95% 置信区间，箱的末端分别表示 25% 分位数和 75% 分位数，点表示异常值。

8.4 总结与展望

本章在 150 个数据集上对基于树的管道优化工具（TPOT）v0.3 进行了基准测试，发现 TPOT 能够在若干数据集上找到优于基本机器学习分析的机器学习管道。特别值得注意的是，TPOT 在进行管道探索时无须任何的领域知识和人为输入。由此可知，TPOT 在自动机器学习（AutoML）领域具有相当大的潜力，本文将继续完善 TPOT，以不断发现能够与人类相媲美的机器学习管道。接下来对未来一些可以改进的方面进行讨论。

首先，将对能够为基于 GP 的 AutoML 系统（如 TPOT）提供合理初始化[8]的方法进行探索。举例而言，可以使用元学习技术更智能地匹配在待求解的特定问题上工作良好的管道配置[6]。简言之，元学习通过利用之前机器学习运行的信息来预测每个管道配置在特定数据集上的表现。为了将数据集置于标准范围内，元学习算法会对数据集的元特征进行计算，如数据集规模、特征数量和特征的各种属性。随后，将数据集元特征映射到相应的管道配置，这些配置在具有相似元特征的数据集上工作良好。这种智能的元学习算法能够在一定程度上改进 TPOT 的合理初始化过程。

其次，会尝试着对机器学习管道的理想"形状"进行特征化。在 Auto-sklearn 中，文献 [5] 采用了由一个数据预处理器、一个特征预处理器和一个模型组成的较短且固定的管道结构。在另一个基于 GP 的 AutoML 系统中，文献 [22] 允许 GP 算法设计任意形状的管道，并发现具有多个预处理器和模型的复杂管道对于信号处理问题十分有用。因此，如果希望自动机器学习系统能够与人类水平相媲美，允许 AutoML 系统设计任意形状的管道可能是至关重要的。

最后，基因编程优化方法通常会受限于需要优化较大的解决方案种群，而这对于某些优化问题而言显得缓慢且浪费资源。实际上，通过在 GP 种群中创建一个集成，有可能将 GP 的所谓劣势转化成优势。博万等[2]使用一个标准的 GP 算法探索了这种种群集成方案，并证明该方案能够显著提高算法的性能。自然地，为 TPOT 的机器学习管道种群创建集成是现有方案的一个可以尝试的扩展。

总结而言，本章实验表明，采用一种模型未知的机器学习方法，并允许机器自动发现那些能够在给定的问题域上表现最好的预处理器和模型的组合序列，可以带来较多的收益。换而言之，AutoML 通过自动化机器学习中最为烦琐但又非常重要的部分，为数据科学带来了革命性的变化。

参考文献

[1] Banzhaf, W., Nordin, P., Keller, R.E., Francone, F.D.: Genetic Programming: An Introduction. Morgan Kaufmann, San Meateo, CA, USA (1998).

[2] Bhowan, U., Johnston, M., Zhang, M., Yao, X.: Evolving diverse ensembles using genetic programming for classification with unbalanced data. Trans. Evol. Comp 17(3), 368–386 (2013).

[3] Chen, T., Guestrin, C.: Xgboost: A scalable tree boosting system. In: Proceedings of the 22Nd ACM SIGKDD International Conference on Knowledge Discovery and Data Mining. pp. 785–794. KDD '16, ACM, New York, NY, USA (2016).

[4] Deb, K., Pratap, A., Agarwal, S., Meyarivan, T.: A fast and elitist multiobjective genetic algorithm: NSGA- II. IEEE Transactions on Evolutionary Computation 6, 182–197 (2002).

[5] Feurer, M., Klein, A., Eggensperger, K., Springenberg, J., Blum, M., Hutter, F.: Efficient and robust automated machine learning. In: Cortes, C., Lawrence, N., Lee, D., Sugiyama, M., Garnett, R. (eds.) Advances in Neural Information Processing Systems 28, pp. 2944–2952. Curran Associates, Inc. (2015).

[6] Feurer, M., Springenberg, J.T., Hutter, F.: Initializing bayesian hyperparameter optimization via meta-learning. In: Proceedings of the 29th AAAI Conference on Artificial Intelligence, January 25–30, 2015, Austin, Texas, USA. pp. 1128–1135 (2015).

[7] Fortin, F.A., De Rainville, F.M., Gardner, M.A., Parizeau, M., Gagné, C.: DEAP: Evolutionary Algorithms Made Easy. Journal of Machine Learning Research 13, 2171–2175 (2012).

[8] Greene, C.S., White, B.C., Moore, J.H.: An expert knowledge-guided mutation operator for genome-wide genetic analysis using genetic programming. In: Pattern Recognition in Bioinformatics, pp. 30–40. Springer Berlin Heidelberg (2007).

[9] Hastie, T.J., Tibshirani, R.J., Friedman, J.H.: The Elements of Statistical Learning: Data Mining, Inference, and Prediction. Springer, New York, NY, USA (2009).

[10] Hutter, F., Lücke, J., Schmidt-Thieme, L.: Beyond Manual Tuning of Hyperparameters. KI - Künstliche Intelligenz 29, 329–337 (2015).

[11] Lichman, M.: UCI machine learning repository (2013), http://archive.ics.uci.edu/ml.

[12] Martinsson, P.G., Rokhlin, V., Tygert, M.: A randomized algorithm for the decomposition of matrices. Applied and Computational Harmonic Analysis 30, 47–68 (2011).

[13] Olson, R.S., Bartley, N., Urbanowicz, R.J., Moore, J.H.: Evaluation of a tree-based pipeline optimization tool for automating data science. In: Proceedings of the Genetic and Evolutionary Computation Conference 2016. pp. 485–492. GECCO '16, ACM, New York, NY, USA (2016).

[14] Olson, R.S., La Cava, W., Orzechowski, P., Urbanowicz, R.J., Moore, J.H.: PMLB: A Large

Benchmark Suite for Machine Learning Evaluation and Comparison. arXiv e-print. https://arxiv.org/abs/1703.00512 (2017).

[15] Olson, R.S., Moore, J.H.: Tpot: A tree-based pipeline optimization tool for automating machine learning. In: Hutter, F., Kotthoff, L., Vanschoren, J. (eds.) Proceedings of the Workshop on Automatic Machine Learning. Proceedings of Machine Learning Research, vol. 64, pp. 66–74. PMLR, New York, New York, USA (24 Jun 2016), http://proceedings.mlr.press/v64/olson_tpot_2016.html.

[16] Olson, R.S., Urbanowicz, R.J., Andrews, P.C., Lavender, N.A., Kidd, L.C., Moore, J.H.: Applications of Evolutionary Computation: 19th European Conference, EvoApplications 2016, Porto, Portugal, March 30 — April 1, 2016, Proceedings, Part I, chap. Automating Biomedical Data Science Through Tree-Based Pipeline Optimization, pp. 123–137. Springer International Publishing (2016).

[17] Pedregosa, F., Varoquaux, G., Gramfort, A., Michel, V., Thirion, B., Grisel, O., Blondel, M., Prettenhofer, P., Weiss, R., Dubourg, V., Vanderplas, J., Passos, A., Cournapeau, D., Brucher, M., Perrot, M., Duchesnay, E.: Scikit-learn: Machine learning in Python. Journal of Machine Learning Research 12, 2825–2830 (2011).

[18] Reif, M.: A comprehensive dataset for evaluating approaches of various meta-learning tasks. In: First International Conference on Pattern Recognition and Methods (ICPRAM) (2012).

[19] Simon, P.: Too big to ignore: the business case for big data. Wiley & SAS Business Series, Wiley, New Delhi (2013).

[20] Urbanowicz, R.J., Kiralis, J., Sinnott-Armstrong, N.A., Heberling, T., Fisher, J.M., Moore, J.H.: GAMETES: a fast, direct algorithm for generating pure, strict, epistatic models with random architectures. BioData Mining 5 (2012).

[21] Velez, D.R., White, B.C., Motsinger, A.A., Bush, W.S., Ritchie, M.D., Williams, S.M., Moore, J.H.: A balanced accuracy function for epistasis modeling in imbalanced datasets using multifactor dimensionality reduction. Genetic Epidemiology 31(4), 306–315 (2007).

[22] Zutty, J., Long, D., Adams, H., Bennett, G., Baxter, C.: Multiple objective vector-based genetic programming using human-derived primitives. In: Proceedings of the 2015 Annual Conference on Genetic and Evolutionary Computation. pp. 1127–1134. GECCO '15, ACM, New York, NY, USA (2015).

第 9 章 自 动 统 计

克里斯蒂安·施泰因鲁肯[①]，艾玛·史密斯[①]，大卫·扬兹[①]，
詹姆斯·劳埃德[①]，祖宾·加赫拉马尼[①]

概述：自动统计系统致力于对数据科学进行自动化统计，以在最小的人为干预下从原始数据集中产生预测和人类可读的报告。所生成的报告除了含有基本的图像和统计数据外，还应含有对数据集的高级洞察，这些洞察主要来自：①数据集模型的自动构建；②模型之间的比较；③用于将这些结果转成自然语言描述的软件组件。本章主要对这样的自动统计系统的通用结构进行介绍，并对部分设计决策和技术挑战进行讨论。

9.1 引　　言

机器学习和数据科学是紧密相关的研究领域，它们都致力于开发数据中的自动学习算法。与此同时，这些算法也支撑了很多人工智能的新进展，而这些进展对工业界产生了巨大的影响，并开启了人工智能的新黄金时代。然而，目前机器学习、数据科学和人工智能的很多方法存在一系列重要但相关的局限性。

首先，很多使用到的方法都是难以解释、理解、调试和信任的复杂的黑盒方法，而解释性的缺乏则会妨碍机器学习系统的部署。举例而言，考虑一个能够为医疗、刑事司法判决和自动驾驶做出预测或决策的不具有可解释性的黑盒系统上的主要法律、技术和伦理后果。黑盒机器学习方法的这种严重限制，促使众多从业人员去发展"可解释性的人工智能"，并致力于提供可解释的、可信任的和透明性的机器学习系统。

其次，机器学习系统的开发已经变成了手工业。其中，机器学习专家通过手动设计的方案来解决问题，而这些方案通常反映了一组特别的人工决策，并且存在专家自身的

[①] 克里斯蒂安·施泰因鲁肯（✉），艾玛·史密斯，大卫·扬兹，詹姆斯·劳埃德，祖宾·加赫拉马尼
英国剑桥大学工程系
电子邮箱：tcs27@cam.ac.uk。

倾向和偏见。讽刺的是，机器学习，一个致力于构建能够从数据中自动学习的系统，是如此地依赖人类专家和手动调优的模型和学习算法。通常而言，在可能的模型和方法上的手动搜索所得到的是任意数量评估指标上的次优解决方案。再者，数据科学及机器学习方案的需求与专家的供应之间的极大不平衡性，可能会导致很多能够对社会产生重大价值的应用错失机会。

自动统计的主要设想是对数据分析、模型发现和模型解释的多个方面进行自动化。在某种意义上，自动统计的目标是开发一种针对数据科学的人工智能，即一个能够推理数据的模式并能够向用户解释这些模式的系统。在理想情况下，给定一些原始数据，自动统计系统应具备如下能力：

- 能够对特征选择和转换过程进行自动化；
- 能够对真实数据的混乱性进行处理，如缺失值、异常值、变量的不同类型及不同编码方式等；
- 能够在大的模型空间中进行搜索，以找到一个可以捕捉数据中任何可靠模式的好模型；
- 能够找到一个同时避免过拟合和欠拟合的模型；
- 能够向用户解释发现的模式，最好是通过与用户进行对话的方式来解释数据上所发现的模式；
- 能够在多种约束条件（计算时间、内存、数据量及其他相关资源）下以一种高效且健壮的方式来实现以上功能。

虽然上面所提到的能力实现起来较为困难，但到目前为止在自动统计项目上的相关工作已经在上述多个方面取得进展。特别地，能够从数据中发现可信模型及能够用通俗易懂的语言解释这些发现的能力，是自动统计项目最为显著的功能之一[18]。该功能几乎对任何依赖于从数据中提取知识的领域或工作都是有用的。

与大多数专注于提高模式识别问题性能的机器学习相关文献不同（通常会采用如核方法、随机森林或深度学习之类的技术），自动统计项目需要构建能够综合可解释性组件的模型，以及需要一个能够表示给定数据中模型结构不确定性的原则性方法。此外，它还需要能够针对大数据集和小数据集给出合理的答案。

9.2 自动统计项目的基本结构

自动统计项目的核心思想是，通过在基于模型的机器学习框架中工作，可以获得针对上述挑战的良好解决方案[2, 9]。在基于模型的机器学习中，基本思想是概率模型可以解释数据中的模式，以及概率框架（或贝叶斯奥卡姆剃刀）能够用于发现可以避免过拟合和欠拟合的模型[21]。贝叶斯方法提供了一种平衡模型复杂度和数据复杂度的良好方法，并且概率模型是可组合和可解释的。再者，基于模型的哲学主张，像数据预处理和转换之类的任务都是模型的一部分，并且在理想情况下都应该被同时处理[35]。通常而言，一个自动统计项目会包含以下关键成分。

（1）模型的开放式语言，能够足够刻画现实世界的现象，以及支持应用人类统计学家和数据科学家所使用的技术。

（2）搜索程序，用以有效地探索模型语言。

（3）评估模型和权衡复杂度的原则性方法，能够对数据和资源使用进行适配。

（4）自动解释模型的程序，以一种对非专业人士而言既准确又易懂的方式使模型的假设变得清晰、明确。

图9.1 展示了一个如何用这些组件生成一个可撰写报告的自动统计项目基础版本的高级概览。

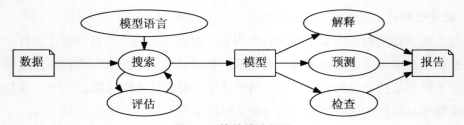

图 9.1 简单的流程图

注：该流程图主要概述了可撰写报告的自动统计系统的操作流程。该系统首先会自动构建针对该数据的模型（来自开放式模型语言），随后在此数据上进行评估。其中，评估过程会对不同模型进行比较，随后获得最佳模型并用最佳模型来生成报告。事实上，每个模型都可以用来根据数据产生推断或预测，以及模型的构建过程可以转换成人类可读的描述说明。部分模型可以用来生成模型批评，并报告模型假设与数据不匹配的地方。

如同本章稍后将要讨论的，可以构建一个自动统计系统，该系统将上述所提到的成分（4）替换成能够产生其他所需输出的程序，如原始预测或决策。此时，可以适当地修改语言、搜索和评估组件，以更好地适配所选目标。

早期的重要工作包括统计专家系统[11, 37]和方程式学习[26, 27]。机器人科学家[16]采用微生物学实验平台将机器学习和科学发现集成到一个闭环中，以对新实验的设计和运行进行自动化。Auto-WEKA[17, 33]和Auto-sklearn[6]是对学习分类器进行自动化的项目，其中使用了大量的贝叶斯优化技术。近期，将机器学习方法应用到数据的努力取得了一些进展，并最终有可能产生数据科学上实用的人工智能系统。

9.3 应用于时序数据的自动统计

自动统计系统可以为不同的目标而定义，且可以基于不同的底层模型族。本节首先会描述一个这样的系统，随后对更为广泛的分类法进行讨论，并给出常见的设计元素和一般的自动统计系统结构。

在文献[18]中，罗伊德等提出了一个针对一维回归任务的早期自动统计系统，全称为自动贝叶斯协方差发现（简写为ABCD）。该系统使用一种基于核函数上组合语法的高斯过程模型的开放式语言。其中，高斯过程定义了函数的分布，而高斯过程的参数（即均值和核函数）决定了函数的属性[25]。可供选择的核函数有很多，不同的核函数会使得函数的分布具有特定的属性。举例而言，函数的分布可以是线性的、多项式的、周期的或者是无关噪声的。该系统的示意图如图9.2所示。

9.3.1 核函数上的语法

如前所述，高斯过程核函数上的语法使得表示函数的有价值属性成为可能，并且给出了一种构建这些函数上分布的系统性方法。该语法是组成性的：它由一系列的固定基核函数和核算子所组成，而核算子能够将已有核函数组合成新核函数。除此之外，该语法被精心选择为可解释性的：语法中的每个表达式都定义了一个可以被简单但具有描述性的人类语言来阐述的核。

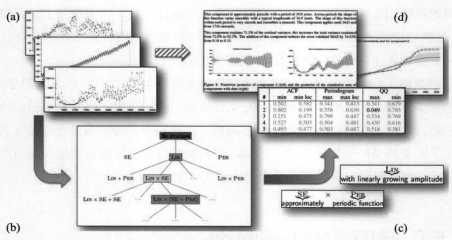

图 9.2 用于时序数据的自动统计系统流程图

注： (a) 该系统的时序性输入数据；(b) 系统在模型语法上进行搜索以找到数据的良好解释，并采用贝叶斯推理对模型进行评分；(c) 将所发现的模型组件翻译成英语短语；(d) 最终结果为一个包含文本、图像和表格的报告，用以详细描述数据上的发现和推论，同时会包含模型检查和模型批评部分 [8, 20]。

语法中的基核函数有：常数型，C；线性，LIN；平方指数型，SE；周期型，PER；白噪声型，WN。

核运算子有：加法，$+$；乘法，$\times$；变点算子，CP。

这些算子的具体定义如下：

$$(k_1 + k_2)(x, x') = k_1(x, x') + k_2(x, x')$$

$$(k_1 \times k_2)(x, x') = k_1(x, x') \times k_2(x, x')$$

$$CP(k_1, k_2)(x, x') = k_1(x, x')\sigma(x)\sigma(x') + k_2(x, x')(1 - \sigma(x))(1 - \sigma(x'))$$

其中，$\sigma(x) = \frac{1}{2}\left(1 + \tanh\frac{l-x}{s}\right)$ 为逻辑斯蒂函数；l 和 s 为改变点的参数。可以采用这些算子来任意组合基核函数，以生成新的核函数。

该语法所定义的核上无限空间支持自动搜索、评估和描述大量有趣的函数分布。这种类型的语法首次在解决矩阵分解问题 [10] 中被描述，随后在针对高斯过程模型的文献 [5, 18] 中被进一步优化。

9.3.2 搜索和评估过程

ABCD 在模型空间（由语法所定义）上执行贪婪搜索，并采用共轭梯度方法来优化各个模型的核参数。随后，采用贝叶斯信息准则[29]来评估参数优化后的模型：

$$\text{BIC}(M) = -2\log p(D|M) + |M|\log N \tag{9.1}$$

其中，M 为优化后的模型；$p(D|M)$ 为模型对潜在高斯过程函数积分的边际似然；$|M|$ 为模型 M 中核参数的数量；N 为数据集大小。而贝叶斯信息准则会对模型的复杂度进行权衡，并对数据进行拟合，以及对完整的边际似然（融合了潜在函数和超参）进行近似。

每轮中的最佳得分模型都会被用来构建新的模型，主要方法有：①采用语法中的生成规则对核进行扩展，如引入求和、乘积或者改变点等；②对基核函数进行替换以改变核函数。随后，在下一轮对新的核函数集合进行评估。需要注意的是，基于上面的规则，同一个核表达式有可能会被选择多次，但是一个良好的系统会对记录进行保留，并且对每个核表达式只评估一次。当所有新提出模型的得分小于之前轮中的最佳模型或超出预定义的搜索深度时，搜索和评估过程会停止。

贪婪搜索过程并不保证能为任意给定数据集找到语法中的最佳模型，因为一个更好的模型有可能隐藏在还没有被展开的子树中。事实上，只要在合理的时间内找到一个具有可解释性的好模型即可，通常无须找到全局最优模型。另外，还有一些其他的模型搜索和评估方法。举例而言，马尔科姆等[22]提出了一种基于贝叶斯优化的核搜索过程，简兹等[14]实现了一种基于粒子滤波和哈密顿蒙特卡洛的核搜索方法。

9.3.3 生成自然语言性的描述

当搜索过程终止时，ABCD 会产生相应数据集上的核表达式列表及它们各自的得分。随后，采用具有最佳得分的表达式来生成自然语言描述。为了将核转变成自然语言描述，首先采用下面过程将核转变成规范形式。

（1）将嵌套的求和及乘积展开成乘积的和的形式。

（2）将若干核的乘积简化成具有修正参数的基核，如 $\text{SE} \times \text{SE} \rightarrow \text{SE}^*$，针对任意 k 的 $C \times k \rightarrow k^*$ 和针对任意 $k \in \{C, \text{SE}, \text{WN}, \text{PER}\}$ 的 $\text{WN} \times k \rightarrow \text{WN}^*$。

应用这些规则后，核表达式变成了乘积项的和，而每个乘积项都具有以下规范形式：

$$k \times \prod_m \text{LIN}^{(m)} \times \prod_n \sigma^{(n)} \tag{9.2}$$

其中，$\sigma(x,x')=\sigma(x)\sigma(x')$ 为两个逻辑斯蒂函数的乘积；k 的形式为 1、WN、C、SE、$\prod_j \text{PER}^{(j)}$ 或 SE×$\prod_j \text{PER}^{(j)}$ 中的一种。另外，符号 $\prod_j k^{(j)}$ 表示核函数的积，而每个核函数都有其单独的参数。

在规范形式中，核为乘积的和。首先对和中乘积项的数量进行描述："结构搜索算法识别出了数据中的 N 个附加组件。"紧接着，采用以下算法对每个附加组件（即和中的每个乘积）进行描述。

（1）选择乘积中的一个核作为名词描述符。在文献 [18] 中，罗伊德等提出了一种启发式的挑选方法，该方法基于以下优先级：PER > {C,SE, WN} > $\prod_j \text{LIN}^{(j)}$ > $\prod_j \sigma^{(j)}$，其中 PER 的优先级最高。

（2）将所选核类型转换为字符串：

WN	"无关噪声"	SE	"平滑函数"
PER	"周期函数"	LIN	"线性函数"
C	"常数"	$\prod_j \text{LIN}^{(j)}$	"多项式"

（3）将乘积中的其他核转换成附加到名词描述符上的后修饰语表达式，而后修饰语主要基于以下对应内容来进行转换：

SE	"相应的形状变得平滑"
PER	"基于周期函数来调整"
LIN	"使用线性变振幅"
$\prod_j \text{LIN}^{(j)}$	"使用多项式变振幅"
$\prod_j \sigma^{(j)}$	"应用变点算子操作"

（4）可以对描述做进一步的改进和补充，如增加对核参数的洞察或基于数据计算出的额外信息。文献 [18] 给出了一些改进的介绍。

在文献 [18-19] 中有更多的将核表达式转换成自然语言的详细内容。从生成报告中所提取的示例如图 9.3 所示。

该组件近似于一个周期为 10.8 年的周期性分布。不同周期内，该函数形状变化较为平滑，具有变化的总长约为 36.9 年。而且在每个周期内，该函数形状变化十分平滑，类似于正弦曲线。该组件适用于 1643 年止以及 1716 年起。

另外，该组件能够解释 71.5% 的残差，将可解释的总方差从 72.8% 上升到 92.3%。并且，随着该组件的加入，将交叉验证平均绝对误差从 0.18 降到 0.15，减少了 16.82%。

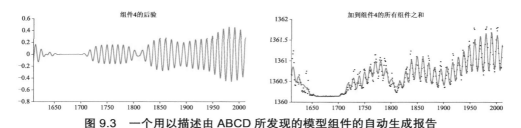

图 9.3　一个用以描述由 ABCD 所发现的模型组件的自动生成报告

注：该部分报告分离和描述了大约 11 年的太阳黑子周期，并指出了它在 16 世纪的消失，这一时期称为蒙德极小期（该图摘自文献 [18]）。

9.3.4　与人类比较

一个值得探究的问题是，基于自动统计系统（如 ABCD 算法）所做出的预测在多大程度上类似于人类所做出的预测，以及如何与其他基于高斯过程的方法所作出的预测进行比较。为回答该问题，舒尔茨等[28]向参与者提出任务，即从给定的数据集中进行推断，并从给定的集合中选择首选的推断结果。实际结果从两个角度都有力证明了组合型核搜索的效果：第一，相比于由谱核函数[36]所作出的推测及由简单的径向基函数核所作出的推测，参与者更倾向于选择由 ABCD 算法所作出的推测；第二，当人类参与者被要求由自己来推测数据时，他们的预测与由 ABCD 组合型搜索过程所给出的预测最为相似。

自动统计系统的设计目标之一是具备以人类可理解的方式来解释其相应发现的能力。前面所描述的自动统计系统会将其自身限制在那些能够用简单的人类语言术语所解释的模型空间中，即使这在一定程度上有可能会牺牲预测的准确性。一般而言，衡量机器学习系统的可解释性并不简单，多西 - 维莱斯和金姆在文献 [4] 中提出了一个可能的框架。需要指出的是，并非所有的机器学习系统都需要这样的功能（即可解释性）。举例而言，当系统的结果对社会的影响很小时，尤其是社会规范和互动方面，直接优化性能或准确度是可以接受的，如为自动邮件分拣识别邮政编码。

9.4 其他自动统计系统

生成人类可读报告的能力可能是自动统计系统的显著特征之一。但正如前面所提到的，具备这种属性的软件也可服务于其他目的。例如，用户可能感兴趣于数据的原始预测（有或者没有解释），也有可能想要系统直接代表他们做出数据驱动的决策。

除此之外，也可以为不同于高斯过程或语法的模型族建立自动统计系统。例如，本章作者构建了用于回归[5, 18]、分类[12, 23]、单变量数据和多变量数据的自动统计系统，基于不同模型类的系统及具备和不具备智能资源控制的系统。本节将对众多自动统计系统所共享的一些设计元素进行讨论。

9.4.1 核心组件

自动统计系统的核心任务之一是对模型进行选择、评估和比较。这些任务可以并发执行，但是彼此之间存在相互依赖关系。举例而言，对一组模型的评估可能会影响下一组模型的选择。

一般而言，系统中的选择策略组件主要负责选择待评估的模型：它可以从固定或开放的模型族中进行选择，也可以基于之前选择模型的评估和比较来生成模型或改进模型。部分时候，数据集中的变量类型（可能是从数据中推断的，也可能是由用户标记的）会影响选择策略可能挑选的模型。例如，任务可能是区分连续数据和离散数据，并对类别型数据和顺序型数据使用不同的处理方法。

模型评估任务首先在部分用户提供的数据集上对给定的模型进行训练，随后在留存数据上对模型进行测试以生成相应的模型得分。而有些模型无须单独的训练过程，可以直接为整个数据集生成一个对数似然值。另外，对于并行化而言，模型评估可能是最为重要的任务之一：在任意给定时间，可以在多个CPU甚至是多台计算机上同时评估多个选定的模型。

报告管理组件是决定最终报告将会包含哪些结果的软件部分。举例而言，它可能会包含对最佳拟合模型进行描述的部分，并同时伴随相应的推断、图形或数据表。基于评估结果，报告管理组件可能会选择包含附加材料，如数据证伪/模型批评部分、推荐或摘要等。需要注意的是，在部分系统中，最终交付的可能是其他内容而非报告，如原始预测、参数设置或模型源代码等。

在交互式系统中，数据加载阶段提供了上传数据集的即时性摘要，并允许用户修正任意的数据格式上的假设。其中，用户可以创建类型注释、移除数据集中的某些行、选择输出变量（如用于分类）及指定待运行的分析。

9.4.2 设计挑战

1. 用户交互

虽然自动统计系统致力于自动化数据处理的各个方面（从低级别的任务，如格式化和清理等，到高级别的任务，如模型构建、评估和批评等），但是支持用户能够与系统进行交互及影响系统所做出的选择也是非常有用的。例如，用户可能想要指定数据上他们所感兴趣的某些部分或某些方面，以及指定哪些部分可以被忽略。另外，一些用户可能想要选择自动统计系统在模型构建或评估阶段将要考虑的模型族。最后，系统自身可能希望与用户进行对话，以探究或解释它在数据中的发现。需要指出的是，这种交互能力需要底层系统的支持。

2. 缺失和混乱数据

现实世界中的数据集普遍存在的问题是条目缺失/损坏、单元/格式不一致或者其他类型的缺陷，这些类型的缺陷可能需要对数据进行预处理操作。虽然很多决策可以自动做出，但有些决策可能会受益于与用户的交互。事实上，好的模型可以直接处理缺失数据，只要在数据加载阶段准确地检测出缺失数据，相应的处理过程就能够较为顺利。但是，有些数据模型本身并不具备处理缺失数据的能力。此时，对缺失数据进行填充，并将填充后的数据集版本输入这些模型中可能是非常有用的。值得注意的是，填充任务自身也是由一个根据数据所训练的模型来完成的。缺失数据填充的技术有很多，如MissForest[31]、MissPaLasso[30]、mice[3]、KNNimpute[34]和贝叶斯方法[1, 7]。

3. 资源分配

自动统计系统另外一个需要着重考虑的方面是资源的使用情况。例如，用户可能只有有限数量的 CPU 内核可以用，又可能需要在一个固定的时间限制内获得尽可能好的报告（如在给定的截止时间之前）。为了做出较好的模型选择和评估选择，一个智能的自动统计系统应当考虑这种资源约束。毋庸置疑，这种能力将会影响系统的整体可用性。

即使在没有直接给出计算时间、CPU 内核或内存使用的约束时，智能系统也会受益于将资源更多地分配给那些对于最终交付而言评估效果更具前景的模型。实际上，那些支持渐进式评估形式的模型可以实现该功能，如增量式训练（即逐步增大数据集的子集）。为了实现该功能，本章所设计的一个系统采用了一种冻—融贝叶斯优化方法[32]的变体。

9.5 总 结

目前，我们的社会已经进入了一种数据非常丰富的时代。想要充分利用这种增长性资源的价值，需要对数据进行深入的分析和探索。不幸的是，目前的数据增长速度超出了我们的分析能力，对数据的分析仍在极大程度上依赖于人类专家。但幸运的是，机器学习和数据分析的很多方面都可以被自动化，而追求这个目标的一个指导性原则就是将机器学习应用于它们自身。

自动统计项目旨在通过处理数据分析的各个方面（从数据预处理、建模和评估，到生成有用且透明的结果）来对数据科学进行自动化。所有这些任务的实现，都应当尽可能地不需要专家知识、最小化用户交互的次数及可控且智能地利用计算资源。

虽然这一目标很难且还有很多工作需要做，但我们在建立自动统计系统方面目前已经取得了令人十分鼓舞的进展。实际上，目前已经构建了多个自动统计系统，虽然这些统计系统在目的和底层技术上略有不同，但它们都具备相同的意图及极为相似的设计理念。希望自动统计系统的构建，能够让更多的人具备从数据中获得洞察的能力，以及帮助社会更为充分地利用我们的数据资源。

致谢 感谢塔米姆·阿德尔·赫沙姆、拉斯·特霍夫和弗兰克·亨特的有价值反馈。

参考文献

---

[1] Allingham, J.U.: Unsupervised automatic dataset repair. Master's thesis in advanced computer science, Computer Laboratory, University of Cambridge (2018).

[2] Bishop, C.M.: Pattern recognition and machine learning. Information science and statistics, Springer (2006).

[3] van Buuren, S., Groothuis-Oudshoorn, K.: mice: Multivariate imputation by chained equations in R. Journal of Statistical Software 45(3) (2011).

[4] Doshi-Velez, F., Kim, B.: Towards a rigorous science of interpretable machine learning (Mar 2017), http://arxiv.org/abs/1702.08608.

[5] Duvenaud, D., Lloyd, J.R., Grosse, R., Tenenbaum, J.B., Ghahramani, Z.: Structure discovery in nonparametric regression through compositional kernel search. In: Proceedings of the 30th International Conference on Machine Learning (2013).

[6] Feurer, M., Klein, A., Eggensperger, K., Springenberg, J., Blum, M., Hutter, F.: Efficient and robust automated machine learning. In: Cortes, C., Lawrence, N.D., Lee, D.D., Sugiyama, M., Garnett, R. (eds.) Advances in Neural Information Processing Systems 28, pp. 2962–2970. Curran Associates, Inc. (2015).

[7] Garriga Alonso, A.: Probability density imputation of missing data with Gaussian Mixture Models. MSc thesis, University of Oxford (2017).

[8] Gelman, A., Carlin, J.B., Stern, H.S., Dunson, D.B., Vehtari, A., Rubin, D.B.: Bayesian Data Analysis, Third Edition. Chapman & Hall/CRC Texts in Statistical Science. Taylor & Francis (2013).

[9] Ghahramani, Z.: Probabilistic machine learning and artificial intelligence. Nature 521, 452–459 (2015).

[10] Grosse, R.B., Salakhutdinov, R., Tenenbaum, J.B.: Exploiting compositionality to explore a large space of model structures. In: Uncertainty in Artificial Intelligence (2012).

[11] Hand, D.J.: Patterns in statistical strategy. In: Gale, W.A. (ed.) Artificial intelligence and statistics (1986).

[12] He, Q.: The Automatic Statistician for Classification. Master's thesis, Department of Engineering, University of Cambridge (2016).

[13] Hwang, Y., Tong, A., Choi, J.: Automatic construction of nonparametric relational regression models for multiple time series. In: Balcan, M.F., Weinberger, K.Q. (eds.) ICML 2016: Proceedings of the 33rd International Conference on Machine Learning. Proceedings of Machine Learning Research, vol. 48, pp. 3030–3039. PLMR (2016).

[14] Janz, D., Paige, B., Rainforth, T., van de Meent, J.W., Wood, F.: Probabilistic structure discovery in time series data (2016), https://arxiv.org/abs/1611.06863.

[15] Kim, H., Teh, Y.W.: Scaling up the Automatic Statistician: Scalable structure discovery using Gaussian processes. In: Storkey, A., Perez-Cruz, F. (eds.) Proceedings of the 21st International Conference on Artificial Intelligence and Statistics. Proceedings of Machine Learning Research, vol. 84, pp. 575–584. PLMR (2018).

[16] King, R.D., Whelan, K.E., Jones, F.M., Reiser, P.G.K., Bryant, C.H., Muggleton, S.H., Kell, D.B.,

Oliver, S.G.: Functional genomic hypothesis generation and experimentation by a robot scientist. Nature 427(6971), 247–252 (2004).

[17] Kotthoff, L., Thornton, C., Hoos, H.H., Hutter, F., Leyton-Brown, K.: Auto-WEKA 2.0: Automatic model selection and hyperparameter optimization in WEKA. Journal of Machine Learning Research 18(25), 1–5 (2017).

[18] Lloyd, J.R., Duvenaud, D., Grosse, R., Tenenbaum, J.B., Ghahramani, Z.: Automatic construction and natural-language description of nonparametric regression models. In: Twenty-Eighth AAAI Conference on Artificial Intelligence (AAAI-14) (2014).

[19] Lloyd, J.R.: Representation, learning, description and criticism of probabilistic models with applications to networks, functions and relational data. Ph.D. thesis, Department of Engineering, University of Cambridge (2014).

[20] Lloyd, J.R., Ghahramani, Z.: Statistical model criticism using kernel two sample tests. In: Cortes, C., Lawrence, N.D., Lee, D.D., Sugiyama, M., Garnett, R. (eds.) Advances in Neural Information Processing Systems 28. pp. 829–837. Curran Associates, Inc. (2015).

[21] MacKay, D.J.C.: Bayesian interpolation. Neural Computation 4(3), 415–447 (1992), see [24] for additional discussion and illustration.

[22] Malkomes, G., Schaff, C., Garnett, R.: Bayesian optimization for automated model selection. In: Lee, D.D., Sugiyama, M., von Luxburg, U., Guyon, I., Garnett, R. (eds.) Advances in Neural Information Processing Systems 29, pp. 2900–2908. Curran Associates, Inc. (2016).

[23] Mrkšic, N.: Kernel Structure Discovery for Gaussian Process Classification. Master's thesis, Computer Laboratory, University of Cambridge (2014).

[24] Murray, I., Ghahramani, Z.: A note on the evidence and Bayesian Occam's razor. Tech. Rep. GCNU-TR 2005-003, Gatsby Computational Neuroscience Unit, University College London (2005).

[25] Rasmussen, C.E., Williams, C.K.I.: Gaussian Processes for Machine Learning. MIT Press (2006), http://www.gaussianprocess.org/gpml/.

[26] Schmidt, M., Lipson, H.: Distilling free-form natural laws from experimental data. Science 324(5923), 81–85 (2009).

[27] Schmidt, M., Lipson, H.: Symbolic regression of implicit equations. In: Riolo, R., O'Reilly, U.M., McConaghy, T. (eds.) Genetic Programming Theory and Practice VII, pp. 73–85. Springer, Boston, MA (2010).

[28] Schulz, E., Tenenbaum, J., Duvenaud, D.K., Speekenbrink, M., Gershman, S.J.: Probing the compositionality of intuitive functions. In: Lee, D.D., Sugiyama, M., von Luxburg, U., Guyon, I., Garnett, R. (eds.) Advances in Neural Information Processing Systems 29, pp. 3729–3737. Curran Associates, Inc. (2016).

[29] Schwarz, G.: Estimating the dimension of a model. The Annals of Statistics 6(2), 461–464 (1978).

[30] Städler, N., Stekhoven, D.J., Bühlmann, P.: Pattern alternating maximization algorithm for missing data in high-dimensional problems. Journal of Machine Learning Research 15, 1903–1928 (2014).

[31] Stekhoven, D.J., Bühlmann, P.: MissForest – non-parametric missing value imputation for mixed-type data. Bioinformatics 28(1), 112–118 (2011).

[32] Swersky, K., Snoek, J., Adams, R.P.: Freeze-thaw Bayesian optimization (2014), http://arxiv.org/abs/1406.3896.

[33] Thornton, C., Hutter, F., Hoos, H.H., Leyton-Brown, K.: Auto-WEKA: Combined selection and hyperparameter optimization of classification algorithms. In: Proceedings of the 19th ACM SIGKDD International Conference on Knowledge Discovery and Data Mining. pp. 847–855. KDD '13, ACM, New York, NY, USA (2013).

[34] Troyanskaya, O., Cantor, M., Sherlock, G., Brown, P., Hastie, T., Tibshirani, R., Botstein, D., Altman, R.B.: Missing value estimation methods for DNA microarrays. Bioinformatics pp. 520–525 (2001).

[35] Valera, I., Ghahramani, Z.: Automatic discovery of the statistical types of variables in a dataset. In: Precup, D., Teh, Y.W. (eds.) ICML 2017: Proceedings of the 34th International Conference on Machine Learning. Proceedings of Machine Learning Research, vol. 70, pp. 3521–3529. PLMR (2017).

[36] Wilson, A.G., Adams, R.P.: Gaussian process kernels for pattern discovery and extrapolation. In: Dasgupta, S., McAllester, D. (eds.) ICML 2013: Proceedings of the 30th International Conference on Machine Learning. JLMR Proceedings, vol. 28, pp. 1067–1075. JLMR.org (2013).

[37] Wolstenholme, D.E., O'Brien, C.M., Nelder, J.A.: GLIMPSE: a knowledge-based front end for statistical analysis. Knowledge-Based Systems 1(3), 173–178 (1988).

第三篇

自动机器学习挑战赛

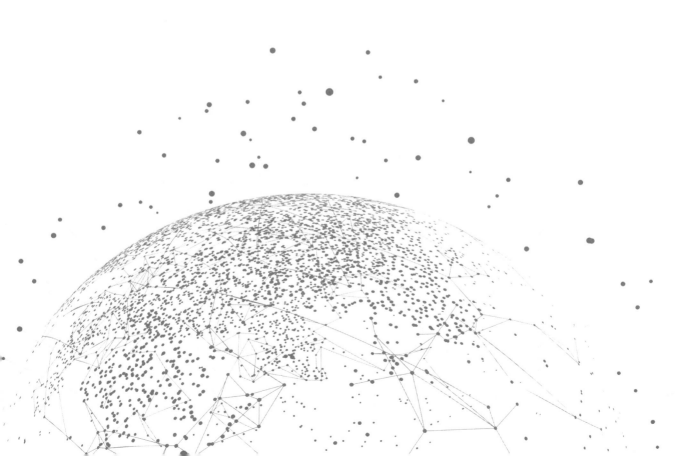

第 10 章 自动机器学习挑战赛分析

伊莎贝尔·盖翁[1]，李胜·孙-霍索[2]，马克·布勒[3]，

雨果·耶尔·埃斯卡兰特[4]，塞尔吉奥·埃卡梅拉[5]，刘正英[6]，

达米尔·贾耶蒂奇[7]，比萨卡·雷[8]，梅林·塞伊德[9]，米歇尔·塞巴格[10]，

亚历山大·斯塔尼科夫[11]，涂威威[12]，伊芙琳·维加斯[13][14]

---

[1] 伊莎贝尔·盖翁（✉）
法国巴黎南部大学
法国巴黎-萨克雷大学，国立计算机与自动化研究所
美国加州伯克利，ChaLearn 和 ClopiNet 公司
电子邮箱：guyon@chalearn.org。

[2] 李胜·孙-霍索
法国巴黎第十一大学，计算机科学研究实验室。

[3] 马克·布勒
法国拉尼翁，Orange 实验室，机器学习小组。

[4] 雨果·耶尔·埃斯卡兰特
墨西哥托南钦特拉，国家天体物理、光学和电子研究所，计算机科学系。

[5] 塞尔吉奥·埃卡梅拉
西班牙巴塞罗那大学，计算机视觉中心。

[6] 刘正英
法国巴黎-萨克雷大学。

[7] 达米尔·贾耶蒂奇
克罗地亚萨格勒布，IN2。

[8] 比萨卡·雷
美国纽约大学，朗格尼医学中心。

[9] 梅林·塞伊德
巴基斯坦伊斯兰堡，国立计算机和新兴科学大学，计算机科学系。

[10] 米歇尔·塞巴格
法国巴黎，国家科学研究中心，信息研究实验室
法国巴黎-萨克雷大学。

[11] 亚历山大·斯塔尼科夫
美国旧金山，SoFi 公司。

[12] 涂威威
中国北京，第 4 范式。

[13] 伊芙琳·维加斯
美国华盛顿州雷德蒙德，微软研究院。

[14] **注**：除了第一位主要完成了本章大部分写作内容和第二位主要给出了大部分数值分析及图表的作者外，其他作者按照姓名字母顺序排名。

概述： ChaLearn 自动机器学习挑战赛（NIPS 2015 – ICML 2016）由 6 轮受制于有限计算资源的机器学习竞赛所组成，需要注意的是这 6 轮竞赛的难度会逐渐增加。其后，紧跟着一个单轮的自动机器学习挑战赛（PAKDD 2018）。自动机器学习的设置与之前的模型选择/超参选择的挑战较为不同，如本文作者为 NIPS 2006 所组织的：参与者旨在开发出全自动且计算高效的系统，该系统能够在无人工干预的情形下进行训练和测试，并提交相应的代码。本章主要对这些竞赛的结果进行分析并提供相应数据集的细节，而这些细节对于参与者而言是未知的。其中，获胜者的解决方案将在所有轮的所有数据集上进行系统性的基准测试，并与 Scikit-learn 中可用的标准机器学习算法进行比较。另外，本章讨论的所有材料（数据和代码）均已被公开[①]。

10.1 引　　言

　　大约在十年前，机器学习对于大众而言还是一门较为小众的学科。对于机器学习科学家，机器学习属于"买方市场"：他们设计大量搜索应用程序的算法，并持续寻找新的有趣数据集。积累了海量数据的互联网巨头（如谷歌、脸书、微软和亚马逊）普及了机器学习的使用方法，而数据科学方面的竞赛则吸引了新一代年轻科学家投入机器学习的浪潮之中。现如今，随着政府和企业不断发现新的机器学习应用及开放数据的持续增长，机器学习已经转向了"卖方市场"，即似乎每个人都需要机器学习。然而不幸的是，现在的机器学习并没有完全自动化：仍难以弄清楚哪个软件适用于哪个问题、如何将不同类型的数据放入相应的软件及如何选择合适的（超）参数。而 ChaLearn 自动机器学习挑战赛的目标就在于引导机器学习社区的力量，以逐步降低将机器学习应用到更为广泛的实际问题中的人为干预程度。

　　全自动化是一个没有止境的问题，因为总是会存在先前没有遇到过的新问题。具体而言，第一次自动机器学习挑战赛会被限定在：

- 有监督学习问题（分类和回归）。
- 特征向量表示。
- 同质数据集，即训练集、验证集和测试集具有相同的分布。
- 小于 200 MB 的中型数据集。

---

① 访问网址为 http://automl.chalearn.org。

- 有限的计算资源，即每个数据集上的运行时间小于20min，运行机器为具有56 GB运行内存的8核x86_64计算机。

这里排除了无监督学习、主动学习、迁移学习和因果发现问题，需要注意的是它们也是非常重要的，并且在过去的ChaLearn挑战赛[31]中已经被考虑，但是由于它们每个都需要不同的评估设置，这使得结果之间的比较变得非常困难。不过，这里并不排除视频、图像、文本和更为普遍的时序数据的处理。实际上，所选的数据集就含有这些模式的若干实例。值得说明的是，它们首先会在特征表示中进行预处理，因此不会对特征学习进行强调。事实上，从基于特征表示的预处理数据中学习本身就已经涵盖了大量的基础知识，而一个能够解决该限制性问题的全自动化方法将是该领域的一大显著进步。这个受限的设置环境主要包含以下多个待解决的难点。

- **不同的数据分布**，即数据集的内在/几何复杂度。
- **不同的任务**，回归、二分类、多类别分类及多标签分类。
- **不同的评分标准**，AUC、BAC、MSE及F_1等（具体内容见10.4.2节）。
- **类不平衡**，平衡的或不平衡的类样本比例。
- **稀疏性**，完整矩阵或稀疏矩阵。
- **缺失值**，是否存在缺失值。
- **类别型变量**，是否存在类别型变量。
- **不相关变量**，是否存在额外的不相关变量（干扰项）。
- **训练样本数量**（P_{tr}），少量或大量的训练样本。
- **变量/特征数量**（N），少量或大量的变量。
- **训练数据矩阵的比例**（P_{tr}/N），$P_{tr} \gg N$、$P_{tr} = N$或$P_{tr} \ll N$。

在该设置中，参与者不得不面对众多的建模/超参选择。需要注意的是，自动机器学习中的一些其他重要方面在本次挑战赛中没有被解决的，将留给后续的研究来解决。这些方面包括但不限于：数据的提取、格式化和预处理；特征/表征学习；有偏的、非同质、漂移、多模态或多视图数据（基于迁移学习）的检测和处理；算法与问题的适配，可能含有无监督、有监督、强化学习或其他的设置；新数据的获取，如主动学习、查询学习、强化学习或因果实验；大数据量的管理，包括创建合适大小和分层的训练数据集、验证数据集和测试数据集；选择满足训练和运行时任意资源约束的算法；生成和复用工作流程的能力；能够生成有价值的报告。

该挑战赛系列始于 NIPS 2006 的"模型选择游戏"①[37]，它会向参与者提供一个基于 MATLAT 工具包 CLOP[1] 的机器学习工具箱，而该工具包构建于 Spider 包 [69] 之上。另外，该工具包通过结合预处理、特征选择、分类和后处理模块，为用户提供了一种灵活的模型搭建方法，同时支持分类器的集成构建。该游戏的主要目标是建立最佳的超模型。需要注意的是，该目标重点关注模型的选择，而非新算法的开发。另外，所有的问题都是基于特征的二值分类问题，并提供了 5 个数据集。参与者需要提交他们模型的架构。从结果上看，该模型选择游戏确认了交叉验证的有效性（获胜者发明了一种名为交叉索引的新变体），并着重强调了需要部署新的搜索技术（如粒子群优化）以提高搜索效率的必要性。

在 2015—2016 年的自动机器学习新挑战赛中，引入了"任务"的概念，即针对每个数据集，都提供了一个用于优化的特定评分标准和相应的时间预算。最初，打算以一种较为随意的方式来指定不同数据集上的不同时间预算。但最后出于实际考虑，将每个数据集上的时间预算固定为 20min（除了第 0 轮，时间预算为 100～300s）。不过，由于数据集的规模不尽相同，这就给参与者带来了管理分配时间的压力。但另外，提交的文件可以是任意 Linux 平台可执行的，提高了参与者的自由度，这主要是基于开源平台 Codalab② 通过自动执行实现的。为了帮助参与者，竞赛提供了一个基于 Scikit-learn 库 [55]③ 的 Python 入门工具箱。这促使众多参与者编写了围绕 Scikit-learn 的封装器，而这也正是获胜系统 Auto-sklearn[25-28]④ 所采用的策略。在自动机器学习挑战赛之后，本文作者组织了一个针对单个数据集（即 MADELINE）的"打败 Auto-sklearn"的游戏。在该游戏中，参与者可以提供手动设计的超参以打败 Auto-sklearn 系统。但最终没有一个参与者可以获胜。甚至连 Auto-sklearn 系统的设计者本人也没有打败该系统。在实际竞赛中，参与者可以通过图形化交互界面提交一个用以描述 sklearn 模型和相应超参设置的 JSON 文件。该界面使得那些想要将他们自己设计的搜索方法与 Auto-sklearn 进行比较的研究者，可以使用完全相同的超模型。

在 2015—2016 年，自动机器学习研讨会成员围绕自动机器学习挑战赛组织了一系列的活动，如训练营、暑期学校和研讨会等⑤。自动机器学习挑战赛是 IJCNN 2015 和

---

① http://clopinet.com/isabelle/Projects/NIPS2006/。

② http://competitions.codalab.org。

③ http://Scikit-learn.org/。

④ https://automl.github.io/auto-sklearn/stable/。

⑤ http://automl.chalearn.org。

2016 竞赛项目的官方选择之一，而竞赛的结果则在 ICML 和 NIPS 2015 年至 2016 年的 AutoML 和 CiML 研讨会上进行了讨论。另外，也有一些关于这些竞赛的相关文献，如文献 [33] 给出了 AutoML 挑战赛[①] 的设计细节，文献 [32, 34] 回顾了 ICML 2015 年和 2016 年自动机器学习研讨会上所展示的里程碑性进展和最终结果。在自动机器学习挑战赛 2015/2016 中，总共有 6 轮竞赛，每轮都有 5 个数据集。随后，本章作者为 PAKDD 2018[②] 组织了一个新的 AutoML 竞赛，总共只包含两个阶段：开发阶段和"盲测"阶段，每个阶段都有 5 个数据集。

除了前面所给出的分析之外，本章接下来将对挑战赛中所有数据集上的获胜方案进行系统性研究，并与 Scikit-learn 中所实现的常用机器学习方法进行比较，进而提供数据集和相应分析的未被发表的细节内容。

需要说明的是，本章部分内容基于之前已出现过的文献 [32 ~ 34, 36]，以及本章的补充内容（在线附录，可以通过访问本书的网址 http://automl.org/book 来获取）。

10.2　问题形式化和概述

10.2.1　问题的范围

该挑战赛系列主要关注机器学习中的有监督学习问题，尤其是解决无须人工干预的受给定限制条件约束的分类问题和回归问题。为此，本章发布了大量基于给定特征表示的预格式化的数据集，即每个示例都由固定数量的数值系数组成，具体内容见 10.3 节。

在机器学习应用中，并不总是区分输入变量和输出变量。举例而言，在推荐系统中，问题通常被定义成预测每个变量的缺失值，而非预测某个特定变量的值[58]。在无监督学习中[30]，目标是用一种简单而紧凑的方式来解释数据，最终涉及对隐变量进行推断，如聚类算法所产生的类隶属度。

本章只考虑严格的有监督学习设置，其中数据以相同且独立分布的输入—输出对的形式呈现。所使用的模型限于固定长度的向量化表示，且不包含时间序列预测问题。而

[①]　http://codalab.org/AutoML。

[②]　https://www.4paradigm.com/competition/pakdd2018。

该挑战赛中的文本、语音和视频处理任务，都已经被预处理成合适的固定长度的向量表示。

所提任务的困难程度主要取决于数据的复杂性，如类不平衡、数据稀疏、数据缺失和类别型变量等，而测试平台则由来自多个领域的数据组成。尽管已经存在一些能够处理这些问题的机器学习工具箱，但是在受限的计算资源约束下为给定的数据集、任务和评估指标找到能够最大化性能的方法和超参设置，仍需要大量的人力工作。对于参与者而言，其面临的一个主要挑战是创建无须人类交互的完美黑箱，以缓解未来十年里数据科学家的短缺。

10.2.2 全模型选择

本章将参与者的方案称为超模型，以表明它们由更为简单的组件所构成。举例而言，对于分类问题，参与者可能会设计一个超模型，该超模型由若干个分类技术（如最近邻、线性模型、核方法、神经网络及随机森林）组合而成。更为复杂的超模型可能还包含预处理、特征构建和特征筛选模块。一般而言，一个形式为 $y = f(x;\alpha)$ 的预测模型会包含以下部分：

- 参数集合 $\alpha = [\alpha_0, \alpha_1, \cdots, \alpha_n)$。
- 学习算法（又称为训练器），主要使用训练数据来优化参数。
- 基于学习算法所生成的形式为 $y = f(x)$ 的训练模型（又称为预测器）。
- 明确的目标函数 $J(f)$，用于评估模型在测试数据上的性能。

接下来考虑由超参向量 $\theta = [\text{close}=\theta_1, \theta_2, \cdots, \theta_n)$ 所定义的模型假设空间。该超参向量不仅可以包含切换可选模型所对应的参数，而且可以包含建模选项，如预处理参数、核方法中的核函数类型、神经网络中的神经元和网络层数量，或者训练算法中的正则化参数[59]。部分作者称该问题为全模型选择问题[24, 62]，另一部分作者称该问题为CASH（即算法选择和超参优化的组合）问题[65]。本章将超模型表示为

$$y = f(x;\theta) = f(x;\alpha(\theta),\theta) \tag{10.1}$$

其中，模型参数向量 α 为超参向量 θ 的隐式函数，而该超参向量通过使用训练器来获得 θ 的固定值。另外，训练数据由输入—输出对 $\{x_i, y_i\}$ 构成。参与者需要设计能够训练超参 θ 的算法。这可能需要对超参空间进行智能采样，以及将可用的训练数据划分成可供

训练和评估方案预测能力的数据子集（一次或多次）。

作为一个优化问题，模型选择是一个双层优化程序[7, 18, 19]。其中，较低层级的目标 J_1 对模型的参数 α 进行训练，而上层的目标 J_2 则是对超参 θ 进行训练，两者会同时进行优化（如图 10.1 所示）。若从统计的角度来考虑，则模型选择是一个多次测试的问题。其中，性能预测 ϵ 的错误条会随着模型/超参尝试次数的增多而减少。或者说，更为一般地，性能预测 ϵ 的错误条会随着超模型 $C_2(\theta)$ 复杂度的增加而减少。另外，自动机器学习的一个关键要素是通过正则化来避免上层目标 J_2 的过拟合，这与对低层级目标 J_1 进行正则化的方式非常相似。

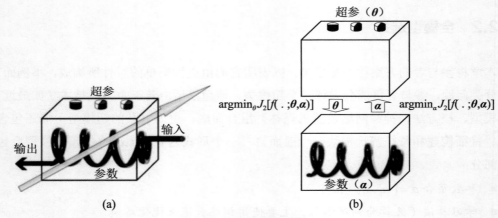

图 10.1 双层优化

注：（a）一个参数和超参需要被调整的学习机示意图；（b）将参数和超参的调整过程解耦成两个层次。其中，上层目标 J_2 用于优化超参 θ，下层目标 J_1 用于优化参数 α。

该问题设置还可以使用集成方法，也就是让若干个"简单"模型投票做出最终决策[15, 16, 29]。使用集成方法时，可以将参数 θ 理解成投票的权重。简洁起见，将所有的参数集中在单个向量中，但可以采用更为复杂的结构（如树或图）来定义超参空间[66]。

10.2.3 超参优化

每个处理过数据的人都会面临一些常见的建模选项，如缩放、标准化、缺失值填充、变量编码（针对类别型变量）、变量离散化、非线性程度和模型架构等。目前，机器学习已经能够减少超参的数量,并生成可以执行任务(如分类和回归)的黑盒[21, 40]。尽管如此,任何真实世界中的问题在将数据输入自动方法之前,至少需要对数据做一些准备,因此仍需一些建模选项。实际上,对于很多复杂的任务(如文本、图像、视频和语音的处理),我们在基于深度学习方法的端到端自动机器学习上已经取得了很大的进展[6]。不过,这些方法仍含有很多建模选项和超参。

虽然为各种应用程序设计模型已经成为机器学习社区的焦点,但致力于优化超参的工作还比较缺乏。常见的超参优化方法(如试错和网格搜索)可能会为小型数据集找到过拟合的模型,而为大型数据集找到欠拟合的模型。其中,过拟合主要指所生成的模型在训练数据上表现良好,但在未见数据上表现很差,即模型的泛化能力很弱;欠拟合指的是所选的模型过于简单,无法刻画数据的复杂性,导致模型在训练数据和测试数据上的表现都很差。尽管目前有很好的优化参数的现成算法,但最终用户仍需要负责组织他们的数值实验,以找到待考虑的众多模型中的最佳模型。实际上,由于缺乏时间和资源,他们通常会采用特定的技术来执行模型 / 超参选择。在文献 [42,47] 中,约安尼季斯和朗福德研究了常见的基础性错误,如糟糕的训练 / 测试集划分、不恰当的模型复杂度、使用测试集来选择超参、计算资源的滥用及误导性的测试标准等,这些都有可能导致整个研究变得无效。参与者需要避免这些缺陷,并设计出可以进行盲测的系统。

挑战赛问题设置中的一个额外要求是代码能够在有限的计算资源下进行测试。也就是说,对于每个任务,执行时间的限制是固定的,并给出了最大的内存使用量。这就需要参与者设计给定时间内的解决方案,因此需要他们从计算的角度来优化模型搜索。总结而言,参与者需要同时解决优化方案的过拟合 / 欠拟合问题及搜索效率问题,如文献 [43] 所述。事实上,计算资源的约束比过拟合问题给参与者带来的挑战更大。因此,核心的工作是使用前沿的优化方法来设计有效的新搜索技术。

10.2.4 模型搜索策略

大多数实践者会采用启发式方法,如使用网格搜索或均匀采样对 θ 空间进行采样,以及使用 k 折交叉验证作为上层目标 J_2 [20]。在该框架中,θ 并非顺序地进行优化[8]。所有的参数都按照一种常规的方式被采样,通常是线性或者对数缩放。这就带来了大量的可能性,而这些可能性将随着 θ 维度的增加呈指数级增长。k 折交叉验证将数据集分成 k 份,其中的 $(k-1)$ 份用于训练,剩下的 1 份用于测试。调整用于测试的那份数据,即

可以得到 k 个测试得分，对这 k 个得分取平均，则平均后的得分为最终的测试得分。需要注意的是，当前很多机器学习工具箱都支持交叉验证，但缺乏如何决定网格搜索点数量和 k 值的原则性指导（文献 [20] 除外），也缺乏如何对 J_2 进行正则化的指导，而该方法虽然简单但是一个很好的基准对比方法。

目前，已经尝试了使用双层优化方法来优化连续型超参，并采用 k 折交叉验证估计器 [7, 50] 或留一法估计器作为上层目标 J_2。作为在所有训练实例上训练单个预测器的副产品（如虚拟留一法 [38]），可以以封闭的形式有效地计算留一法估计器。另外，通过增加一个 J_2 的正则化项对该方法进行了改进 [17]。而通过对 J_2 进行局部二次近似 [44]，梯度下降很好地提高了搜索的效率。在某些情况下，完整的 $J_2(\theta)$ 可以通过一些关键示例被计算出 [39, 54]。除此之外，有些方法直接最小化留一法误差的近似值或上界，而非它的精确形式 [53, 68]。不过，这些方法仍受限于特定模型和连续型超参。

全模型选择的一个早期尝试是使用 k 折交叉验证作为 J_2 的模式搜索方法。它通过相同大小的步长来探索超参空间，当任何参数的改变都无法进一步降低 J_2 时，会将步长减半并重复探索过程，直到步长足够小时为止 [49]。在文献 [24] 中，埃斯卡兰特等使用粒子群优化来解决全模型选择问题，即通过候选解决方案（粒子）的种群，并基于粒子的位置和速度在超参空间中移动这些粒子，对全模型选择问题进行优化。需要说明的是，这里也采用 k 折交叉验证作为 J_2。结果上，该方法检索到小于 76% 实例中的获胜模型。另外，过拟合主要通过启发式的早停法来控制，以及没有对训练数据和验证数据的划分比例进行优化。虽然为了降低过拟合风险，我们在实验设计上取得了一些进展 [42, 47]，尤其是使用原则性方法划分数据集 [61]，但据我们所知，目前还没有人完全解决数据的最佳分割问题。

虽然对第二层推理进行正则化是频率机器学习社区的一项最新补充，但它凭借超先验的概念已经成为贝叶斯建模的固有部分。一些多层优化方法结合了重要性采样和蒙特卡洛-马尔科夫链 [2]。另外，贝叶斯超参优化这一领域的发展十分迅速，并取得了很好的结果，特别是使用高斯过程对泛化性能进行建模 [60, 63]。但是在含有众多超参（包括离散参数）的结构化优化问题上，对 $P(x|y)$ 和 $P(y)$ 进行建模而非直接对 $P(y|x)$ 进行建模的树形 Parzen 估计器（TPE）[9, 10] 被证明效果优于基于高斯过程的贝叶斯优化方法 [23]。这些方法的核心思想都是将 $J_2(\theta)$ 拟合成一个平滑函数以尝试减少方差，并对欠采样超参空间区域的方差进行估计以将搜索引导向高方差区域。实际中，这些方法都是非常有价值的，而且部分观点可以应用在频率设置中。举例而言，基于随机森林的 SMAC 算法 [41]

一方面能够在某些实例分布上呈数量级地加速局部搜索和树搜索算法，另一方面也被发现是非常有效的机器学习算法的超参优化方法，它能够比其他算法更好地扩展到高维和离散输入维度[23]。值得注意的是，贝叶斯优化方法会经常与其他技术（如元学习和集成方法[25]）相结合，以在一些有时间限制的挑战设置中取得优势[32]。除此之外，这些方法中的部分方法同时考虑了双层优化，并将时间开销作为超参搜索的关键性指导[45, 64]。

除了贝叶斯优化，文献中还存在一些其他方法，并随着近期深度学习的兴起，获得了大量的关注。最近，强化学习的理念已经被用于构建最优的神经网络架构[4, 70]。这些方法将超参优化问题形式化成强化学习问题，例如，状态为实际的超参设置（如网络结构）、行动为增加或删除一个模块（如一个卷积神经网络层或池化层），奖励为验证集上的准确度。随后，可以直接使用现有的强化学习算法（如 RENFORCE、Q-学习、蒙特卡洛树搜索等）对该问题进行求解。除此之外，还有一些基于进化算法的架构搜索方法[3, 57]。具体而言，首先会构建一个超参设置（个体）的集合（种群），然后根据它们的交叉验证得分（适应度）修改（交叉和变异）和剔除不具潜力的超参设置。几代之后，种群的全局质量会得以提升。值得注意的是，强化学习和进化算法的一个重要共同点是它们都对探索—利用进行了权衡。尽管这些方法都取得了很好的结果，但是它们都需要大量的计算资源，而且部分方法（尤其是进化算法）的扩展性很差。在文献[56]中，法姆等对子模型之间的权重进行了共享，在显著加速搜索过程[70]的同时取得了有一定竞争力的结果。

值得说明的是，不仅可以将参数拟合问题划分成两个层级，而且可以将其划分成多个层级，不过会以增加额外的复杂度为代价，即需要对数据进行层级划分以执行多个或嵌套的交叉验证[22]、在不同层级上进行训练和验证时可能的数据不足，以及计算负载的增加。

表 10.1 展示了频率设置中多层级参数优化的一个典型示例。假定现在使用一个具有两个学习机的机器学习工具箱：Kridge（核岭回归）和 Neural（神经网络，又称"深度学习"模型）。在顶层，使用一个测试程序来评估最终模型的性能，需要注意的是，这不是推理层。顶层的推理算法 Validation ({GridCV(Kridge，MSE)，GridCV(Neural，MSE)}，MSE) 被递归地分解为它的元素。具体而言，Validation 使用划分的数据 $D=(D_{Tr}, D_{Va})$ 来比较学习机 Kridge 和 Neural 的 [D_{Tr} 用于训练，D_{Va} 用于验证，均方误差（MSE）为评价指标] 评估函数。其中，算法 GridCV 为一个带有 10 折交叉验证 MSE 评估函数的网格搜索，并对超参 θ 进行优化。在内部，Kridge 和 Neural 都使用虚拟留一法交叉验证（CV）来调整 γ，使用经典的 L_2 正则化风险函数来调整 α。

表 10.1 多层级推理算法的典型示例

层级	算 法	参数固定	参数变化	执行的优化	数 据 划 分
NA	F	所有	所有	性能评估（没有推理）	D_{Te}
4	Validation	无	所有	使用验证数据选择最终算法	$D = [D_{Tr}, D_{Va}]$
3	GridCV	模型索引 i	θ, γ, α	θ 常规采样值上的10折交叉验证	$D_{Tr} = [D_{tr}, D_{va}]_{CV}$
2	Kridge(θ) Nerual(θ)	i, θ	γ, α	基于虚拟留一法 CV 选择正则化参数 γ	$D_{tr} = [D_{tr}^{\{d\}}, d]_{CV}$
1	Kridge(θ, γ) Nerual(θ, γ)	i, θ, γ	α	基于梯度下降的矩阵逆求解 α	D_{tr}
0	Kridge(θ, γ, α) Nerual(θ, γ, α)	所有	无	NA	NA

注：顶层推理算法 Validation ({GridCV(Kridge, MSE), GridCV(Neural, MSE)}, MSE) 被递归地分解为它的元素。在它上面调用方法"train"，使用数据 D_{TrVa} 可以得到函数 f，随后使用测试 (f, MSE, D_{Te}) 对函数 f 进行测试。其中，符号 $[.]_{CV}$ 表示多个数据划分（交叉验证）上的平均结果，NA 表示"不适用"。一个具有参数 α 和超参 θ 的模型族 F 表示为 $f(\theta, \alpha)$。与通常将超参放在最后的惯例不同，本章按照推理层级来降序排列超参。而作为底层算法考虑的 F 不执行任何训练，即 train $(f(\theta, \alpha))$ 只返回函数 $f(x; \theta, \alpha)$。

借鉴传统的特征选择分类方法 [11, 38, 46]，模型选择策略也被划分为过滤器、包装器和嵌入方法，如图 10.2 所示。其中，过滤器是缩小模型空间的方法，无须对学习器进行训练，这类方法有预处理、特征构建、核函数设计、结构设计、先验或正则化算子选择、噪声模型的选择以及用于特征选择的过滤方法。虽然部分过滤器使用了训练数据，但大多数过滤器吸收了任务上的人类先验知识或来自于先前任务的知识。近来，文献 [5] 提出将协同过滤方法应用到模型搜索。之于包装器方法，主要将学习器看成是能够从示例中进行学习并且在训练后能够做出预测的黑盒。它们使用超参空间中的搜索算法（如网格搜索或随机搜索），以及使用评估函数来评估已训练学习器的性能（交叉验证错误或贝叶斯证据）。嵌入方法与包装器较为相似，不过嵌入方法主要利用机器学习算法的知识，使得搜索更为有效。举例而言，一些嵌入方法会以封闭的形式计算留一法解决方案（不遗漏任何内容），即在所有训练数据上执行单个模型训练（如文献 [38]）。另外，其他一些嵌入方法会同时优化参数和超参数 [44, 50, 51]。

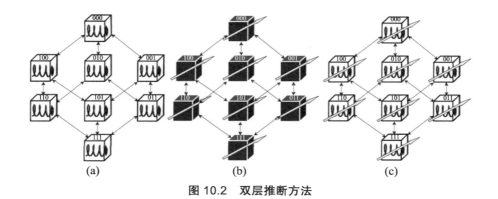

图 10.2 双层推断方法

注：（a）过滤器方法，以不改动学习器参数的方式选择超参（无箭头表示没有进行参数训练）；（b）包装器方法，使用训练后的学习器来选择超参，并将学习器视为黑盒；（c）嵌入方法，使用学习器的结构和/或参数知识来指导超参搜索。

总结而言，很多作者只关注搜索的效率，而忽略了第二层目标 J_2 的过拟合问题，J_2 通常由 k 折交叉验证（k 可以是任意值）来表示。为了弥补该不足，贝叶斯方法通过超先验概念引入了避免过拟合的技术，但代价是需要对数据的生成方式作假设且无法提供性能保证。在本章作者已知的现有全模型选择方法中，还没有将该问题看成建模选择和数据分割上的正则化函数 J_2 的优化问题。实际上，在共同解决统计和计算的问题上还有很多工作需要去做。而自动机器学习挑战赛系列提供了用于比较和对比能够解决这些问题方案的基准，避免了设计者和评估者的偏见。

10.3 数　　据

在众多协助者的帮助下，于 2014 年夏季收集了第一批的 70 个数据集，最终从中为 2015/2016 自动机器学习挑战赛挑选了 30 个数据集（见表 10.2 和在线附录）。这些数据集涵盖了广泛的应用领域：生物医学、生态学、能源与可持续性管理、文本、音频、语音、视频和其他传感器数据处理、互联网社交媒体管理和广告、市场分析与金融预测。需要注意的是，要对数据进行预处理以获得特征表示，即每个实例由固定数量的数值系数所组成。另外，挑战赛包含文本、语音和视频处理任务，但并非用它们原本的可变长度表征。

表 10.2 自动机器学习挑战赛 2015/2016 数据集

轮次	数据集	任务	度量标准	时间	C	C_{bal}	Sparse	Miss	C_{at}	I_{rr}	P_{te}	P_{va}	P_{tr}	N	P_{tr}/N
0	1 ADULT	多标签	F1	300	3	1	0.16	0.011	1	0.5	9 768	4 884	34 190	24	1 424.58
0	2 CADATA	回归	R2	200	0	NaN	0	0	0	0.5	10 640	5 000	5 000	16	312.5
0	3 DIGITS	多类别	BAC	300	10	1	0.42	0	0	0.5	35 000	20 000	15 000	1 568	9.57
0	4 DOROTHEA	二值	AUC	100	2	0.46	0.99	0	0	0.5	800	350	800	100 000	0.01
0	5 NEWSGROUPS	多类别	PAC	300	20	1	1	0	0	0	3 755	1 877	13 142	61 188	0.21
1	1 CHRISTINE	二值	BAC	1 200	2	1	0.071	0	0	0.5	2 084	834	5 418	1 636	3.31
1	2 JASMINE	二值	BAC	1 200	2	1	0.78	0	0	0.5	1 756	526	2 984	144	20.72
1	3 MADELINE	二值	BAC	1 200	2	1	1.2×10^{-6}	0	0	0.92	3 240	1 080	3 140	259	12.12
1	4 PHILIPPINE	二值	BAC	1 200	2	1	0.000 12	0	0	0.5	4 664	1 166	5 832	308	18.94
1	5 SYLVINE	二值	BAC	1 200	2	1	0.01	0	0	0.5	10 244	5 124	5 124	20	256.2
2	1 ALBERT	二值	F1	1 200	2	1	0.049	0.14	1	0.5	51 048	25 526	425 240	78	5 451.79
2	2 DILBERT	多类别	PAC	1 200	5	1	0	0	0	0.16	9 720	4 860	10 000	2 000	5
2	3 FABERT	多类别	PAC	1 200	7	0.96	0.99	0	0	0.5	2 354	1 177	8 237	800	10.3
2	4 ROBERT	多类别	BAC	1 200	10	1	0.01	0	0	0	5 000	2 000	10 000	7 200	1.39
2	5 VOLKERT	多类别	PAC	1 200	10	0.89	0.34	0	0	0	7 000	3 500	58 310	180	323.94
3	1 ALEXIS	多标签	AUC	1 200	18	0.92	0.98	0	0	0	15 569	7 784	54 491	5 000	10.9
3	2 DIONIS	多类别	BAC	1 200	355	1	0.11	0	0	0	12 000	6 000	416 188	60	6 936.47
3	3 GRIGORIS	多标签	AUC	1 200	91	0.87	1	0	0	0	9 920	6 486	45 400	301 561	0.15
3	4 JANNIS	多类别	BAC	1 200	4	0.8	7.3×10^{-5}	0	0	0.5	9 851	4 926	83 733	54	1 550.61
3	5 WALLIS	多类别	AUC	1 200	11	0.91	1	0	0	0	8 196	4 098	10 000	193 731	0.05
4	1 EVITA	二值	AUC	1 200	2	0.21	0.91	0	0	0.46	14 000	8 000	20 000	3 000	6.67
4	2 FLORA	回归	ABS	1 200	0	NaN	0.99	0	0	0.25	2 000	2 000	15 000	200 000	0.08
4	3 HELENA	多类别	BAC	1 200	100	0.9	6×10^{-5}	0	0	0	18 628	9 314	65 196	27	2 414.67
4	4 TANIA	多标签	PAC	1 200	95	0.79	1	0	0	0	44 635	22 514	157 599	47 236	3.34
4	5 YOLANDA	回归	R2	1 200	0	NaN	1×10^{-7}	0	0	0.1	30 000	30 000	400 000	100	4 000

续表

轮次	数据集	任务	度量标准	时间	C	C_{bal}	Sparse	Miss	C_{at}	I_{rr}	P_{te}	P_{va}	P_{tr}	N	P_{tr}/N
5	1 ARTURO	多类别	F1	1 200	20	1	0.82	0	0	0.5	2 733	1 366	9 565	400	23.91
5	2 CARLO	二值	PAC	1 200	2	0.097	0.002 7	0	0	0.5	10 000	10 000	50 000	1 070	46.73
5	3 MARCO	多标签	AUC	1 200	24	0.76	0.99	0	0	0	20 482	20 482	163 860	15 299	10.71
5	4 PABLO	回归	ABS	1 200	0	NaN	0.11	0	0	0.5	23 565	23 565	188 524	120	1 571.03
5	5 WALDO	多类别	BAC	1 200	4		0.029	0	1	0.5	2 430	2 430	19 439	270	72

注：其中，C 为类别数量；C_{bal} 表示类别平衡度；Sparse 表示稀疏度；Miss 表示缺失值比例；C_{at} 表示类别型变量；I_{rr} 表示不相关变量比例；P_{te} 为测试实例数量；P_{va} 为验证实例数量；P_{tr} 为训练实例数量；N 为特征数量；P_{tr}/N 为数据集的纵横比。

对于挑战赛 2018，从第一批数据集中选择了 3 个数据集（需要注意的是，这 3 个数据集在第一次挑战赛中未被使用），并添加了由新的组织者和赞助商收集的 7 个新数据集，具体内容见表 10.3 和在线附录。

表 10.3 自动机器学习挑战赛 2018 的数据集

阶段	数据集	C_{bal}	Sparse	Miss	C_{at}	I_{rr}	P_{te}	P_{va}	P_{tr}	N	P_{tr}/N
1	1 ADA	1	0.67	0	0	0	41 471	415	4 147	48	86.39
1	2 ARCENE	0.22	0.54	0	0	0	700	100	100	10 000	0.01
1	3 GINA	1	0.03	0.31	0	0	31 532	315	3 153	970	3.25
1	4 GUILLERMO	0.33	0.53	0	0	0	5 000	5 000	20 000	4 296	4.65
1	5 RL	0.10	0	0.11	1	0	24 803	0	31 406	22	1 427.5
2	1 PM	0.01	0	0.11	1	0	20 000	0	29 964	89	224.71
2	2 RH	0.04	0.41	0	1	0	28 544	0	31 498	76	414.44
2	3 RI	0.02	0.09	0.26	1	0	26 744	0	30 562	113	270.46
2	4 RICCARDO	0.67	0.51	0	0	0	5 000	5 000	20 000	4 296	4.65
2	5 RM	0.001	0	0.11	1	0	26 961	0	28 278	89	317.73

注：所有任务都是二元分类问题，评价指标为 AUC。对于所有数据集，时间预算都是相同的（1 200s）。挑战赛分为两个阶段：阶段 1 为开发阶段，阶段 2 为最终的"盲测"阶段。其中，C_{bal} 为类别平衡度；Sparse 为稀疏度；Miss 为缺失值比例；C_{at} 为类别型变量；I_{rr} 为不相关变量比例；P_{te} 为测试实例数量；P_{va} 为验证实例数量；P_{tr} 为训练实例数量；N 为特征数量；P_{tr}/N 为数据集的纵横比。

部分数据集来源于公开数据，不过会将它们重新处理成新的表示以隐藏其识别性信息，除了挑战赛 2015/2016 的最后一轮和挑战赛 2018 的最后一个阶段，它们会包含全新的数据。

在挑战赛 2015/2016 中，数据的复杂度会逐轮增加。第 0 轮介绍了之前挑战赛中的 5 个（公开）数据集，并阐明了后续各轮中将会遇到的困难。

（1）初级轮。只有二值分类问题，无缺失数据、无类别型特征、数量特征中等（<2 000）、类别较为平衡。挑战在于需要处理稀疏矩阵和全矩阵、不相关变量和不同的 P_{tr}/N。

（2）中级轮。含有二值分类和多类别分类问题，挑战在于需要处理类别不平衡、多个类别、缺失值、类别型变量和多达 7 000 个特征。

（3）高级轮。含有二值分类、多类别分类和多标签分类问题，挑战在于需要处理多达 300 000 个特征。

（4）专家轮。含有分类和回归问题，挑战在于需要处理整个范围的数据复杂度。

（5）大师轮。含有所有难度的分类问题和回归问题，挑战在于需要从全新的数据中学习。

挑战赛 2018 的所有数据集都是二值分类问题。由于该挑战赛设计上的原因，本次挑战赛没有使用验证集部分，即使它们可以用于一些数据集。其中，3 个复用的数据集与挑战赛 2015/2016 中的第一轮数据集和第二轮数据集的难度相近。但是，其中的 7 个新数据集引入了之前挑战赛中所没有的新困难。最为显著的是极端的类别不平衡、类别型特征的存在和实例间的时序依赖性，这些都可以被参与者用来设计他们的方法①。另外，两次挑战赛的数据集都可以通过网址 http://automl.chalearn.org/data 来下载。

10.4 挑战赛协议

本节主要介绍能够保证评估完全性和公平性的设计选项。挑战赛主要关注在给定时间和计算资源约束下（10.4.1 节），无须任何人工介入的有监督学习任务（分类问题和回归问题），并且会给定因数据集不同而不同的评估标准（10.4.2 节）。在挑战赛期间，会隐藏数据集的标识性信息及相关的描述信息（除了在采样数据分布的第一轮或第一个阶段），以避免参与者使用领域知识，并促使参与者设计出全自动的机器学习方案。在自动机器学习挑战赛 2015/2016 中，数据集被引入一系列的轮次中（10.4.3 节），并交替代码开发阶段（即 Tweakathon 阶段）和无须人工干预的代码盲测阶段（即 AutoML 阶段）。在开发阶段，可以提交结果或者代码。但在盲测阶段，代码必须被提交，因为代码是 AutoML "盲测"排序的一部分。自动机器学习挑战赛的 2018 版本对协议进行了简化，只有分成两个阶段的一轮竞赛：开发阶段，主要使用出于实践目的而发布的 5 个数据集；盲测阶段，使用以前未被使用过的 5 个新数据集。

10.4.1 时间预算和计算资源

Codalab 平台提供了可被所有参与者共享的计算资源。在挑战赛中，使用了多达 10 个计算工作机（worker）来并行处理参与者提交方案的队列，且每个计算工作机配有 8

---

① 在 RL、PM、RH、RI 和 RM 数据集中，实例是按照时间顺序进行排序的。该信息对参与者而言是已知的，可供参与者用来开发他们自己的方法。

个 x86_64 核。在自动机器学习挑战赛 2015/2016 的第 3 轮之后，内存将从 24GB 提升到 56GB。而在自动机器学习挑战赛 2018 中，减少了计算资源，因为希望推动参与者开发出更为高效且有效的自动机器学习方案。具体而言，使用 6 个计算工作机并行处理提交方案的队列，且每个计算工作机配有 2 个 x86_64 核及 8GB 的内存。

为了保证公平性，当评估某个提交的代码时，单个计算工作机只负责处理一个，以及运行时间会被限定为给定的时间预算（可能因数据集而异）。每个数据集的信息文件会向参与者提供该数据集的时间预算。出于实际原因，通常会将每个数据集的时间预算设置为 1 200s（第一轮的第一个阶段除外）。不过参与者事先并不知道这一点，因此他们的代码必须能管理给定的时间预算。而对于那些直接提交结果而非代码的参与者而言，不会受到时间预算的限制，因为他们的代码直接运行在他们自己的平台。这对于条目积分能够进入最终阶段（紧接 Tweakathon 阶段之后）可能是有利的。而对于那些也想要进入需要提交代码的 AutoML 阶段（盲测）的参与者而言，其可以同时提交结果和代码。结果被提交后，它们就会被用作正在进行阶段的条目得分。实际中，这些结果不需要由提交代码来产生。换言之，如果参与者不想共享他们的私人代码，则他们可以提交由组织者提供的样例代码和他们的结果。这些代码将会被自动转发到 AutoML 阶段用于盲测。另外，在 AutoML 阶段，参与者不可以提交结果。

鼓励参与者保存并提交中间结果，以便于画出解决方案的学习曲线。虽然这些中间结果在挑战赛期间并没有被利用，但研究这些学习曲线有助于评估算法的能力，以快速地获得好的性能。

10.4.2 评分标准

得分计算方式为对所提交预测与参考目标值进行比较。具体而言，针对每个样本 i（$i=1:P$，其中 P 为验证集或测试集的大小），对于回归问题，目标值 y_i 是一个连续型的数值系数；对于二值分类问题，目标值是 $\{0,1\}$ 内的一个二元值；对于多类别或多标签分类问题，目标值是一个 $\{0,1\}$ 内的二元值向量 $[y_{il}]$（即在每个类 l 上都有一个二元值）。参与者需要提交与目标值尽可能接近的预测值，即针对回归问题提交连续型的数值系数 q_i，针对多类别或多标签分类问题提交一个取值范围在 $[0,1]$ 之间的数值系数向量 $[q_{il}]$（同样在每个类 l 上都有一个数值系数）。

主办方所提供的入门工具箱含有用于评估条目的所有评分指标的 Python 实现。每个数据集的信息文件中都指定了与其对应的评分标准。需要注意的是，所有的得分会进行归一化，这样可以使得最佳得分为 1，而基于类别先验概率的随机预测的得分期望值则为 0。另外，将多标签分类问题看成多个二值分类问题，并采用多个二值分类子问题得分的均值来对多标签问题进行评估。

首先，给出所有样本 P（索引为 i）上均值计算符号 $\langle \cdot \rangle$ 的具体定义：

$$\langle y_i \rangle = (1/P) \sum_{i=1}^{P} (y_i) \tag{10.2}$$

接下来，给出具体评分指标的定义。

- R^2，是只用于回归问题的决定系数，该指标主要基于均方误差（MSE）和方差（VAR），计算方式为

$$R^2 = 1 - MSE / VAR \tag{10.3}$$

其中，$MSE = \langle (y_i - q_i)^2 \rangle$；$VAR = \langle (y_i - m)^2 \rangle$；而 $m = \langle y_i \rangle$。

- **ABS**，该系数与 R^2 类似，区别在于 ABS 基于平均绝对误差（MAE）和平均绝对离差（MAD），计算方式为

$$ABS = 1 - MAE / MAD \tag{10.4}$$

其中，$MAE = \langle \text{abs}(y_i - q_i) \rangle$；$MAD = \langle \text{abs}(y_i - m) \rangle$。

- **BAC**，平衡精度是分类问题类精度的均值，是二值分类问题敏感度（真正类率）和特异性（真负类率）的平均值，计算方式为

$$\begin{cases} \dfrac{1}{2}\left[\dfrac{TP}{P} + \dfrac{TN}{N}\right] & \text{二分类问题} \\ \dfrac{1}{C}\sum_{i=1}^{C}\dfrac{TP_i}{N_i} & \text{分类问题} \end{cases} \tag{10.5}$$

其中，$P(N)$ 为正（负）实例的数量；$TP(TN)$ 为正确分类的正（负）实例的数量；C 为类别数量；TP_i 为类别 i 中正确分类的实例数量；N_i 为类别 i 的实例数量。

对于二值分类问题，针对每个类，类精度为在 q_i 阈值为 0.5 时正确类别预测的比例。对于多标签分类问题，类精度为所有类精度的均值。对于多类别分类问题，在计算类精度之前，需要通过选择具有最大预测得分 $\arg\max_l q_{il}$ 的类对所有预测值进行二值化处理。

对平衡精度进行规范化处理，具体公式如下：

$$|BAC| = (BAC - R)/(1 - R) \tag{10.6}$$

其中，R 为随机预测上 BAC 的期望值，即对于二值分类问题，$R = 0.5$；对于 C 个类别的分类问题，$R = (1/C)$。

- **AUC**，该值为 ROC 曲线下的面积，主要用于排序和二值分类问题。其中，ROC 曲线为在不同预测阈值下敏感度的曲线。对于二值预测而言，AUC 值和 BAC 值相同。在对所有类进行平均之前，分别单独计算每个类的 AUC 值。该指标的规范化公式如下：

$$|AUC| = 2AUC - 1 \tag{10.7}$$

- F_1 值，该值为精度和召回率的调和均值，计算方式如下：

$$F_1 = 2 \times (\text{精度} \times \text{召回率})/(\text{精度} + \text{召回率}), \tag{10.8}$$

$$\text{精度} = \text{真正例}/(\text{真正例} + \text{假正例}), \tag{10.9}$$

$$\text{召回率} = \text{真正例}/(\text{真正例} + \text{假负例}) \tag{10.10}$$

预测阈值和类平均与 BAC 中的处理方式相似。接下来，给出该指标的规范化处理公式：

$$|F_1| = (F_1 - R)/(1 - R) \tag{10.11}$$

其中，R 为随机预测上 F_1 的期望值（可参考 BAC 的处理方式）。

- **PAC**，该值为基于交叉熵（或对数损失）的概率精度，计算方式如下：

$$PAC = \exp(-CE), \tag{10.12}$$

$$CE \begin{cases} \text{average} \sum_l \log(q_{il}), & \text{对于多类别分类} \\ -\langle y_i \log(q_i) \rangle, & \\ +((1 - y_i)\log(1 - q_i)) & \text{对于二值分类和多标签分类} \end{cases} \tag{10.13}$$

需要注意的是，在多标签分类情形下，做完指数处理之后再执行类平均。该指标的规范化处理公式如下：

$$|PAC| = (PAC - R)/(1 - R) \tag{10.14}$$

其中，R 是使用公式 $q_i = y_i$ 或 $q_{il} = \langle y_{il} \rangle$ 所得到的分数，即使用正类样本的比例作为预测和先验概率的估计。

值得说明的是，R^2、ABS 和 PAC 指标的规范化都使用了平均目标值 $q_i = y_i$ 或 $q_{it} = \langle y_{it} \rangle$。与之相反，BAC、AUC 和 F_1 指标的规范化采用的是一类具有均匀概率分布的随机预测。

如前所述，只有 R^2 和 ABS 指标对于回归问题是有意义的。但为了评估的完整性，即能够将其他指标用于回归问题，首先在中值处对目标值进行阈值化，随后将阈值化后的目标值替换为二元值（即 0 或 1），进而可以采用其他指标对目标值被处理后的回归问题进行评估。

10.4.3 挑战赛 2015/2016 中的轮次和阶段

挑战赛 2015/2016 含有多个阶段，这些阶段被分成 6 个轮次。其中，第 0 轮（准备轮）是基于若干公开可用数据集的练习阶段，紧随其后的是难度逐渐增加的 5 个轮次（即初级轮、中级轮、高级轮、专家轮和大师轮）。除了第 0 轮和第 5 轮，其他 4 轮都包含交替进行 AutoML 竞赛和 Tweakathon 竞赛的 3 个阶段，如表 10.4 所示。

表 10.4 挑战赛 2015/2016 中第 n 轮所包含的阶段

轮次 [n] 中阶段	目标	持续时间	提交	数据	得分	奖
*AutoML[n]	代码盲测	短	无（代码迁移）	新数据集不可下载	测试集结果	Yes
Tweakathon[n]	手动调整	数月	代码/结果	可下载的数据集	验证集结果	No
*Final[n]	Tweakathon 阶段的结果	短	无（代码迁移）	NA	测试集结果	Yes

注：每个数据集会包含一个用于训练的有标签数据集和两个用于测试的无标签数据集（验证集和测试集）。

由表 10.4 可知，只有 Tweakathon 阶段可以进行提交。最新提交的结果将会出现在排行榜上，且该提交会被自动移往后续阶段。基于此方法，在挑战赛结束之前就放弃的参与者的代码也有机会在接下来的轮次和阶段中被测试，而新参与者可以随时加入比赛中。另外，奖项会在标有的阶段发放，且该阶段是没有提交的。需要注意的是，若想要参与到阶段 AutoML[n]，参与者必须在阶段 Tweakathon[n-1] 提交解决方案的代码。

另外，为了鼓励参与者尝试 GPU 和深度学习，在第 4 轮中，英伟达公司组织了一个 GPU 相关的自动机器学习任务。

为了参与 Final[n] 阶段，参与者需要在 Tweakathon[n] 阶段提交代码或结果。如果同时提交代码和（良好格式的）结果，则评分会直接基于所提交的结果，而非在 Tweakathon[n] 阶段和 Final[n] 阶段重新运行所提交的代码。只有当结果不可用或者格式不够规范时，才会执行所提交的代码。因此，同时提交结果和代码并没有什么坏处。而如果一个参与者同时提交了结果和代码，则其便可以使用不同的方法进入 Tweakathon/Final 阶段和 AutoML 阶段。需要注意的是，只能在 Tweakathon 阶段提交结果或代码，且每天最多只能提交 5 次。提交后，排行榜上会立即给出提交在验证数据上的得分，而参与者的排名则主要基于提交方案在 Final 阶段和 AutoML 阶段的测试性能。

此外，挑战赛提供了基于机器学习库 Scikit-learn[55] 的基线软件。该软件主要使用了集成方法，通过增加更多的基学习器能够随着时间改进软件的性能。其中，除了基学习器的数量之外，其他的超参设置都使用了默认值。需要说明的是，参与者无须使用 Python 语言或者由挑战赛组织者所提供的作为示例的 Python 脚本。不过，大多数参与者发现使用提供的 Python 脚本非常方便，因为这些脚本对稀疏格式、随时学习设置和评分标准做了很好的管理，这也使得很多参与者将搜索最佳模型的范围限制在 Scikit-learn 库中。基于此可以发现，一方面提供一个好的入门工具箱非常重要，但另一方面也存在将结果偏向特定解决方案的风险。

10.4.4　挑战赛 2018 中的阶段

自动机器学习挑战赛 2015/2016 持续时间较长，只有很少的队伍参加了所有轮次的竞赛。此外，即使不存在参加新轮次竞赛之前必须参加之前轮次竞赛的限制，对于很多潜在的新参与者而言，他们仍会感觉处于不利地位。因此，每年组织一次自动机器学习挑战赛可能更为合适，而每次的挑战赛都应有其自身的研讨会和发表机会，因为这样可以很好地平衡竞争和合作。

在 2018 年，组织了一个具有两个阶段的单轮的自动机器学习挑战赛。在该简化的挑战赛中，参与者可以在第一个阶段（即开发阶段）通过提交代码或结果的方式在 5 个数据集上进行实践。当所提交的方案可用时，这些方案的表现会立即出现在排行榜上。

开发阶段的最后一个提交行为将会被自动转到第二个阶段，即 AutoML 盲测阶段。在该阶段中（该阶段是唯一一个计算奖项的阶段），Codalab 平台会在 5 个数据集上对参与者的代码进行自动评估。需要注意的是，这些数据集对于用户而言是未知的。因此，对于那些不含有能够进行自动训练和测试的代码的提交行为而言，参与者不会在最终阶段进行排名，也无法赢得奖项。

自动机器学习挑战赛 2018 提供了与自动机器学习挑战赛 2015/2016 相同的入门工具箱。除此之外，参赛者也可以直接访问之前挑战赛中获胜方案的代码。

10.5 结　　果

本节主要概述两次挑战赛上的结果，解释参与者所使用的方法和方法中的创新要素，并提供赛后所开展的实验分析，以回答关于模型搜索技术有效性的具体问题。

10.5.1 挑战赛 2015/2016 上的得分

从 2014 年 12 月 08 日到 2016 年 05 月 01 日，挑战赛 2015/2016 持续了 18 个月。在挑战赛结束之后，我们获得了实际的解决方案，并对这些方案（如获胜者的解决方案[25]）进行开源。

表 10.5 给出了 AutoML 阶段（即盲测阶段）和 Final 阶段（即 Tweakathon 阶段结束之后，在测试集上对方案进行一次测试）测试集上的结果。通过给最先提交解决方案的参与者一定的优先级，打破了平局。需要说明的是，表 10.5 只给出了排名靠前的参与者结果。

表 10.5　挑战赛 2015/2016 获胜方案的结果

轮次	AutoML				Final				UP（%）
	结束时间	获胜者	\<R\>	\<S\>	结束时间	获胜者	\<R\>	\<S\>	
0	NA	NA	NA	NA	02/14/15	1. ideal	1.40	0.815 9	NA
						2. abhi	3.60	0.776 4	
						3. aad	4.00	0.771 4	
1	02/15/15	1. aad	2.80	0.640 1	06/14/15	1. aad	2.20	0.747 9	15
		2. jrl44	3.80	0.622 6		2. ideal	3.20	0.732 4	
		3. tadej	4.20	0.645 6		3. amsl	4.60	0.715 8	
2	06/15/15	1. jrl44	1.80	0.432 0	11/14/15	1. ideal	2.00	0.518 0	35
		2. aad	3.40	0.352 9		2. djaj	2.20	0.514 2	
		3. mat	4.40	0.344 9		3. aad	3.20	0.497 7	

续表

轮次	AutoML				Final				UP（%）
	结束时间	获胜者	<R>	<S>	结束时间	获胜者	<R>	<S>	
3	11/15/15	1. djaj	2.40	0.090 1	02/19/16	1. aad	1.80	0.807 1	481
		2. NA	NA	NA		2. djaj	2.00	0.791 2	
		3. NA	NA	NA		3. ideal	3.80	0.754 7	
4	02/20/16	1. aad	2.20	0.388 1	05/1/16	1. aad	1.60	0.523 8	31
		2. djaj	2.20	0.384 1		2. ideal	3.60	0.499 8	
		3. marc	2.60	0.381 5		3. abhi	5.40	0.491 1	
GPU	NA	NA	NA	NA	05/1/16	1. abhi	5.60	0.491 3	NA
						2. djaj	6.20	0.490 0	
						3. aad	6.20	0.488 4	
5	05/1/16	1. aad	1.60	0.528 2	NA	NA	NA	NA	NA
		2. djaj	2.60	0.537 9					
		3. post	4.60	0.415 0					

注：其中，〈R〉表示每轮所有 5 个数据集上的平均排名，并被用于对参与者进行排名；而〈S〉表示每轮所有 5 个数据集上的平均得分；UP 表示相同轮中，获胜者在 AutoML 阶段和 Final 阶段上平均性能之间性能上的提升百分比。另外，第 4 轮包含 GPU 任务。各参赛队名的缩写如下：aad_freiburg——add；djajetic——djaj；marc.boulle——marc；tadejs——tadej；abhishek4——abhi；ideal.intel. analytics——ideal；matthias.vonrohr——mat；lise_sun——lisheng；amsl.intel.com——asml；backstreet. bayes——jlr44；postech.mlg_exbrain——post；reference——ref。

此外，图 10.3（a）展示了所有参与者排行榜上性能的比较。该图绘制了最终测试集和验证集上的 Tweakathon 性能对比，结果表明解决方案没有在验证集上出现明显的过拟合，除了少数的几个异常点。图 10.3（b）展示了 AutoML（即盲测）结果和 Tweakathon 最终测试结果（可能需要手动调整）上的性能对比。另外观察到，很多条目是在阶段 1（二值分类）完成的，而随着任务难度的增加，参与者人数逐步减少。由于很多参与者在 Tweakathon 阶段投入了大量的精力，所以 Tweakathon 上的性能远远超过在 AutoML 上的性能（如参与者 djajetic 和参与者 aad_freiburg）。

通过表 10.5 和图 10.3（b）中 Tweakathon 和 AutoML（盲测）结果之间的显著差异可知，这里仍然存在通过手动调整或额外计算资源改进解决方案性能的空间。在第 3 轮中，引入了稀疏数据集，除了 1 名参与者外，剩下的所有参与者都没能在盲测期间提交有效的解决方案。幸运的是，参与者做了调整，并在挑战赛结束时，其中一些提交了能够在挑战赛的所有数据集上返回有效的解决方案。但是学习模式仍需要被优化，因为即使不考虑第 3 轮，AutoML 阶段（即具有计算约束的盲测阶段）和 Tweakathon 阶段（即人为干预

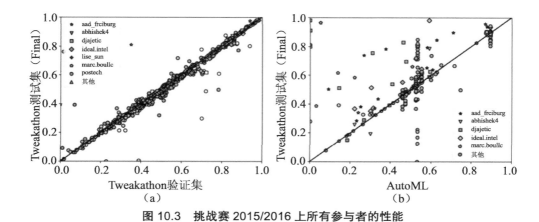

图 10.3 挑战赛 2015/2016 上所有参与者的性能

注：这里展示了挑战赛 2015/2016 所有阶段的所有参与者，在所有数据集上竞赛排行榜中最后一个条目的结果。这些团队用不同形状的圆形符号来表示，如表 10.5 中所给出的团队。

（a）是否在 Tweakathon 上出现过拟合？该子图给出了最终测试集上的性能和验证集上的性能。在参与者调整他们的模型时，可以直接在排行榜上看到模型在验证集上的性能，而最终测试集上的性能只有在 Tweakathon 阶段结束时才会被公布。除了少数几个异常点，排行榜上大多数参与者的模型都没有出现过拟合。

（b）AutoML 和 Tweakathon 之间的差距。该子图呈现了 Tweakathon 和 AutoML 上的性能对比，以可视化基于手动调整模型和基于 Tweakathon 中额外可用计算资源所带来的性能改进，而图中对角线上的点代表的就是这种改进。

和拥有额外计算能力的阶段）之间仍然有 15%～35% 的性能差距。而第 4 轮的 GPU 任务提供了一个可用于尝试深度学习方法的平台。它可以支持参与者证明，在给定额外计算能力时，深度学习方法相比于基于 CPU 的最佳方案是具备竞争力的。然而，从结果上看，没有一个深度学习方法可以与 CPU 赛道中具有有限计算资源和时间预算的最佳方案相竞争。

10.5.2 挑战赛 2018 上的得分

从 2017 年 11 月 30 日至 2018 年 3 月 31 日，挑战赛 2018 持续了 4 个月。如同之前的挑战赛，挑战赛 2018 也获得了较有价值的解决方案并对它们进行了开源。表 10.6 展示了挑战赛 2018 两个阶段上的结果。需要注意的是，该挑战赛分为反馈阶段和盲测阶段，并给出每个阶段上获胜方案的性能表现。

表 10.6 挑战赛 2018 获胜方案的结果

AutoML 阶段				反馈阶段			
结束时间	获胜者	\<R\>	\<S\>	结束时间	获胜者	\<R\>	\<S\>
03/31/18	1. aad_freiburg	2.80	0.434 1	03/12/18	aad_freiburg	9.0	0.742 2
	2. narnars0	3.80	0.418 0		narnars0	4.40	0.732 4
	3. wlWangl	5.40	0.385 7		wlWangl	4.40	0.802 9
	3. thanhdng	5.40	0.387 4		thanhdng	14.0	0.684 5
	3. Malik	5.40	0.386 3		Malik	13.8	0.711 6

注：其中，每个阶段都运行在 5 个不同数据集上。表 10.6 给出了获胜方案在 AutoML 阶段（即盲测阶段）的性能表现，并同时给出了它们在反馈阶段的性能表现以作为对比。完整表格参阅链接 https://competitions.codalab.org/competitions/17767。

由表 10.6 可知，本次挑战赛中获胜解决方案的表现性能要略微低于之前挑战赛中获胜解决方案的表现性能。主要原因在于任务的难度（后面会具体介绍），以及反馈阶段的 5 个数据集含有 3 个欺骗性数据集（即与之前挑战赛中的任务相关，但与盲测阶段所使用的数据集不一定相似）。本次挑战赛之所以采用这种方式，主要是为了模拟真实的 AutoML 设置。尽管任务变得更难，但仍有几个队伍成功提供了比随机方法表现更好的解决方案。

本次挑战赛的获胜队伍与自动机器学习挑战赛 2015/2016 的获胜队伍一样（即 aad_freiburg[28] 团队），并且本次挑战赛帮助该团队逐步改进了他们针对之前挑战赛所设计的解决方案。有趣的是，挑战赛中排名第二的解决方案与获胜解决方案的核心思想较为一致。另外，在本次挑战赛中，3 支队伍并列第 3 名，奖品由这 3 支队伍平分。在获胜团队中，两个队伍使用了入门工具箱，而大多数其他团队要么使用了入门工具箱，要么使用了 2015/2016 挑战赛中 aad_freiburg 团队的开源解决方案。

10.5.3 数据集 / 任务的难度

本节对数据集的难度或者说是任务的难度进行了评估，因为参与者需要解决给定数据集、给定评估标准和计算时间约束的预测性问题。挑战赛的任务涉及不同程度的难度，不过这些难度在挑战赛中是被区别对待的（如表 10.2 和表 10.3 所示）。

- 类别型变量和缺失数据。在挑战赛 2015/2016 中，很少有数据集（ADULT、ALBERT 和 WALDO）拥有类别型变量，并且这些数据集拥有的类别型变量也不是很多。与之类似，拥有缺失数据的数据集（ADULT、ALBERT）也非常少且这些数据集含有的缺失数据也较少。所以在该挑战赛中，类别型变量和缺失数据都不具实质意义上的难度，尽管 ALBERT 是极具难度的数据集之一，因为它是较大的数据集之一。而在挑战赛 2018 中，这一情况得到显著改变。因为在该挑战赛中，10 个数据集中有 5 个数据集包含类别型变量（RL、PM、RI、RH 和 RM）和缺失值（GINA、PM、RL、RI 和 RM）。这些都是导致大多数方法在盲测阶段性能较差的主要因素。

- 大量的类别。只有一个数据集含有大量的类别，即拥有 355 个类别的 DIONIS 数据集。该数据集对于参与者而言难度较大，尤其是该数据集同时具有规模较大和类别不平衡等特性。然而，拥有大量类别的数据集在挑战赛中并没有得到很好的表示。值得注意的是，HELENA 这一拥有类别数量第二多（即 100 个类别）的数据集，并不是一个难度特别大的数据集。不过，一般而言，多类别分类问题难于二值分类问题。

- 回归。挑战赛中只有 4 个用于回归任务的数据集，即 CADATA、FLORA、YOLANDA 和 PABLO。

- 稀疏数据。大量的数据集存在稀疏数据，即 DOROTHEA、FABERT、ALEXIS、WALLIS、GRIGORIS、EVITA、FLORA、TANIA、ARTURO 和 MARCO。其中几个数据集的难度比较大，尤其是 ALEXIS、WALLIS 和 GRIGORIS，因为它们是稀疏格式的大型数据集，在挑战赛 2015/2016 的第 3 轮被引入时会导致内存问题。随后，挑战赛组织方提升了服务器的内存量，减小了后续阶段引入类似数据集时所带来的困难。

- 大型数据集。本来预计特征数量 N 和训练样本数 P_{tr} 的比例可以特定的难度（即该比例与过拟合风险存在一定的关系），但现代机器学习方法对过拟合具有很强的鲁棒性。事实上，主要的难度在于两者的乘积 NP_{tr}。大多数参与者试图将整个数据集都加载到内存中，并将稀疏矩阵转换为完整矩阵，而这会花费大量的时间，并随后导致性能损失或程序失败等问题。$NP_{tr} > 20.10^6$ 的大型数据集主要有 ALBERT、**ALEXIS**、DIONIS、**GRIGORIS**、**WALLIS**、**EVITA**、**FLORA**、**TANIA**、**MARCO**、GINA、GUILLERMO、PM、RH、RI、RICCARDO 和 RM，其中粗体标记的数据集表示与具有稀疏数据的数据集重叠较为明显。在挑战赛 2018 中，最后阶段的所有数据集都超过了该阈值，这也是为何若干团队的代码没能在时间预算内成功执行的原因。实际上，只有数据集 ALBERT 和

DIONIS 能被称为是"真正意义上的"大数据集,因为它们的特征数量较少,但拥有 400 000 以上的训练样本。
- 探针的存在。有 2/3 的数据集(即 ADULT、CADATA、DIGITS、DOROTHEA、CHRISTINE、JASMINE、MADELINE、PHILIPPINE、SYLVINE、ALBERT、DILBERT、FABERT、JANNIS、EVITA、FLORA、YOLANDA、ARTURO、CARLO、PABLO、WALDO)存在一定比例的干扰特征或不相关变量(又称之为探针),而探针主要通过随机变更真实特征值而实现。探针的存在,可以在一定程度上降低公共领域数据集的可辨识性。
- 评估指标类型。挑战赛主要使用了 6 个不同的评估指标,如 10.4.2 节所示。而使用这些指标的任务分布并不均匀,其中 BAC(11)、AUC(6)、F_1(3)和 PAC(6)用于分类任务,R_2(2)和 ABS(2)用于回归任务。主要原因在于不是所有的指标都适合所有类型的应用。
- 时间预算。尽管在第 0 轮中,尝试了为不同数据集给出不同的时间预算,但最后为剩下所有轮中的所有数据集都分配了相同的时间预算(即 1 200s)。毫无疑问,数据集的规模不同会给大型数据集带来更多的约束。
- 类别不平衡。这在挑战赛 2015/2016 的数据集中并不是一个困难,但是在 2018 版本中,极端的类别不平衡是挑战赛的主要困难。具体而言,在数据集 RL、PM、RH、RI 和 RM 中,类别不平衡比例小于或等于 1^{-10},而在 2018 挑战赛的数据集中,类别不平衡比例达到极端的 $1^{-1\,000}$。这也是为何在挑战赛 2018 中,参赛团队解决方案的性能低于之前挑战赛的原因。

图 10.4 给出了挑战赛 2015/2016 中数据集/任务难度的第一个视图,它以示意图的方式刻画了 AutoML 阶段和 Tweakathon 阶段所有轮次测试数据上参与者解决方案的性能分布。由图 10.4 可知,所有数据集的性能中位数在 AutoML 和 Tweakathon 之间都得到了改进,与预期较为一致。相应地,性能上的平均跨度(四分位数)降低了。接下来,对 AutoML 阶段进行仔细分析:在第 3 轮中(该轮引入了稀疏矩阵和规模更大的数据集),很多方法在盲测阶段都失败了[①]。相比于第 1 轮(二值分类),第 2 轮(多类别分类)似乎也引入了明显更高的难度。第 4 轮引入了两个回归问题(即 FLORA 和 YOLANDA),但是与多类别分类问题相比,并没有发现回归问题具有显著的难度差异。而第 5 轮并没有引入什么新的特性。可以观察到,在第 3 轮之后,数据集的中位数值分布在整体中位数周围。接下

---

① 第 0 轮提供了稀疏数据集示例,不过这些数据集的规模较小。

来观察 Tweakathon 阶段的相应得分，可以发现，一旦参与者从初始的不适应中恢复过来，第 3 轮对于他们而言也不是特别困难。实际上，第 2 轮和第 4 轮相对而言更加困难一些。

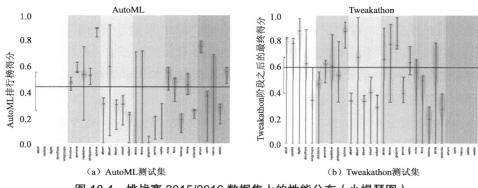

图 10.4　挑战赛 2015/2016 数据集上的性能分布（小提琴图）

注：图中给出了 AutoML 和 Tweakathon 阶段结束时各个数据集上参与者解决方案在排行榜上的性能得分。其中，水平刻度表示中位数和四分位数，垂直的灰色阴影区域表示分布轮廓（由核方法所拟合）和它的镜像，水平实线及其左侧相应垂直实线区间表示所有数据集上的中位数性能和对应的四分位数。（a）AutoML（盲测）。最初的 5 个数据集主要用于开发目的，不会用于 AutoML 阶段的盲测。在第 3 轮中，很多参与者的代码由于计算资源限制而失败。（b）Tweakathon（手动调整）。最后 5 个数据集只用于最终的盲测，不会在这 5 个数据集上对解决方案进行微调。由于增加了计算能力和内存，第 3 轮任务已不再特别困难。

对于挑战赛 2018 中所使用的数据集，任务的难度明显相关于极端的类别不平衡、较多的类别型变量和 $N P_{tr}$ 上的高维特性。然而，对于挑战赛 2015/2016 中的数据集，除了数据集规模之外，通常很难知道是什么使任务变得简单或容易，这就需要参与者关注硬件能力，并促使他们提高所设计方法的计算效率。另外，二值分类问题（和多标签分类问题）本质上比多类别分类问题"更为容易"，因为这两个问题"猜测"成功的可能性更高。这也部分解释了为何第 1 轮和第 3 轮具有更高的中位数性能，因为这两轮主要关注于二值分类问题和多标签分类问题。而对于其他类型的困难，数据集的数量并不足以支撑得出其他结论。

不过，本书作者仍试图找到能够刻画整体难度的概括统计量。假设数据是由如下类型的独立同分布采样[①] 过程所生成的：

---

① 独立同分布采样。

$$y = F(x, noise)$$

其中，y 为目标值；x 为输入特征向量；F 为函数；$noise$ 为一些来自于未知分布的随机噪声。随后，学习问题的难度可以被分成以下两个方面。

（1）内在难度，与噪声的多少或信噪比有关。给定数量无限的数据和一个能够识别 F 的无偏学习机 $\hat{F}$，预测性能不能超过给定的最大值，对应于 $\hat{F} = F$。

（2）建模难度，与估计器 $\hat{F}$ 的偏差和方差、有限数量的训练数据和受限的计算资源，以及可能大量的待估计参数和超参有关。

估计内在难度是不可行的，除非 F 已知，而 F 的最佳近似为获胜者所提出的解决方案。因此，使用获胜解决方案的性能作为最佳可取得性能的估计量。需要注意的是，该估计量同样可能存在偏差和方差：存在偏差，因为获胜方案可能在训练数据上欠拟合；存在方差，因为测试数据的数量有限。而在实际中，欠拟合很难测试，其表现可能是预测值的方差或熵值小于目标值的方差或熵值。

评估建模难度同样是不可能的，除非函数 F 和模型类型已知。由于缺乏模型类型的知识，数据科学家通常会使用与数据生成过程无关的通用性预测模型。这些模型的范围从高度有偏于预测的"简洁性"和平滑性的基本模型（如正则化线性模型）到能够在给定足够数据时学习出任何函数的高度通用的无偏模型（如决策树的集成）。为了间接评估建模难度，诉诸使用挑战赛中获胜解决方案与参照方法之间的性能差异，参照方法如下：① 4 个"未调整"的基础模型（取自 Scikit-learn 库 [55] 中基于默认超参的经典技术）中的最佳模型；② 选择性朴素贝叶斯（SNB）[12, 13]（一个能够提供非常鲁棒且简单对比方法的偏向于简洁的高度正则化模型）。

图 10.5 和图 10.6 展示了本章作者对挑战赛 2015/2016 中数据集内在难度和建模难度的估计。由图可知，第 0 轮数据集的难度是最低的（数据集 NEWSGROUP 除外）。实际上，这些（众所周知的）数据集的规模相对较小。令人意外的是，第 3 轮的数据集也十分简单，尽管很多参与者的代码未能在该轮成功运行。很大原因是内存的限制，因为 Scikit-learn 算法并没有针对稀疏数据做优化，且无法将转化为稠密矩阵的数据矩阵放入内存。其中，两个数据集（MADELINE、DILBERT）具有较小的内在难度，但具有较大的建模难度。具体而言，MADELINE 是一个十分非线性的人工数据集（簇或 2 个类别，位于 5 维空间超立方体的顶点上），因此对于朴素贝叶斯而言难度较大。DILBERT 是一个图像识别数据集，包含了在各种位置方向上旋转的物体的图像，因此对于朴素贝叶斯而言也十分具有挑战。另外，与建模难度相比，最后两个阶段上的数据集似乎具有较大的内在难度。

但是这不一定是真实情况，因为这些数据集对于机器学习社区而言是全新的，并且获胜解决方案的性能有可能远低于可达到的最佳性能。

此外，本章作者尝试使用随机森林分类器，根据 aad_freiburg 团队用于元学习的元特征集合（OpenML[67] 的一部分）来预测内在难度（基于获胜方案的性能来衡量），并基于重要性对元特征进行排序（大多数由随机森林选择）。元特征的详细列表请参阅在线附录，这里给出能够对数据集难度进行预测的 3 个最佳元特征（如图 10.7 所示）。

- LandmarkDecisionTree：决策树分类器的性能。
- Landmark1NN：最近邻分类器的性能。
- SkewnessMin：所有特征偏度上的最小值，而偏度主要用来度量分布的对称性。其中，正偏度值表示该分布为右偏。

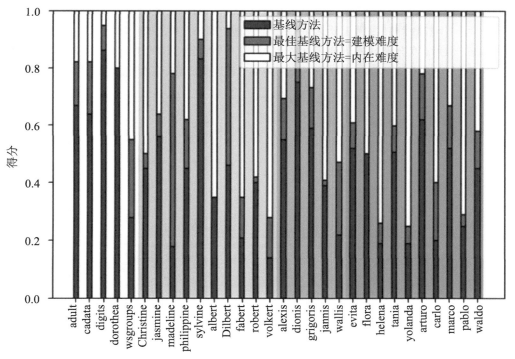

图 10.5　挑战赛 2015/2016 中的任务难度

注：评估任务难度的指标主要有两个：内在难度，基于获胜解决方案的性能而定；建模难度，基于获胜方案与对比方案（这里采用选择性朴素贝叶斯方法）之间的性能差异而定。最好的任务应具备相对较低的内在难度和相对较高的建模难度，以便于很好地区分参与者。

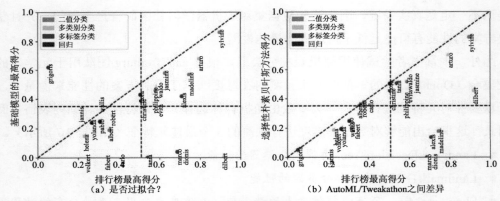

图 10.6 建模难度与内在难度

注：对于挑战赛 2015/2016 的 AutoML 阶段，该图展示了数据集上建模难度与内在难度（排行榜最高得分）之间的关系。（a）建模难度主要基于最佳未调模型（KNN、朴素贝叶斯、随机森林和线性 SGD）的得分来估计；（b）建模难度主要基于选择性朴素贝叶斯（SNB）模型的得分来估计。所有情况下，得分越高越好，且所有负分 /NaN 分值都用 0 来代替。其中，水平分割线和垂直分割线表示中位数。右下象限表示具有较低内在难度和较高建模难度的数据集，而这些是用于基准测试的最佳数据集。

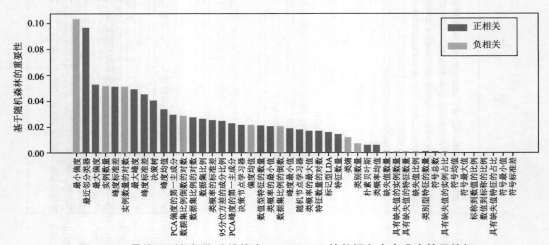

图 10.7 最能预测数据集（挑战赛 2015/2016 的数据）内在难度的元特征

注：其中，元特征的基尼重要性主要基于随机森林回归器计算而得，训练后可通过使用数据集的元特征来预测最高的参与者排行榜得分。另外，这些元特征的具体描述可参阅文献 [25] 补充材料中的表 1。图中的正相关和负相关的具体值为元特征和得分中位数之间的皮尔逊相关性。

10.5.4 超参优化

很多参与者使用了 Scikit-learn 包，包括获胜的团队 aad_freiburg，该团队开发了 Auto-sklearn 软件。本文作者使用 Auto-sklearn API 开展了一个对超参优化有效性进行系统性分析的赛后研究。具体而言，针对 4 种"代表性的"基础方法（KNN，K 近邻；NB，朴素贝叶斯；RF，随机森林；SGD-linear，训练于随机梯度下降的线性模型[①]），对它们基于 Scikit-learn 中默认超参设置所获得的性能和采用 Auto-sklearn 对超参进行优化后所获得的性能进行了对比[②]。需要注意的是，两者都采用了类似于挑战赛中所引入的时间预算限制。图 10.8 展示了相应的实验结果。由图 10.8 可知，超参优化通常能够提升性能，但并不总是如此。事实上，超参调优的优势主要来自于其能够将优化指标切换到任务所要求的指标的灵活性，以及能够在给定当前数据集和指标的前提下找到工作良好的超参。但是，在部分情况下，由于数据集的规模问题，无法在时间预算内运行完超参优化，即得分会不大于 0。因此，在给定严格时间约束和大型数据时，如何执行彻底的超参优化仍有待解决（如图 10.8 所示）。

此外，对基于不同评分标准所获得的性能进行对比，如图 10.9 所示。其中，基础方法没有提供待优化指标的选项，但 Auto-sklearn 可以对挑战赛任务的指标进行后拟合。因此，当使用"通用指标"（BAC 和 R^2）时，没有针对 BAC / R^2 进行优化的挑战赛获胜方法，通常不会优于基础方法。与之相反，当使用挑战赛的指标时，基础方法和获胜方案之间通常会存在明显的差异，但并不总是如此。举例而言，RF-auto 通常能展现出相当优异的性能，甚至在有的时候能够超过获胜方案的性能。

10.5.5 元学习

另外一个值得探讨的问题是元学习是否可行[14]，即根据一个给定的分类器在其他数据集上的过往表现，学习预测它能否在未来数据集上表现良好（无须进行实际的训练）。本节研究了能否根据 Auto-sklearn 的元学习特征（参阅在线附录）来预测哪个基础模型将会表现最好。需要注意的是，这里移除了元特征集合中刻画基础预测器性能（尽管性能很差，且有较多的缺失值）的"标记点（Landmark）"类特征，因为它们会导致某种程度的"数据泄露"。主要使用了以下 4 种基础预测器。

---
① 对于这些实验，将 SGD 的损失设置为"对数"。
② 使用 sklearn 0.16.1 和 Auto-sklearn 0.4.0，以对挑战赛环境进行模拟。

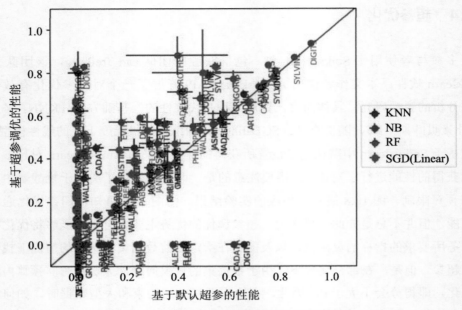

图 10.8　超参调优（挑战赛 2015/2016 数据）

注：对基于默认超参所获得的性能和使用 Auto-sklearn 对超参进行调优后所获得的性能进行对比。需要注意的是，两者都使用了挑战赛中所给定的相同的时间预算，而对于那些无法在给定的时间预算内返回结果的预测器的性能都将直接以 0 来代替。另外，返回一个随机水准的预测也将会被置为 0 分。

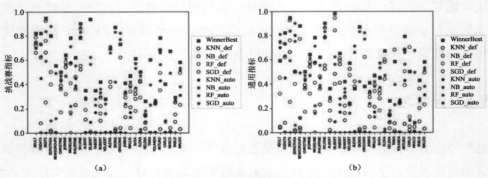

图 10.9　指标对比（挑战赛 2015/2016）

注：对于所有分类问题使用归一化的平衡精度，对于所有回归问题使用 R^2 指标。基于这两幅图的综合比较可知，获胜方案在大多数情况下取得了最佳性能，与评分指标无关。另外，没有一种基础方法可以支配其他所有方法。虽然 RF-auto（基于超参优化的随机森林）方法十分强大，但有时也会被其他方法超越。当使用通用指标时简单的线性模型 SGD-def 部分时候会胜出，但是在挑战赛指标上获胜方案的性能会更好。总结而言，该图证明获胜方案的技术是有效的。

- NB（朴素贝叶斯）
- SGD-linear（训练于随机梯度下降的线性模型）
- KNN（K 最近邻模型）
- RF（随机森林）

本节使用了 Scikit-learn 库中带有默认超参设置的实现。图 10.10 首先展示了两个线性判别分析（LDA）组件空间上的性能，即训练能够预测哪个基础分类器将会表现最好的元特征上的 LDA 分类器。由图 10.10 可知，这些方法被分为 3 个不同的簇，其中一个对可分离性较差的非线性方法（KNN、RF）进行分组，剩下两个分别为 NB 和 linear-SGD。

由图 10.10 可知，最具预测力的特征都与"类概率"和"缺失值百分比"有关，表明类别不平衡、类别数量大（在多类别分类问题中）和缺失值百分比可能是非常重要的。但是，当对训练数据进行重采样时，最佳特征的排名是不稳定的，表明存在过拟合的可能。

10.5.6 挑战赛中使用的方法

在线附录提供了两次挑战赛中所用方法的简要介绍，并同时给出了赛后针对这些方法所做的系统性研究结果。根据 10.2 节的概述和之前小节中的结果，一个自然而然的问题是，是否存在一种解决 AutoML 问题的支配性方法，以及是否存在某种特定的技术解决方案被广泛采用。本节将所有待考虑的模型集合称为"模型空间"，将用于构建超模型（即多个模型的集成）的模型库中的成员称为"基础模型"（又称"简单模型""单个模型"或"基学习器"）。

1. 集成：处理过拟合和随时学习

集成是 AutoML 挑战赛系列中使用得最为广泛的方法，其中超过 80% 的参与者和所有排名靠前的参与者都使用了集成方法。虽然在几年之前过拟合问题依然是模型选择和超参优化中的最大问题，但到今天，该问题似乎已经通过使用集成技术在较大程度上得以避免。在挑战赛 2015/2016 中，将训练样本的数量和变量数量之间的比例（P_{tr}/N）改变了若干个数量级。其中，5 个数据集（DOROTHEA、NEWSGROUP、GRIGORIS、WALLIS 和 FLORA）的 P_{tr}/N 值小于 1，而满足这个比例的数据集特别容易出现过拟合。尽管 P_{tr}/N 是最能预测参与者中位数性能的变量，但并没有迹象表明比例 $P_{tr}/N<1$ 的数

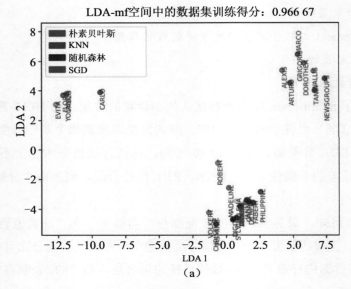

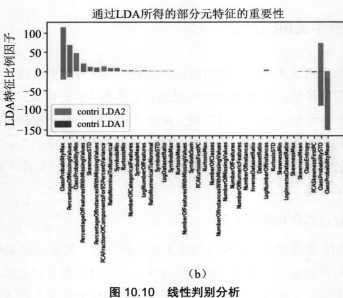

图 10.10 线性判别分析

注：（a）数据集在主轴上的散点图。使用元特征 X（不包括标记点）和 4 个基础模型（NB、SGD-linear、KNN、RF）中的获胜模型 y 对 LDA 模型进行训练，而基础模型的性能主要基于通用指标评估而得。另外，采用默认超参对模型进行训练。在前两个 LDA 组件的空间中，每个点表示一个数据集。其中，颜色表示获胜的基础模型，透明度反映相应获胜模型的得分（越不透明，得分越高）。

（b）元特征重要性，计算方式为每个 LDA 组件的比例因数。

据集对于参与者而言显得特别困难（如图 10.5 所示）。除此之外，预测器的集成还有一个额外的好处，即能够以逐步增大预测器集成这种简单方式来解决"随时学习"问题，进而可以随着时间的推移提升解决方案的性能。通常，会将所有训练后的预测器组合到集成中。举例而言，假如使用了交叉验证，会直接对所有折叠上的预测器进行集成，进而能够节省重新训练所选最佳超参上单个模型的计算时间，并可能生成更为健壮的解决方案（尽管有可能存在因为样本量更小，导致偏差更大的问题）。这些方法中较为不同的地方在于如何根据不同预测器的贡献来赋权。有些方法会为所有预测器设置相同的权重，如像随机森林一类的装袋方法和根据模型空间中预测器后验概率来采样预测器的贝叶斯方法。而有些方法会直接将预测器权重的评估作为学习的一部分，如提升方法。文献 [16] 提出了一种简单且有效的能够创建异质模型集成的方法。该方法在过去的若干次挑战赛中得以成功应用（如文献 [52]），由 aad_freiburg 团队所实现，而该团队是两次挑战赛中表现都较为突出的参与团队之一 [25]。该方法包括在所有训练好的模型上进行若干次循环，并且在每轮循环中加入最能提升集成性能的模型。而模型会以权重 1 进行投票，但它们可以合并多次，这在实际层面上增加了它们的权重。假如保存了交叉验证的预测值，该方法将支持十分快速地重新计算模型的权重。此外，该方法可以通过将集成的预测后拟合到需要的指标（挑战赛中的重要因素之一）来优化任意指标上的集成。

2. **模型评估：交叉验证或简单验证**

对模型的预测性精度进行评估是任何集成方法中模型选择的关键且必需的组件。通过在所有训练数据上对基础模型进行单次训练（有可能会带来些许额外的计算量），随后计算训练好的基础模型的预测性精度，作为模型选择标准。不过这些选择标准（如性能范围）根本没有被使用，如同之前所组织的挑战赛中那样 [35]。实际任务中，交叉验证被广泛使用，尤其是 K 折交叉验证。不过，基础模型经常只在一个折叠数据上进行评估，以支持快速地丢弃模型空间中不具前景的区域。目前，该技术被使用得越来越频繁，因为其能够有效加速搜索过程。另一种搜索加速策略是在训练样本的子集上进行训练，并对学习曲线进行监控。举例而言，"冻—融"策略 [64] 会停止那些在学习曲线上看起来不具潜力的模型，但是有可能会在后续的某个时间点重新对这些模型进行训练。在 2015/2016 挑战赛中，较多团队使用了该策略（如文献 [48]）。

3. **模型空间：同质与异质**

一个未解决的问题是应该搜索大的模型空间还是小的模型空间，而其中的挑战在于无法对该问题做出明确的回答。大多数参与者会选择搜索相对较大的模型空间，包含 Scikit-learn 库中的各种模型。不过，其中一个表现较好的团队（英特尔团队）所提交的结果仅仅采用了提升决策树方法（即由一组同质的弱学习器/基础模型所组成）。显然，当学习方法是一个在训练数据充足的情况下能够对任何事物进行学习的通用近似方法时，只使用一种机器学习方法是足够的。而包含多个机器学习方法的原因是考虑到收敛的速度，即学习曲线上的探索速度。包含更为强健的基础模型，是提高学习曲线探索速度的一种方式。另外，赛后的实验分析（见图 10.9）表明随机森林（同质基础模型——决策树的集成）的 Scikit-learn 版本通常差于获胜者的版本，暗示了英特尔团队的解决方案（同样基于决策树的集成）含有大量的专有知识，而这些专有知识没能被决策树的基础集成（如随机森林）所捕捉。期待未来能够有更多关于这方面的更加有原则的研究工作。

4. 搜索策略：过滤器、包装器和嵌入方法

随着像 Scikit-learn（入门工具包的基础）这类强大的机器学习工具包变得可用，用户更倾向于实现全包装器方法来求解 CASH（或"全模型选择"）问题。事实上，大多数参与者是这么做的。尽管已经发布了一些采用嵌入方法来对几个基础分类器进行超参优化的方法[35]，但这些方法的每一个都需要更改基础方法的实现。相比于使用这些基础方法经过调试和优化过的版本，更改基础方法一方面会较为耗时，另一方面又易引入错误。因此，实践者不倾向于在嵌入方法的实现上投入开发时间。一个值得注意的例外是 marc.boulle 软件，该软件提供了一个基于朴素贝叶斯的自包含的超参免费解决方案，其中包括变量的重编码（分组或离散化）和变量选择。具体内容请参阅在线附录。

5. 多层级优化

另一个值得关注的问题是，为了计算效率或避免过拟合，是否应该考虑超参的多个层级。举例而言，在贝叶斯设置中，考虑参数/超参的层次化和先验/超先验的若干个层级是十分可行的。不过，出于实际计算的考虑，在自动机器学习挑战赛中，参与者使用了超参空间的浅层组织及尽可能避免嵌套的交叉验证循环。

6. 时间管理：利用与探索平衡

在严格的时间预算下，必须采取有效的搜索策略来保证探索/利用的平衡。为了对策略进行比较，在线附录给出了两个表现较为突出但所用策略完全不同的团队（Abhishek 和 aad_freiburg）各自的学习曲线。其中，Abhishek 团队使用基于人类先

验知识的启发式方法，而 aad_freiburg 团队首先使用元学习预测出的最佳模型对搜索进行初始化，随后执行超参的贝叶斯优化。看上去，Abhishek 团队通常会以更好的解决方案开始搜索，但探索效率较低。与之相反，aad_freiburg 团队方案搜索的起点较低，但往往能以更好的解决方案结束搜索。另外，搜索中的一些随机性因素也有助于找到更好的解决方案。

7. 预处理和特征筛选

数据集的一些内在困难可以在一定程度上被预处理或算法的特殊修改来解决：稀疏、缺失值、类别型变量和不相关变量。然而，就算是在性能表现最好的参与者中，预处理似乎也不是关注的焦点。他们直接采用入门工具箱所提供的简单的启发式方法：以中位数代替缺失值、添加缺失值指示变量，以及对类别型变量进行独热编码。另外，也会使用简单的归一化方法。需要注意的是，2/3 的参与者会直接忽略不相关变量，并且表现最好的参与者没有进行特征筛选。看上去，含有集成的方法对于不相关变量具有天然的健壮性。更多关于这方面的详细信息，请参阅在线附录。

8. 无监督学习

尽管在深度学习社区的影响下，无监督学习再一次引起了大家的兴趣，但在自动机器学习挑战赛系列中，除了使用经典的空间降维技术（如 ICA 和 PCA）之外，无监督学习并没有得到广泛使用。更多细节请参阅在线附录。

9. 迁移学习和元学习

据我们所知，只有 aad_freiburg 团队使用了元学习来初始化他们的超参搜索。为此，他们使用了 OpenML 中的数据集[①]。而挑战赛中所发布的数据集数量和任务的多样性难以支撑参与者运行有效的迁移学习或元学习。

10. 深度学习

除了 GPU 赛道上的任务之外，AutoML 阶段的可用计算资源类型排除了深度学习的使用。不过，即使在 GPU 赛道中，深度学习方法也并没有取得最好的表现性能。但有一个例外是 aad_freiburg 团队，该团队在第 3 轮和第 4 轮的 Tweakathon 阶段使用了深度学习，并发现深度学习在数据集 ALEXIS、TANIA 和 YOLANDA 上是有帮助的。

---

① https://www.openml.org/。

11. 任务和指标优化

挑战赛中总共有 4 种类型的任务（即回归、二值分类、多类别分类和多标签分类）和 6 个评分标准（R^2、ABS、BAC、AUC、F_1 和 PAC）。此外，类别平衡和类别数量因分类问题不同而存在较大差异。挑战赛中，参与者投入了适当的精力来设计特定指标的优化方法。此外，也使用了一般性的方法，并通过交叉验证或集成方法将输出拟合到目标指标。

12. 工程化

AutoML 挑战赛系列的一个重要教训是大多数方法没能在所有任务上返回结果（这里指的不仅仅是"好的"结果，而是"任何"合理的结果），失败的原因包含"超时""超内存"或其他原因（如数值不稳定）。基于挑战赛的结果可知，距离可以在所有数据集上运行的"基础模型"还有很长的路要走。而 Auto-sklearn 的一个显著优势是能够忽略那些运行失败的模型，并且通常可以找到至少一个能够返回结果的模型。

13. 并行化

现有大多数计算机拥有多个核，所以原则上，参与者可以使用并行化机制。一种常用的策略是仅凭借能够在内部自动使用这种并行化机制的数值库。其中，aad_freiburg 团队使用不同的核来启动针对不同数据集的模型并行化搜索，因为每轮含有 5 个数据集。另外，在学习曲线中，可以直接看到计算资源的不同使用情况（具体内容见在线附录）。

10.6 讨 论

本节对自动机器学习挑战赛系列中的主要问题和主要发现进行简要概述和总结。

（1）所提供的时间预算对于完成挑战赛中的任务是否足够。在在线附录中，绘制了作为 aad_freiburg 团队获胜方案（Auto-sklearn）时间函数的学习曲线。该学习曲线揭示了对于大部分数据集而言，在组织者所规定的时间限制之外，解决方案的性能仍能够得到很好的提升。尽管在大约一半的数据集上，改进的幅度并不大（不超过规定时间限制结束时所获分数的 20%），但对于大部分数据集而言，改进的幅度非常明显（超过原始得分的 2 倍）。一般而言，性能的提升是渐进式的，但也会出现性能突然提升的情况。

举例而言，对于数据集 WALLIS，在时间达到挑战赛规定时间限制的 3 倍时，得分突然翻了一倍。又如同 Auto-sklearn 包[25]的作者所指出的，该方案在起始时性能提升较为缓慢，但在长时运行中能够取得与最佳方法相接近的性能表现。

（2）对参与者而言，是否存在一些任务明显难于其他的任务。从参与者得分的平均值（中位数）和变异系数（第三个四分位数）的分散性来看，任务难度所涉及的范围十分广泛，反映了部分任务明显难于其他任务。举例而言，MADELINE 这一涵盖非线性任务的合成数据集对很多参与者而言就非常难。其他导致无法给出解决方案的困难包括较大的内存需求（特别是那些试图将稀疏矩阵转化为全矩阵的方法），以及较短的时间预算（尤其是那些拥有大量训练样本/特征或者拥有较多类别/标签的数据集）。

（3）是否有数据集和方法的元特征能够为特定类型数据集推荐特定类型方法提供有用的参考。其中，aad_freiburg 团队使用了 53 个元特征（由挑战赛数据集所提供的简单统计的超集）的子集来衡量数据集之间的相似度。这将支持他们执行更加高效的超参搜索方法，即将搜索的设置初始化为那些之前处理过的相似数据集的完全相同的设置（元学习的一种）。基于实验分析发现，通过元特征来推测预测器的性能十分困难，但可以相对准确地预测哪个"基础模型"将会表现最好。通过 LDA 方法，可以可视化数据集在两个维度上的重组情况，并清晰地展示数据集在朴素贝叶斯、线性 SGD、KNN 和随机森林方法上"偏好"的分离情况。不过，该方面值得进一步的调查研究。

（4）与使用默认值相比，超参优化是否切实地改进了模型性能。对比试验表明，在 4 个基础预测模型（K 近邻、随机森林、线性 SGD 和朴素贝叶斯）上，对超参进行优化而非选择默认值通常是有益的。大多数（并非所有）情况下，相比于默认值，超参优化（hyper-opt）能带来更好的表现性能。不过由于时间或内存的限制，部分时候 hyper-opt 会出现失败，但从另一个角度而言，这也带来了可以提升的空间。

（5）相对而言，能够较为容易地比较获胜者解决方案与 Scikit-learn 模型之间的效果。举例而言，参数经过优化的基础模型的结果通常不如运行 Auto-sklearn 的结果好。不过，需要注意的是，具有默认超参的基础模型有时也会超过被 Auto-sklearn 调优过的相同模型。

10.7 总　　结

本章重点分析了自动机器学习挑战赛中若干轮的竞赛结果。

第一届自动机器学习挑战赛 2015/2016 的设计在多个方面都是令人较为满意的，尤其是吸引了大量的参与者（超过 600 人），获得了有统计意义的结果，并提高了自动机器学习的水准。此外，该挑战赛也带来了众多开源可用的库，如 Auto-sklearn。

特别地，挑战赛组织者设计了一个拥有众多不同数据集的基准测试，其中含有大量且充足的能够对优秀参与者进行区分的测试集。事实上，很难预测实际任务中所需测试集的规模和大小，因为错误范围依赖于参与者所能取得的表现性能，幸运的是挑战赛组织者做出了合理的猜测。看上去，简单的经验法则"$N = 50/E$"（其中 N 为测试样例数量，E 为最小类的错误率）具有非常广泛的适用性。此外，需要确保数据集既不能过于困难，也不能过于简单，这对于区分参与者是非常重要的。为了对数据集的难度进行量化，本章引入了"内在难度"和"建模难度"两个概念。具体而言，内在难度基于最佳方法的性能来量化，即将最佳方法的性能当作可达到的最佳性能的替代（即分类问题的贝叶斯率），而建模难度则主要基于方法之间的性能差异来量化。其中，最好的数据集应具有相对较低的"内在难度"和相对较高的"建模难度"。不过，第一次自动机器学习挑战赛 2015/2016 中 30 个数据集上的多样性既是一个特点又是一个灾难：一方面，它支持在广泛的应用领域中对软件的健壮性进行测试；但另一方面，它又使得元学习非常困难（即使不是一点可能都没有）。因此，如果要探索元学习技术，就需要使用外部的元学习数据。而这正是 aad_freiburg 团队所采用的策略，即在元训练中使用 OpenML 数据。此外，挑战赛组织者为不同的数据集赋予了不同的评分标准。这一方面使得任务变得更加真实和困难，另一方面也使得元学习变得更为困难。而在第二次自动机器学习挑战赛 2018 中，挑战赛组织者减少了数据集的多样性，并使用了单一的评分标准。

关于任务设计，细节至关重要。挑战赛参与者精确地解决了所提出的任务，但也使得他们的解决方案可能难以适用到看上去较为相似的场景。在自动机器学习挑战赛中，组织者仔细考虑了挑战赛的度量指标理应在学习曲线下的区域还是学习曲线上的一个点（经过固定最大计算时间后所获得的性能）。出于实际原因，最终选择了第二个方案。挑战赛结束之后，对部分参与者的学习曲线进行了检查，很显然，这两个问题是非常不同的，尤其是关于权衡"探索"与"利用"的策略。这促使我们思考"固定时间"的学习（即参与者提前知道时间限制，以及只有在该时间结束之前交付的解决方案才会被评价）与"随时学习"（参与者会在任意时间点被要求停止及返回相应的解决方案）之间的差异。而这两个场景都是有用的：当模型需要被快速地持续交付时（如市场应用），第一种学习方法较为实用；当环境中计算资源不可靠或可能会出现意外的中断（如用户在不可靠的连接上进行远程工作）时，第二种学习方法较为实用。这些观察和思考会在一定程度上影响后续挑战赛的设计。

关于迁移学习，其在两次自动机器学习挑战赛上的难度存在差异。在挑战赛2015/2016中，第0轮涵盖了所有的数据和困难类型（即目标类型、数据稀疏与否、数据缺失与否、是否是类别型变量，以及样本数量是否多于特征数量）的示例。随后，难度逐轮进行增加。另外，第0轮的数据集相对而言较为简单。随后，在每一轮中，参与者的代码都在比前一轮难一个等级的数据集上进行盲测。因此，迁移是非常困难的。而在挑战赛2018中，总共只有两个阶段，每个阶段都拥有5个相似难度的数据集，并且第一个阶段上的每个数据集都分别对应一个相似任务上的数据集。所以在挑战赛2018中，迁移相对而言变得简单。

关于入门工具包和对比方法，除了如英特尔和Orange之类的企业界参与者（这些参与者更倾向于使用公司的"内部"工具包）外，挑战赛组织者所提供的代码最终成为大多数参与者解决方案的基础。因此，需要质疑所提供的软件是否使得所获得的方法有偏差。事实上，所有参与者都使用了某种形式的集成学习，类似于入门工具箱中所采用的策略。虽然可以认为这是解决该问题的一个"自然"策略，但是一般而言，向参与者提供足够的入门材料而不会让挑战赛偏向某个特定的方向仍是一个十分棘手的问题。

从挑战赛协议设计的角度来看，想让团队保持长时间的专注和经历多个挑战赛阶段是非常困难的。在整个AutoML挑战赛期间，赛事吸引了大量的参与者（超过600名）。该挑战赛持续了一年多（2015/2016），并被若干活动（如黑客松）打断。不过，基于第一次挑战赛之后，本文作者更倾向于建议按年组织自动机器学习挑战赛，并在期间穿插一些研讨会。这能更好地平衡竞争和合作，因为研讨会提供了一个交流观点的平台，而且参与者通过科学出版系统所获得的认可能够给他们带来自然的奖励。作为该推测的一个验证，只持续了4个月的第二次自动机器学习挑战赛（2017/2018）就吸引了差不多300名参与者。

挑战赛设计的一个重要创新是代码提交。让参与者的代码在相同的平台且类似严格的条件下运行是朝着公平和可重复性迈出的一大步，同时从计算的角度而言，这能够确保解决方案的可行性。此外，若获胜者想要赢得他们的奖项，则需要以开放源代码许可证的形式发布他们的代码。基于这种方式,能够很好地获得一些作为挑战赛"产品"的软件出版物。第二次挑战赛中(AutoML 2018)采用了 Docker 技术。分发 Docker 镜像可以使得任何人都能够下载参与者的代码,进而可以更为容易地复现结果,不会再遇到因计算环境和计算库不一致而导致的安装问题。不过计算机硬件仍有可能存在差异,而且在赛后评估中发现,更改计算机可能会产生结果上的显著差异。希望随着可负担得起的云计算的普及,这将不再是一个问题。

自动机器学习挑战赛系列只是开始,本章作者目前正在研究一些新的能够推动自动机器学习领域发展的方法,如目前正在准备的 NIPS 2018 终身机器学习挑战赛。在该挑战赛中,参与者会接触到分布随着时间缓慢变化的数据。此外,本章作者也正在关注自动机器学习的一个挑战,即相似领域的迁移学习问题。

致谢 微软公司对本次挑战赛的组织提供了支持,并捐赠了比赛的奖品和 Azure 上的云计算时间。该项目还通过 LabeX 阿基米德计划获得了法国艾克斯马赛大学信息基础实验室的额外支持,并同时得到法国巴黎南部大学的信息学实验室、作为 TIMCO 项目一部分的 INRIA-Saclay 中心及巴黎 - 萨克雷数据科学中心的支持。此外,苏黎世联邦理工学院的 J. 布曼提供了其他的计算资源。该工作还得到西班牙项目 TIN2016-74946-P 和 CERCA 计划 / 加泰罗尼亚政府的部分支持。另外,所发布的数据集主要挑选自志愿者所捐赠(或对公开数据集进行格式调整后)的 72 个数据集,志愿者主要包括本章的共同作者及 Y. 阿菲尼亚纳普洪斯、O. 查佩尔、Z. 伊夫蒂哈尔·马尔希、V. 勒迈尔、C.J. 林、M. 马达尼、G. 斯托洛维茨基、H. J. 蒂森和 I. 察马尔迪诺斯等人。在挑战赛协议的早期设计和挑战赛平台的测试中,很多人提供了极具价值的反馈,主要有 K. 班内特、C. 卡佩尼、G. 考利、R. 卡鲁阿纳、G. 德罗、T. K. 霍、B. 凯格尔、H. 拉罗切勒、V. 勒迈尔、C. J. 林、V. 庞塞·洛佩兹、N. 马西亚、S. 梅西尔、F. 波佩斯库、D. 斯尔沃、S. 特雷格尔和 I. 察马尔迪诺斯等。为实现 Codalab 平台和示例代码做出贡献的软件开发者有 E. 卡迈克尔、I. 查巴内、I. 贾德森、C. 普卢因、P. 梁、A. 佩萨、L. 罗马什科、X. 巴罗·索莱、E. 沃森、F. 津格里和 M. 日斯科夫斯基等。I. 查巴内、J. 劳埃德、N. 马西亚和 A. 塔库尔对挑战赛结果进行了初步分析,涵盖在本章内容之中。卡瑟琳娜·埃根斯珀格、赛德·莫希·阿里和马蒂亚斯·费勒帮助组织了"打败 Auto-sklearn"挑战赛。马蒂亚斯·费勒同时为在挑战赛 2015/2016 数据集上运行 Auto-sklearn 的仿真做出了贡献。

参考文献

[1] Alamdari, A.R.S.A., Guyon, I.: Quick start guide for CLOP. Tech. rep., Graz University of Technology and Clopinet (2006).

[2] Andrieu, C., Freitas, N.D., Doucet, A.: Sequential MCMC for Bayesian model selection. In: IEEE Signal Processing Workshop on Higher-Order Statistics. pp. 130–134 (1999).

[3] Assunção, F., Lourenço, N., Machado, P., Ribeiro, B.: Denser: Deep evolutionary network structured representation. arXiv preprint arXiv:1801.01563 (2018).

[4] Baker, B., Gupta, O., Naik, N., Raskar, R.: Designing neural network architectures using reinforcement learning. arXiv preprint arXiv:1611.02167 (2016).

[5] Bardenet, R., Brendel, M., Kégl, B., Sebag, M.: Collaborative hyperparameter tuning. In: 30th International Conference on Machine Learning. vol. 28, pp. 199–207. JMLR Workshop and Conference Proceedings (2013).

[6] Bengio, Y., Courville, A., Vincent, P.: Representation learning: A review and new perspectives. IEEE Transactions on Pattern Analysis and Machine Intelligence 35(8), 1798–1828 (2013).

[7] Bennett, K.P., Kunapuli, G., Jing Hu, J.S.P.: Bilevel optimization and machine learning. In: Computational Intelligence: Research Frontiers, Lecture Notes in Computer Science, vol. 5050, pp. 25–47. Springer (2008).

[8] Bergstra, J., Bengio, Y.: Random search for hyper-parameter optimization. Journal of Machine Learning Research 13(Feb), 281–305 (2012).

[9] Bergstra, J., Yamins, D., Cox, D.D.: Making a science of model search: Hyperparameter optimization in hundreds of dimensions for vision architectures. In: 30th International Conference on Machine Learning. vol. 28, pp. 115–123 (2013).

[10] Bergstra, J.S., Bardenet, R., Bengio, Y., Kégl, B.: Algorithms for hyper-parameter optimization. In: Advances in Neural Information Processing Systems. pp. 2546–2554 (2011).

[11] Blum, A.L., Langley, P.: Selection of relevant features and examples in machine learning. Artificial Intelligence 97(1–2), 273–324 (1997).

[12] Boullé, M.: Compression-based averaging of selective naive bayes classifiers. Journal of Machine Learning Research 8, 1659–1685 (2007), http://dl.acm.org/citation.cfm?id=1314554.

[13] Boullé, M.: A parameter-free classification method for large scale learning. Journal of Machine Learning Research 10, 1367–1385 (2009), https://doi.org/10.1145/1577069.1755829.

[14] Brazdil, P., Carrier, C.G., Soares, C., Vilalta, R.: Metalearning: Applications to data mining. Springer Science & Business Media (2008).

[15] Breiman, L.: Random forests. Machine Learning 45(1), 5–32 (2001).

[16] Caruana, R., Niculescu-Mizil, A., Crew, G., Ksikes, A.: Ensemble selection from libraries of models. In: 21st International Conference on Machine Learning. pp. 18–. ACM (2004).

[17] Cawley, G.C., Talbot, N.L.C.: Preventing over-fitting during model selection via Bayesian regularisation of the hyper-parameters. Journal of Machine Learning Research 8, 841–861 (April 2007).

[18] Colson, B., Marcotte, P., Savard, G.: An overview of bilevel programming. Annals of Operations Research 153, 235–256 (2007).

[19] Dempe, S.: Foundations of bilevel programming. Kluwer Academic Publishers (2002).

[20] Dietterich, T.G.: Approximate statistical test for comparing supervised classification learning algorithms. Neural Computation 10(7), 1895–1923 (1998).

[21] Duda, R.O., Hart, P.E., Stork, D.G.: Pattern Classification. Wiley, 2nd edn. (2001).

[22] Efron, B.: Estimating the error rate of a prediction rule: Improvement on cross-validation. Journal of the American Statistical Association 78(382), 316–331 (1983).

[23] Eggensperger, K., Feurer, M., Hutter, F., Bergstra, J., Snoek, J., Hoos, H., Leyton-Brown, K.: Towards an empirical foundation for assessing bayesian optimization of hyperparameters. In: NIPS workshop on Bayesian Optimization in Theory and Practice (2013).

[24] Escalante, H.J., Montes, M., Sucar, L.E.: Particle swarm model selection. Journal of Machine Learning Research 10, 405–440 (2009).

[25] Feurer, M., Klein, A., Eggensperger, K., Springenberg, J., Blum, M., Hutter, F.: Efficient and robust automated machine learning. In: Proceedings of the Neural Information Processing Systems, pp. 2962–2970 (2015), https://github.com/automl/auto-sklearn.

[26] Feurer, M., Klein, A., Eggensperger, K., Springenberg, J., Blum, M., Hutter, F.: Methods for improving bayesian optimization for automl. In: Proceedings of the International Conference on Machine Learning 2015, Workshop on Automatic Machine Learning (2015).

[27] Feurer, M., Springenberg, J., Hutter, F.: Initializing bayesian hyperparameter optimization via meta-learning. In: Proceedings of the AAAI Conference on Artificial Intelligence. pp. 1128–1135 (2015).

[28] Feurer, M., Eggensperger, K., Falkner, S., Lindauer, M., Hutter, F.: Practical automated machine learning for the automl challenge 2018. In: International Workshop on Automatic Machine Learning at ICML (2018), https://sites.google.com/site/automl2018icml/.

[29] Friedman, J.H.: Greedy function approximation: A gradient boosting machine. The Annals of Statistics 29(5), 1189–1232 (2001).

[30] Ghahramani, Z.: Unsupervised learning. In: Advanced Lectures on Machine Learning. Lecture Notes in Computer Science, vol. 3176, pp. 72–112. Springer Berlin Heidelberg (2004).

[31] Guyon, I.: Challenges in Machine Learning book series. Microtome (2011–2016), http://www.mtome.com/Publications/CiML/ciml.html.

[32] Guyon, I., Bennett, K., Cawley, G., Escalante, H.J., Escalera, S., Ho, T.K., Macià, N., Ray, B., Saeed, M., Statnikov, A., Viegas, E.: AutoML challenge 2015: Design and first results. In: Proc. of AutoML 2015@ICML (2015), https://drive.google.com/file/d/0BzRGLkqgrIqWkpzcGw4bFpBMUk/view.

[33] Guyon, I., Bennett, K., Cawley, G., Escalante, H.J., Escalera, S., Ho, T.K., Macià, N., Ray, B., Saeed, M., Statnikov, A., Viegas, E.: Design of the 2015 ChaLearn AutoML challenge. In: International Joint Conference on Neural Networks (2015), http://www.causality.inf.ethz.ch/AutoML/automl_ijcnn15.pdf.

[34] Guyon, I., Chaabane, I., Escalante, H.J., Escalera, S., Jajetic, D., Lloyd, J.R., Macía, N., Ray, B., Romaszko, L., Sebag, M., Statnikov, A., Treguer, S., Viegas, E.: A brief review of the ChaLearn AutoML challenge. In: Proc. of AutoML 2016@ICML (2016), https://docs.google.com/a/chalearn.org/viewer?a=v&pid=sites&srcid=Y2hhbGVhcm4ub3JnfGF1dG9tbHxneDoyYThjZjhhNzRjMzI3MTg4.

[35] Guyon, I., Alamdari, A.R.S.A., Dror, G., Buhmann, J.: Performance prediction challenge. In: the International Joint Conference on Neural Networks. pp. 1649–1656 (2006).

[36] Guyon, I., Bennett, K., Cawley, G., Escalante, H.J., Escalera, S., Ho, T.K., Ray, B., Saeed, M., Statnikov, A., Viegas, E.: Automl challenge 2015: Design and first results (2015).

[37] Guyon, I., Cawley, G., Dror, G.: Hands-On Pattern Recognition: Challenges in Machine Learning, Volume 1. Microtome Publishing, USA (2011).

[38] Guyon, I., Gunn, S., Nikravesh, M., Zadeh, L. (eds.): Feature extraction, foundations and applications. Studies in Fuzziness and Soft Computing, Physica-Verlag, Springer (2006).

[39] Hastie, T., Rosset, S., Tibshirani, R., Zhu, J.: The entire regularization path for the support vector machine. Journal of Machine Learning Research 5, 1391–1415 (2004).

[40] Hastie, T., Tibshirani, R., Friedman, J.: The elements of statistical learning: Data mining, inference, and prediction. Springer, 2nd edn. (2001).

[41] Hutter, F., Hoos, H.H., Leyton-Brown, K.: Sequential model-based optimization for general algorithm configuration. In: Proceedings of the conference on Learning and Intelligent OptimizatioN (LION 5) (2011).

[42] Ioannidis, J.P.A.: Why most published research findings are false. PLoS Medicine 2(8), e124 (August 2005).

[43] Jordan, M.I.: On statistics, computation and scalability. Bernoulli 19(4), 1378–1390 (2013).

[44] Keerthi, S.S., Sindhwani, V., Chapelle, O.: An efficient method for gradient-based adaptation of hyperparameters in SVM models. In: Advances in Neural Information Processing Systems (2007).

[45] Klein, A., Falkner, S., Bartels, S., Hennig, P., Hutter, F.: Fast bayesian hyperparameter optimization on large datasets. In: Electronic Journal of Statistics. vol. 11 (2017).

[46] Kohavi, R., John, G.H.: Wrappers for feature selection. Artificial Intelligence 97(1–2), 273–324 (1997).

[47] Langford, J.: Clever methods of overfitting (2005), blog post at http://hunch.net/?p=22.

[48] Lloyd, J.: Freeze Thaw Ensemble Construction. https://github.com/jamesrobertlloyd/automlphase-2 (2016).

[49] Momma, M., Bennett, K.P.: A pattern search method for model selection of support vector regression. In: In Proceedings of the SIAM International Conference on Data Mining. SIAM (2002).

[50] Moore, G., Bergeron, C., Bennett, K.P.: Model selection for primal SVM. Machine Learning 85(1–2), 175–208 (2011).

[51] Moore, G.M., Bergeron, C., Bennett, K.P.: Nonsmooth bilevel programming for hyperparameter selection. In: IEEE International Conference on Data Mining Workshops. pp. 374–381 (2009).

[52] Niculescu-Mizil, A., Perlich, C., Swirszcz, G., Sindhwani, V., Liu, Y., Melville, P., Wang, D., Xiao, J., Hu, J., Singh, M., et al.: Winning the kdd cup orange challenge with ensemble selection. In: Proceedings of the 2009 International Conference on KDD-Cup 2009-Volume 7. pp. 23–34. JMLR. org (2009).

[53] Opper, M., Winther, O.: Gaussian processes and SVM: Mean field results and leave-one-out, pp. 43–65. MIT (10 2000), massachusetts Institute of Technology Press (MIT Press) Available on Google Books.

[54] Park, M.Y., Hastie, T.: L1-regularization path algorithm for generalized linear models. Journal of the Royal Statistical Society: Series B (Statistical Methodology) 69(4), 659–677 (2007).

[55] Pedregosa, F., Varoquaux, G., Gramfort, A., Michel, V., Thirion, B., Grisel, O., Blondel, M., Prettenhofer, P., Weiss, R., Dubourg, V., Vanderplas, J., Passos, A., Cournapeau, D., Brucher, M., Perrot, M., Duchesnay, E.: Scikit-learn: Machine learning in Python. Journal of Machine Learning Research 12, 2825–2830 (2011).

[56] Pham, H., Guan, M.Y., Zoph, B., Le, Q.V., Dean, J.: Efficient neural architecture search via parameter sharing. arXiv preprint arXiv:1802.03268 (2018).

[57] Real, E., Moore, S., Selle, A., Saxena, S., Suematsu, Y.L., Le, Q., Kurakin, A.: Large-scale evolution of image classifiers. arXiv preprint arXiv:1703.01041 (2017).

[58] Ricci, F., Rokach, L., Shapira, B., Kantor, P.B. (eds.): Recommender Systems Handbook. Springer (2011).

[59] Schölkopf, B., Smola, A.J.: Learning with Kernels: Support Vector Machines, Regularization, Optimization, and Beyond. MIT Press (2001).

[60] Snoek, J., Larochelle, H., Adams, R.P.: Practical Bayesian optimization of machine learning algorithms. In: Advances in Neural Information Processing Systems 25, pp. 2951–2959 (2012).

[61] Statnikov, A., Wang, L., Aliferis, C.F.: A comprehensive comparison of random forests and support vector machines for microarray-based cancer classification. BMC Bioinformatics 9(1) (2008).

[62] Sun, Q., Pfahringer, B., Mayo, M.: Full model selection in the space of data mining operators. In: Genetic and Evolutionary Computation Conference. pp. 1503–1504 (2012).

[63] Swersky, K., Snoek, J., Adams, R.P.: Multi-task Bayesian optimization. In: Advances in Neural Information Processing Systems 26. pp. 2004–2012 (2013).

[64] Swersky, K., Snoek, J., Adams, R.P.: Freeze-thaw bayesian optimization. arXiv preprint arXiv:1406.3896 (2014).

[65] Thornton, C., Hutter, F., Hoos, H.H., Leyton-Brown, K.: Auto-weka: Automated selection and hyper-parameter optimization of classification algorithms. CoRR abs/1208.3719 (2012).

[66] Thornton, C., Hutter, F., Hoos, H.H., Leyton-Brown, K.: Auto-weka: Combined selection and hyperparameter optimization of classification algorithms. In: 19th ACM SIGKDD International Conference on Knowledge Discovery and Data Mining. pp. 847–855. ACM (2013).

[67] Vanschoren, J., Van Rijn, J.N., Bischl, B., Torgo, L.: Openml: networked science in machine learning. ACM SIGKDD Explorations Newsletter 15(2), 49–60 (2014).

[68] Vapnik, V., Chapelle, O.: Bounds on error expectation for support vector machines. Neural computation 12(9), 2013–2036 (2000).

[69] Weston, J., Elisseeff, A., BakIr, G., Sinz, F.: Spider (2007), http://mloss.org/software/view/29/.

[70] Zoph, B., Le, Q.V.: Neural architecture search with reinforcement learning. arXiv preprint arXiv:1611.01578 (2016).